U0182581

"十四五"时期国家重点出版物出版专项规划项目

中国能源革命与先进技术丛书

储能科学与技术丛书

中国电力科学研究院科技专著出版基金资助

电力储能用
铅炭电池技术

惠　东　相佳媛　胡　晨　蔡先玉
赵瑞瑞　吴贤章　丁　平　杨宝峰　著

机械工业出版社

铅炭电池是一种由传统铅酸蓄电池演化而来的先进技术电池，可广泛应用于新能源车辆中，也可用于光伏储能、风电储能和电网调峰等储能领域。近年来，铅炭电池技术得到了长足的发展，国内多家电池公司正在逐步完善铅炭电池领域的布局。本书聚焦电力储能用铅炭电池技术，对铅炭电池的原理、炭材料性能、电池制造工艺、工程应用和经济性等各方面情况进行了全面系统的介绍。

本书共分为八章，内容包括铅炭电池基础知识、铅炭电池用炭材料及作用机理、铅炭电池的析氢与失水、铅炭电池的制造工艺、铅炭电池在储能应用中的特性及经济性分析、铅炭电池储能系统集成技术、铅炭电池在储能电站中的应用案例，以及铅炭电池未来发展趋势等。

本书可作为储能和其他可再生能源相关领域的技术人员、科研人员和管理人员的技术指导书，以及铅炭电池制造、生产、管理岗位的技能培训教材，也可作为高等院校相关专业师生的参考书。

图书在版编目（CIP）数据

电力储能用铅炭电池技术/惠东等著. —北京：机械工业出版社，2022.11
（中国能源革命与先进技术丛书. 储能科学与技术丛书）
"十四五"时期国家重点出版物出版专项规划项目
ISBN 978-7-111-71747-8

Ⅰ.①电… Ⅱ.①惠… Ⅲ.①铅蓄电池 Ⅳ.①TM912.1

中国版本图书馆 CIP 数据核字（2022）第 184498 号

机械工业出版社（北京市百万庄大街 22 号 邮政编码 100037）
策划编辑：付承桂　　　　　责任编辑：付承桂　赵玲丽
责任校对：李 杉 李 婷　　封面设计：鞠 杨
责任印制：单爱军
北京新华印刷有限公司印刷
2023 年 3 月第 1 版第 1 次印刷
169mm×239mm·15.75 印张·4 插页·303 千字
标准书号：ISBN 978-7-111-71747-8
定价：99.00 元

电话服务　　　　　　　　网络服务
客服电话：010-88361066　　机 工 官 网：www.cmpbook.com
　　　　　010-88379833　　机 工 官 博：weibo.com/cmp1952
　　　　　010-68326294　　金 书 网：www.golden-book.com
封底无防伪标均为盗版　　机工教育服务网：www.cmpedu.com

前　言

为推进铅炭电池技术在新能源储能领域的应用，本书聚焦电力储能用铅炭电池技术，对铅炭电池的原理、炭材料性能、电池制造工艺、工程应用和经济性等各方面情况进行了全面系统的介绍。

第1章对铅炭电池基本原理与结构进行概述，包括传统铅酸蓄电池的板栅腐蚀、正极活性物质软化脱落、负极不可逆硫酸盐化等失效模式，着重分析了储能应用的高倍率部分荷电状态（HRPSoC）工况下，铅酸蓄电池负极板的失效机理，提出了抑制传统铅酸蓄电池负极不可逆硫酸盐化失效的铅炭电池类型和电池特性。

第2章介绍了铅炭电池用的关键材料——炭材料，包括石墨、活性炭、炭黑、乙炔黑等材料的结构、形貌等理化性能，以及炭材料在铅炭负极中的作用机理，分析了炭材料提升铅炭电池的大电流充放电性能、循环性能的导电网络、双电层电容、限制硫酸铅结晶生长等作用机制。

第3章对炭材料引起的析氢、失水的失效机制进行分析，提出改善措施。依据引起炭材料析氢反应主要受比表面积和表面活性两个方面的影响，提出对炭材料改性、添加析氢抑制剂、使用催化阀以及采用合理的充电制度来抑制铅炭负极的析氢等方法途径。

第4章对铅炭电池的制造工艺进行详细介绍。先介绍铅炭电池用的铅、合金、添加剂等关键原材料的理化性能参数，以及板栅、隔板、安全阀、极柱和槽盖等主要零件的功能作用；然后，概述了铅粉制造、极板制造、电池组装、电池化成等部分的制造工艺参数和过程。

第5章介绍铅炭电池在储能应用中的特性及经济性分析。铅炭电池可应用于电力系统的各个环节，如可再生能源并网、分布式发电与微网、发电侧调峰/调频、配网侧的电力辅助服务、用户侧的分布式储能，以及重要部门和设施的应急备用电源。主要有四种典型应用工况：频率调整、负荷跟踪、削峰填谷、光伏能量时移。充电接受能力、大电流放电能力和寿命特性，是评价铅炭电池经济性的重要指标。通过构建电池模型，进行相应的成本经济性能分析。

第 6 章介绍铅炭电池储能系统集成技术。主要包括：热管理技术、电池管理系统及监控技术，以及均衡技术和其他运维技术。

第 7 章为铅炭电池储能系统的应用，分为在发电侧、电网侧和用户侧等的应用。

第 8 章总结全书，展望铅炭电池未来发展趋势和商业应用前景。

目 录

第1章

概　　述

化学电源又称电池，是一种能够将化学能直接转变成电能的装置，它包括一次电池、二次电池和燃料电池等几大类。铅酸蓄电池是目前市场占有率最高的二次电池，距今已有 160 多年的历史。1859 年，法国物理学家普兰特（Plante）发现从浸在硫酸溶液中并充电的一对铅板可以得到有效的放电电流，从而发明了铅酸蓄电池。铅酸蓄电池发明初期，是以铅作为极板，采用橡胶条作为隔板，并且以 10% 的稀硫酸作为电解液。1860 年，普兰特在法国科学院展示了第一个铅酸蓄电池。早期的铅酸蓄电池的制作周期相对较长，且电池的容量较低。而直到 19 世纪 80 年代，科学家们对铅酸蓄电池技术开展了研究，富尔（Faure）把硫酸中制得的膏状氧化铅涂在极板上，在 1882 年制成第一个涂膏式电池，此后 100 多年来，电池的主要组件没有发生根本变化。铅酸蓄电池的进一步发展，是在普兰特和富尔的电池基础上简化化成方法和扩大电极面积。葛拉斯顿（Glandstone）和特瑞比（Tribe）提出了双硫酸盐化理论，对铅酸蓄电池的反应过程进行了阐述。该理论认为，在放电过程中，正负极均会生成硫酸铅，虽然在当时引起了很大的争议，但是在 20 世纪初期，其正确性还是得到了验证[1]。

到了 20 世纪中期，铅酸蓄电池进入到了快速发展的阶段，Shimadzu 发明了球磨机，采用球磨后的铅粉代替红丹和黄丹的混合物，作为活性物质，并且从隔板、板栅合金到制作工艺，均得到了创新。铅酸蓄电池的另一个重大突破是免维护的阀控铅酸蓄电池（VRLA）的发明。VRLA 的核心是氧复合技术和电解液固定技术。由于阀控式铅酸蓄电池具有不漏液、不漏气、密封性好等优势，一经推出，就在通信行业受到了强烈的反响。而我国对于铅酸蓄电池的研究始于 20 世纪 80 年代末。经过多年的发展，铅酸蓄电池已经成为工艺最为成熟的二次电池，并以其工艺成熟、安全性好、性价比高、可回收利用的优势，广泛应用于通信、储能、交通等领域。

1.1 铅酸蓄电池的基本原理与结构

1.1.1 铅酸蓄电池基本原理

铅酸蓄电池是一种以二氧化铅为正极活性物质、海绵状铅为负极活性物质、硫酸为电解液的二次电池。正、负极通过隔板进行分离，电解液中的离子通过隔板中的微孔进行传输。铅酸蓄电池通过正、负极活性物质与电解液发生化学反应，从而实现电能和化学能的相互转化。充放电过程中两极对应的反应相反，当铅酸蓄电池放电时，正、负极活性物质分别与电解液反应并转化成硫酸铅，这会导致电解液中的硫酸扩散到极板中，导致电解液的浓度降低；当铅酸蓄电池充电时，外电路从正极夺取电子，正极由硫酸铅氧化成二氧化铅，负极由硫酸铅还原为铅，硫酸会再次回到电解液中，电解液的浓度增加。

铅酸蓄电池正负极反应和电池反应如下[2]：

正极反应：
$$PbO_2 + HSO_4^- + 3H^+ + 2e^- \underset{充}{\overset{放}{\rightleftharpoons}} PbSO_4 + 2H_2O \tag{1-1}$$

负极反应：
$$Pb + HSO_4^- \underset{充}{\overset{放}{\rightleftharpoons}} PbSO_4 + 2e^- + H^+ \tag{1-2}$$

电池反应：
$$Pb + 2H_2SO_4 + PbO_2 \underset{充}{\overset{放}{\rightleftharpoons}} 2PbSO_4 + 2H_2O \tag{1-3}$$

铅酸蓄电池正极充放电已经明确，正极充放电时的反应机理普遍认为是液相反应机理，氧化还原反应发生在电极与溶液的界面上。该机理把通过溶液中的 Pb^{2+} 进行氧化还原反应作为中间步骤。放电时，二氧化铅晶体中的四价铅接受由外线路传递来的电子，还原为 Pb^{2+} 同时转入溶液，遇有 HSO_4^-，达到 $PbSO_4$ 的溶度积后结晶为 $PbSO_4$，沉积到电极多孔体的表面；二氧化铅晶体中的 O^{2-} 与溶液中的 H^+ 化合成水。随着放电的进行，不断生成 $PbSO_4$ 和水。充电时则发生相反的过程。

由液相机理可以看出，$PbSO_4$ 溶解度的大小、溶解速度的快慢和其结晶过程与电极的性能密切相关。从液相反应机理和实验现象出发，可以解释正极充放电过程中的变化。经过充放电循环的正极总有未被还原的二氧化铅（通常二氧化铅的利用率在 50% 左右）被硫酸铅结晶所包围。充电时，这些剩余二氧化铅可以起到晶核作用。二氧化铅首先在原有的二氧化铅上生长。随着充电的进行，硫酸铅不断减少，而二氧化铅却不断增多，由于二氧化铅密度比硫酸铅大，所以活物质孔率在变大。继续充电时，被二氧化铅包围的硫酸铅消失，二氧化铅粒子周围形成微孔。而且二氧化铅粒子不是孤立的，而是互相联系成网络，微孔也互相连通。

放电时，二氧化铅放电生成硫酸铅。硫酸铅首先在二氧化铅晶面的某些位置上（如缺陷、棱角等）形成晶核，并生长成比较大的硫酸铅结晶，最终剩余二氧化铅都被硫酸铅包围，因此，正极放电并不能放出全部容量。充电时硫酸铅氧化形成二氧化铅。当电极电势正移到一定值时，水电解释放出氧气，随后的充电过程是硫酸铅的氧化与氧的析出同时进行，直至正极完全充电。因此，电流不能达到 100% 有效利用，一般充电电量为放电电量的 120% ~ 140%。

铅酸蓄电池负极放电是由海绵铅反应生成硫酸铅，其反应机理也是溶解沉积机理。溶解沉积机理认为，负极放电时，当负极的电极电势超过 Pb/PbSO$_4$ 的平衡电极电势时，Pb 首先溶解为 Pb^{2+}，它们借助扩散离开电极表面，随即遇到 HSO$_4^-$，当超过 PbSO$_4$ 溶度积时，发生 PbSO$_4$ 沉淀（在扩散层内发生），形成 PbSO$_4$ 晶核，然后是 PbSO$_4$ 的三维生长。

$$Pb-2e^- \rightarrow Pb^{2+} \tag{1-4}$$
$$Pb^{2+}+HSO_4^- \rightarrow PbSO_4+H^+ \tag{1-5}$$

充电时，PbSO$_4$ 先溶解为 Pb^{2+} 离子和 SO$_4^{2-}$ 离子，然后 Pb^{2+} 离子接受外电路的电子被还原。在通常放电条件下，铅酸蓄电池负极容量过量，电池容量取决于正极，但在低温和高倍率放电时，表现出电压很快下降，电池的容量常常取决于负极，其主要原因就是由于此时负极发生了钝化现象。

负极放电产物是硫酸铅，当负极发生钝化时，在铅表面上形成致密的硫酸铅层，覆盖了海绵状铅电极表面，使得电极表面与硫酸溶液被机械隔离。能够进行电化学反应的电极面积很小，真实电流密度急剧增加，负极的电极电势急剧正移，进而电极反应几乎停止，此时负极处于钝化状态。凡是可以促使生成致密硫酸铅层的条件，都会加速负极的钝化，例如，大电流放电、高的硫酸浓度、低的放电温度。

1882 年，葛拉斯顿（Glandstone）和特瑞比（Tribe）提出了解释铅酸蓄电池成流反应的理论，至今仍广为应用。需要说明的是，在铅酸蓄电池使用的 H$_2$SO$_4$ 的浓度范围内（即 1.05 ~ 1.30g/cm^3），参加电极反应是 HSO$_4^-$，而不是 SO$_4^{2-}$。这是由于：

$$H_2SO_4 \rightarrow HSO_4^- + H^+ \qquad K_1 = 10^3 \tag{1-6}$$
$$HSO_4^- \rightarrow H^+ + SO_4^{2-} \qquad K_2 = 1.02 \times 10^{-2} \tag{1-7}$$

式中，K_1、K_2 为分布电离常数。

因此，铅酸蓄电池的两个电极反应：

正极反应：$$PbO_2+HSO_4^-+3H^++2e^- \underset{充}{\overset{放}{\rightleftharpoons}} PbSO_4+2H_2O \tag{1-8}$$

负极反应：$$Pb+HSO_4^- \underset{充}{\overset{放}{\rightleftharpoons}} PbSO_4+2e^-+H^+ \tag{1-9}$$

电池反应: $\qquad Pb+PbO_2+2H^++2HSO_4^- \rightleftharpoons 2PbSO_4+2H_2O$ $\qquad$ (1-10)

由于放电时，正、负极都生成 $PbSO_4$，所以该成流理论叫"双硫酸盐化理论"。

根据式（1-11）得负极的平衡电极电势

$$\varphi_{PbSO_4/Pb} = \varphi_{PbSO_4/Pb}^0 + \frac{RT}{2F}\ln\frac{a_{H^+}}{a_{HSO_4^-}} \qquad \varphi_{PbSO_4/Pb}^0 = -0.358V \qquad (1-11)$$

根据式（1-12）得正极的平衡电极电势

$$\varphi_{PbO_2/PbSO_4} = \varphi_{PbO_2/PbSO_4}^0 + \frac{RT}{2F}\ln\frac{a_{H^+}^3\, a_{HSO_4^-}}{a_{H_2O}^2} \qquad \varphi_{PbO_2/PbSO_4}^0 = 1.683V \quad (1-12)$$

式（1-11）、式（1-12）中，R 为气体常数，T 为绝对温度，F 为法拉第常数，a_{H^+}、$a_{HSO_4^-}$、a_{H_2O} 分别为离子活度。

将式（1-11）、式（1-12）二式相减就等于电池的电动势 E，即

$$E = \varphi_{PbO_2/PbSO_4}^0 - \varphi_{PbSO_4/Pb}^0 + \frac{RT}{2F}\ln\frac{a_{H^+}^3\, a_{HSO_4^-}}{a_{H_2O}^2} - \frac{RT}{2F}\ln\frac{a_{H^+}}{a_{HSO_4^-}}$$

$$= \varphi_{PbO_2/PbSO_4}^0 - \varphi_{PbSO_4/Pb}^0 + \frac{RT}{F}\ln\frac{a_{H^+}\, a_{HSO_4^-}}{a_{H_2O}}$$

$$= \varphi_{PbO_2/PbSO_4}^0 - \varphi_{PbSO_4/Pb}^0 + \frac{RT}{F}\ln\frac{a_{H_2SO_4}}{a_{H_2O}} \qquad (1-13)$$

由式（1-13）可得，铅酸蓄电池的开路电压为

$$U_{开} = 2.041 + \frac{RT}{F}\ln\frac{a_{H_2SO_4}}{a_{H_2O}} \qquad (1-14)$$

这个开路电压还可以简写为

$$U_{开} = 1.85 + 0.917(\rho_{液} - \rho_{水}) \qquad (1-15)$$

或

$$U_{开} = 0.84 + \rho_{液} \qquad (1-16)$$

式中，$\rho_{液}$ 为在电池的电解液温度下，电解液的密度（g/cm^3）；$\rho_{水}$ 为在电池的电解液温度下，水的密度（g/cm^3）。

由式（1-13）和式（1-14）可以看出，除了影响 $\varphi_{PbO_2/PbSO_4}^0$、$\varphi_{PbSO_4/Pb}^0$ 的一些因素影响电动势和开路电压之外，电池的电动势和开路电压随硫酸浓度的增加而增大。

铅酸蓄电池的电动势 E 与电池反应的热焓变化（ΔH）之间的关系可用吉布斯-亥姆霍兹方程式描写：

$$E = -\frac{\Delta H}{nF} + T\left(\frac{\partial E}{\partial T}\right)_P \qquad (1-17)$$

式中，$\left(\dfrac{\partial E}{\partial T}\right)_P$ 为电池的温度系数。

铅酸蓄电池除了正负极的成流反应外，还会发生一些副反应。在铅酸蓄电池充电末期，正极中的硫酸铅会转化为二氧化铅，但是当电池接近满充状态时，一部分电子会参与水的电解反应，正极就会发生析氧反应，而负极会发生析氢反应。

正负极副反应如下：

正极析氧反应： $\qquad H_2O-2e^-\rightarrow 2H^+ +1/2O_2\uparrow$ (1-18)

负极析氢反应： $\qquad 2H^+ +2e^-\rightarrow H_2\uparrow$ (1-19)

阀控式铅酸蓄电池（VRLA），通常采用负极过量的设计方式，当正极析出氧气时，氧气会通过隔膜中的微孔扩散到负极，与负极发生反应生成氧化铅，氧化铅会与硫酸反应生成硫酸铅和水，硫酸铅会通过充电生成铅，因此，正极生成的氧气会在负极还原成水，防止水的损失，这就是氧复合原理。

氧复合反应： $\qquad O_2 + 2Pb \rightarrow 2PbO$ (1-20)

$\qquad PbO_2 + H_2SO_4 \rightarrow PbSO_4 + H_2O$ (1-21)

析出的氧通过特殊的气体通道转移到负极板，在负极上再化合成水。氧的扩散有两种形式：一种是液相中的扩散；另一种是气相中的扩散。比较不同扩散形式的扩散系数，发现液相中扩散系数小很多。对于 VRLA 电池，由于贫液工作状态，这个特殊的气体通道就是超细玻璃纤维隔膜中的大孔，小孔充满电解液，如图 1-1 所示。扩散到负极上氧化合成水的反应为

$\qquad Pb+1/2O_2 +H_2SO_4\rightarrow PbSO_4 +H_2O+$ 热量 (1-22)

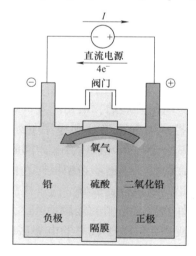

图 1-1 VRLA 电池中氧循环示意图

在 VRLA 充电期间，还存在两个反应，即负极的析氢反应和正极板栅的腐蚀。

$$2H^++2e^-\rightarrow H_2\uparrow \qquad\qquad (1-23)$$

$$Pb+2H_2O\rightarrow PbO_2+4H^++4e^- \qquad\qquad (1-24)$$

使用单向的安全阀，当电池内部气体积累使得电池内外部气压差超过安全阀的开启压力时，安全阀会开启向外排气，避免内部气压过高而引起壳体鼓胀等问题。

1.1.2 铅酸蓄电池结构

铅酸蓄电池的主要结构包括：正极、负极、隔板、电解液、电池壳/盖等，并包括汇流条、端子、安全阀等其他零件。其中正、负极板由正、负极活性物质和正、负极板栅组成[3]。

1. 正极

正极由板栅和活性物质构成。板栅具有支持活性物质和导电双重作用。正极活性物质充电态为二氧化铅，放电态为硫酸铅，活性物质利用率一般为 40% ~ 50%。与负极相比，正极活性物质利用率较低，这主要是由正极本身的特点决定的，部分厂家为了提高正极初始的利用率，会在和膏过程中添加少量的红丹。正极放电过程中，硫酸铅会堵塞电极中的孔隙，导致孔中电解液贫乏，活性物质利用率降低。此外，正极在充电过程中电势较高，容易使电极中的添加剂发生氧化，失去其原有作用。

板栅是铅酸蓄电池的基本组成之一，图 1-2 为板栅结构示意图。板栅在电池中的作用是支撑活性物质，同时起到充放电过程中传输电流的作用。铅酸蓄电池中板栅的质量大约是极板质量的 40%，占铅酸蓄电池总重的 20% ~ 30%。为了保证铅酸蓄电池的整体性能，板栅合金需要满足一定的要求，首先要有表现较好的力学性能和铸造性能，此外，由于铅酸蓄电池的主要失效原因为板栅腐蚀，因此板栅还要有较好的耐腐蚀性能、抗蠕变性能、导电性能和合理的结构[4]。铅酸蓄电池的板栅合金是随着蓄电池发展的，最初的开口式铅酸蓄电池采用了铅锑合金板栅，而后续发展的阀控式铅酸蓄电池则采用了纯铅、铅锡、铅钙、铅钙锡铝、铅钙铋基和铅钙稀土基合金等多元板栅合金，同时对铅基合金板栅、泡沫铅板栅、拉网铜板栅和铝基镀铅材料板栅等新型板栅进行了研究，但是目前使用量最大的还是铅锡、铅钙和铅钙锡铝合金板栅。为了提高正极板栅导电性能，筋条排列要密一些，以增加活性物质与板栅的接触面积，从而减小电池内阻；同时，正极板栅在蓄电池使用过程中始终处于较高的电势区间，容易发生电化学腐蚀，因此在板栅结构设计时，通常筋条的直径要粗一些，或采用粗细筋条交替排布的方式，来延长板栅的使用寿命。

a) 阀控密封铅酸蓄电池板栅   b) 卷绕铅酸蓄电池板栅

图1-2 板栅结构示意图

活性物质主要分为正极活性物质和负极活性物质，其中正极活性物质主要是二氧化铅，负极活性物质主要是海绵状铅。活性物质在铅酸蓄电池中主要参与充放电反应。放电时正极 PbO_2 被还原成 $PbSO_4$，充电时 $PbSO_4$ 再次被氧化成 PbO_2。正极活性物质 PbO_2 包含 $\alpha\text{-}PbO_2$ 和 $\beta\text{-}PbO_2$ 两种晶相，两种晶相对电池寿命和容量有不同的作用，即 $\beta\text{-}PbO_2$ 相对于 $\alpha\text{-}PbO_2$ 有较好的活性和较高的放电容量。但是 $\alpha\text{-}PbO_2$ 具有尺寸较大、较硬的颗粒，在正极活性物质中可形成网络或者骨架，正极活性物质的结构因而完整，使得电池具有较长的寿命。在放电时，负极 Pb 被氧化变成 $PbSO_4$，充电时，Pb^{2+} 被还原为 Pb。一般情况下，在常温下放电，电池的容量主要受正极板的影响，而在低于 $-15℃$ 或较大电流放电时，电池的容量主要受负极的影响。

一般起动用铅酸蓄电池采用涂膏式正极板，工业用蓄电池多为涂膏式正极板和管式正极板。在起动用蓄电池中，极板的厚度较薄，一般在 2.5mm 以下，甚至达到 1.5mm 或更薄。工业用蓄电池极板厚度通常较厚，一般在 5~6mm，管式极板的管径达到 8.0~9.5mm，高功率型蓄电池极板厚度一般为 2~3mm。

2. 负极

负极也是由板栅和活性物质构成。板栅亦具有支持活性物质和导电双重作用。负极活性物质充电态为海绵铅，放电态为硫酸铅。负极活性物质的利用率比正极相对较高，可以达到 50%~60%。

负极活性物质海绵铅的导电性较好，因此负极板栅的导电作用没有像正极那么重要。同时负极板栅不存在腐蚀和活性物质脱落问题，所以板栅的筋条可以细一些，筋条间距也可以大一些，板栅的厚度可以薄一些，以容纳更多的活性物质，同时能够达到降低成本的目的。为了方便板栅的浇铸和涂板过程，通常采用提高负极板栅合金中钙的含量，来提高板栅的机械强度。

负极除个别情况外，一般均采用涂膏式极板。负极板厚度一般比正极板要薄一些，一方面是由于负极板栅不存在腐蚀及活性物质氧化脱落的问题；另一方面，负极活性物质的比容量相对较高，因此涂膏量可适当降低。对于铅酸蓄电池单体设计时，为了提高正极活性物质的利用率，通常采用负极包覆正极的装配方式，即负极比正极多一片。

3. 电解液

铅酸蓄电池的电解液为硫酸溶液，根据电池用途不同，硫酸的密度有所不同，一般密度在 $1.15 \sim 1.32 g/cm^3$。电解液一方面担负着正负极间的离子导电作用，同时还参与成流反应。在放电过程中一部分硫酸被消耗，使电解液密度降低，但在充电过程中又恢复原状。电解液对铅酸蓄电池性能影响很大，通常蓄电池的开路电压直接受电解液浓度的影响，可以通过在电解液中加入添加剂来提高电池性能，如在电解液中添加少量的硫酸钠，利用硫酸根的同离子效应，可以有效地抑制硫酸铅枝晶的生长。

4. 隔板

隔板是铅酸蓄电池重要组成部分之一，它的作用是防止正、负极直接接触而短路，并且隔板会起到储存电解液的作用。这就要求隔板需要具有良好的机械强度，绝缘性，耐氧化、耐腐蚀性且不析出有害物质等特性，并且隔板应为多孔结构，便于电解液的渗透，不能增加电池的内阻。隔板由电子的绝缘材料构成，但其有丰富的孔隙可以充满电解液，进而具有离子导电性。隔板对电池性能有显著影响，要求其电阻要小，这样可降低电池内阻，提高电池工作电压和倍率性能，隔板电阻的大小与其厚度、孔率、孔径及孔的曲折程度有关；隔板在电解液中要具有化学稳定性，能耐硫酸的腐蚀和电极活性物质的氧化，并且不析出对电池有害的物质；隔板还应具有较好的机械强度和弹性，能够阻挡枝晶的穿透和延缓活性物质的脱落。常见的铅酸蓄电池隔板有橡胶隔板、聚乙烯（PE）隔板、聚丙烯（PP）隔板、聚氯乙烯（PVC）隔板、超细玻璃纤维（AGM）隔板及复合隔板等。根据电池设计的不同，隔板可分为片式和袋式两种。由于玻璃纤维隔板具有厚度均匀、抗拉强度较好的特点，且保持电解液的能力较强，目前广泛应用于铅酸蓄电池中。

5. 电池壳/盖

电池壳起容器作用，其材料需具有耐硫酸腐蚀的特点，同时还需具有强度高、耐振动、耐冲击和耐高低温等性能。早期的电池多采用橡胶槽、玻璃槽。现在移动用的蓄电池采用 PE 槽、PP 槽和聚苯醚（PPE）槽，固定用的电池多采用丙烯腈-丁二烯-苯乙烯的三元共聚物（ABS）槽，通常在材料中加入阻燃剂、耐高温添加剂，满足特殊的应用场景要求。

虽然铅酸蓄电池一般均由正极、负极、电解液、隔板和电池壳/盖 5 大部分组成，但针对不同的用途，其结构上也存在差异。下面介绍平板式、卷绕式、管式铅酸蓄电池的结构。

（1）平板式铅酸蓄电池的结构

普通阀控式密封铅酸蓄电池（平板电池）的结构如图 1-3 所示。

上盖
端子
安全阀
壳体
AGM隔板
正极板
负极板

图 1-3　平板式铅酸蓄电池的结构示意图

电池极板采用涂膏式极板，活性物质涂在铅合金板栅上，中间用隔板将正、负极板分开，然后进行极柱焊接，单体间的串联采用穿壁焊或跨桥焊连接，两端引出接线端子，并采用全密封式结构。

电池盖子上安装有单向排气用的安全阀，其结构如图 1-4 所示。根据电池的应用场景，设计不同的开阀和闭阀压力。当电池内部因发生化学反应所产生的气体量超过限定的开阀压力值时，安全阀便会自动打开，排出多余的气体；当电池内外部压力差达到安全阀的闭阀压力时，便会自动关闭阀门，防止了外部气体等进入电池内部，并且起到防止电解液干涸的作用。

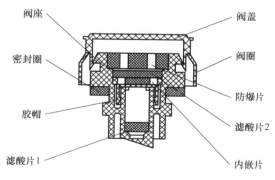

阀座
密封圈
胶帽
滤酸片1
阀盖
阀圈
防爆片
滤酸片2
内嵌片

图 1-4　安全阀结构示意图

（2）卷绕式铅酸蓄电池的结构

卷绕式阀控密封铅酸蓄电池是美国公司首先研发出来的，这种电池曾被称为"美国军用电池组"，引起了世界铅酸蓄电池制造领域的广泛关注。卷绕式阀控密封铅酸蓄电池具有螺旋型结构，采用压延铅合金的方式制造出了很薄的铅箔作为极板基片，将薄型正负极板、隔板交替叠放，卷绕在一起制成的。

卷绕式铅酸蓄电池采用很薄、柔软的铅箔或冲成网眼的栅箔作为极板的基片（板栅），然后涂上铅膏，形成正负极板。为克服机械强度减小的缺陷，将正极板、隔板、负极板交替叠放，并紧紧地卷绕成螺旋状的卷，放入圆筒状的电池槽中，加入电解液，进而制成电池单体为圆柱形的卷绕式铅酸蓄电池，又称螺旋卷式铅酸蓄电池，也称卷式电极铅酸蓄电池。卷绕式铅酸蓄电池的结构如图 1-5 所示。

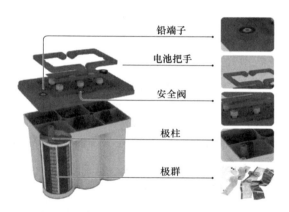

铅端子

电池把手

安全阀

极柱

极群

图 1-5　卷绕式铅酸蓄电池的结构示意图

卷绕式铅酸蓄电池的极板可以做得很薄，以提高电极的表观面积，提高反应速率，降低充放电时电极所承担的电流密度，使得电化学极化降低；薄极板也减小了电解液的扩散传递距离，有助于降低电化学反应的浓差极化；薄极板还有利于提高单位体积的功率密度。极板间较高的压力可以维持电极间较低的接触电阻，降低放电过程中的欧姆电压降。因此，卷绕式铅酸蓄电池具有良好的高功率充放电性能，容量大，循环寿命长，抗冲击性能强，耐振动性好。

（3）管式铅酸蓄电池的结构

胶体电池与普通电池相比，具有以下两个明显的特征：使用硅凝胶电解液和使用 PVC 或者 PE 隔板。胶体电池是采用硅凝胶来固定硫酸电解液，将硫酸电解液与二氧化硅胶体分散混合，形成胶体电解液，稀硫酸被有效固定在以二氧化硅为骨架的空间网络结构中，硫酸电解质在其中可以自由传递。

管式铅酸蓄电池是指以管式极板为正极板，涂膏式极板为负极板的铅酸蓄电池，其结构如图 1-6 所示。管式铅酸蓄电池可分为管式胶体电池和管式富液电池两种，图 1-7 为管式胶体蓄电池的胶液实物图。正极板的外层是保护套，一般由涤纶纤维、玻璃纤维或其他耐酸纤维制成，保护套内是活性物质，最里面是铅合金筋条，筋条端部有定位片，正极板栅通过压铸的方式制备而成，活性物质通过挤膏的方式填充到保护套内。管式结构正极板有效地抑制了正极活性物质的软化和脱落，延长了电池的使用寿命。

该电池以优异的深循环性能及长的使用寿命被作为直流电源广泛应用于电动叉车、电动仓储车、电动牵引车、电动平板车、电动游艇、煤矿电机车、电动三轮车、电动观光车及高尔夫球车等，亦可作为其他方面的配套直流电源。

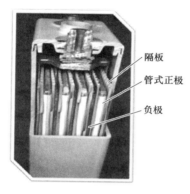

隔板

管式正极

负极

图 1-6 管式铅酸蓄电池结构示意图

图 1-7 管式胶体蓄电池胶液实物图

目前，铅酸蓄电池主要有以下的用途：

1）起动用铅酸蓄电池。主要用于汽车、柴油机、火车等设备的起动、点火。起动时电流通常为 150~500A，并且蓄电池需要能够在低温条件下使用。

2）固定型铅酸蓄电池。主要应用于发电厂、变电所、医院及公共场所等，作为开关操作、自动控制、公共建筑物的事故照明等的备用电源及发电厂储能等用途。这类电池主要工作模式为浮充使用，要求寿命长。

3）电动车用铅酸蓄电池。用于各种叉车、铲车、电机车、电动车。

4）便携式铅酸蓄电池。常用于照明、应急等便携仪器设备的蓄电池。

1.2 铅酸蓄电池的失效模式

铅酸蓄电池在使用过程中，会由于各种原因导致电池寿命降低，使得电池出现失效现象。对于不同使用场景的铅酸蓄电池，其失效模式是不同的，铅酸蓄电池的失效模式如图 1-8 所示，主要有以下几种原因：板栅腐蚀、正极活性物质软化脱落、负极不可逆硫酸盐化、热失控、电池失水、早期容量损失等。这些失效模式通常都是共存的，但一般只有一种失效模式为电池失效的主要原因。

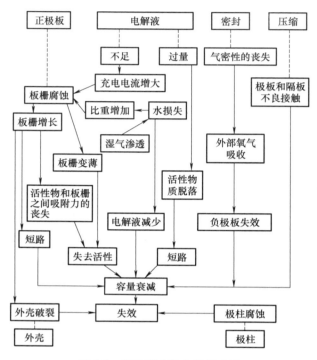

图 1-8 铅酸蓄电池失效模式图

1. 正极板栅腐蚀

正极板栅的腐蚀是导致电池失效的主要原因，正极板栅在腐蚀时同时会发生板栅变形的情况。铅酸蓄电池的板栅在电池体系中一直处于硫酸介质的范围之中，尤其是正极板栅还处于较高的电位范围内，正极板栅长期处于热力学不稳定的状态，所以正极板栅的腐蚀在实际使用中是不可避免的。图 1-9 为浮充使用的铅酸蓄电池正极板栅腐蚀图片。正极板栅的腐蚀与生长是影响蓄电池使用寿命的主要因素之一，正极板栅的腐蚀速率取决于板栅合金的组成、微观结构以及电极电势、电解液组成和电池体系所处的环境或内部温度等条件[5]。这些条件以及板栅的几何形状、合金的蠕变性质决定了板栅在工作期间的生长和延伸率。

氧化腐蚀产生的腐蚀氧化膜可以保护金属基底，因此进一步的腐蚀就会变得缓慢，这也延长了电池的使用寿命。管式电池正极板栅腐蚀示意图如图 1-10 所示。当板栅腐蚀程度较大时，会导致板栅的机械强度降低，板栅和铅膏间的传荷阻力增加，影响电池充放电反应的进行。而板栅在腐蚀的过程中，由于水损耗的

图 1-9 浮充使用的铅酸蓄电池正极板栅腐蚀

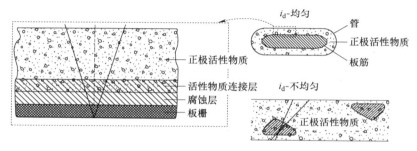

图 1-10 管式电池正极板栅腐蚀示意图

发生，会造成电解液的密度增加，进一步导致正极板栅的腐蚀。当电池处于浮充或过充工作状态下，在高的氧化电位下，除了硫酸盐变成二氧化铅活性物质，板栅合金也会被氧化成二氧化铅等，正极板栅的腐蚀速率会随着阳极极化程度的升高而增加，因此，铅酸蓄电池应避免过度充电。PbO_2 的体积是 Pb 的体积的 1.4 倍，腐蚀产物体积的长大会导致板栅在应力的作用下发生生长和蠕变，导致板栅变形，使得其对铅膏的支撑能力减弱，导致铅膏与板栅间的结合力降低，进而发生铅膏脱落现象，最终导致电池失效。板栅合金的成分直接影响着板栅的腐蚀程度，现阶段主要的正极板栅合金为铅锑合金和铅钙合金，所以可通过改良合金配方的方式来延缓板栅腐蚀速率，提高电池的循环寿命。

2. 正极活性物质软化脱落

正极铅膏活性物质主要成分为 PbO_2，其主要由 α-PbO_2 和 β-PbO_2 组成，α-PbO_2结构强度高，放电容量低，而 β-PbO_2 结构强度低，放电容量高。在电池初期的充放电过程中，α 型 PbO_2 逐渐向 β 型 PbO_2 转变。充电的时候，在强酸环境中只能够生成 β-PbO_2。所以电池深放电以后，一旦具有骨架作用的 α-PbO_2 参与放电生成硫酸铅以后，就再也不能够恢复成为 α-PbO_2，而充电只能生成

β-PbO$_2$，最终导致正极板铅膏软化。正极活性物质软化脱落如图 1-11 所示。

图 1-11　正极活性物质软化脱落

由于 PbO$_2$ 反复参与氧化还原反应，会导致正极活性物质的结构、孔尺寸和颗粒大小逐渐发生变化。在放电过程中，PbO$_2$ 会转化为 PbSO$_4$，而 PbSO$_4$ 的摩尔体积约为 PbO$_2$ 的 2 倍，这会导致正极活性物质的体积明显增加，伴随着板栅尺寸的增加，正极发生膨胀。而在充电过程中，PbSO$_4$ 会再次转化为 PbO$_2$，这样随循环次数的增加，正极活性物质的形貌发生极大变化，孔隙率会逐渐增加，正极严重膨胀，导致正极活性物质间的粘结力降低，正极活性物质将会逐渐变软，最终导致铅膏软化脱落。正极活性物质软化脱落的原因与铅膏配方、极板固化效果等有关。正极铅膏软化脱落，同样是导致电池失效的主要原因，通过改良固化工艺，可以改善初期板栅/铅膏间的界面状态，促进板栅和铅膏间的结合力；而改良铅膏配方，向铅膏中加入添加剂，能够连接活性物质粒子，进而增加活性物质粒子间的结合力。

3. 负极硫酸盐化

负极硫酸盐化，是铅酸蓄电池非常主要的失效模式，这是指负极板上形成了高度结晶化的硫酸铅，影响电池充放电反应的进行，最终导致电池失效，这种现象是不可逆的。硫酸盐化负极的扫描电子显微镜（SEM）图如图 1-12 所示。铅酸蓄电池在正常使用情况下，放电过程中负极会生成 PbSO$_4$，这种 PbSO$_4$ 的晶粒尺寸较小，在充电时会被还原为 Pb。但是当电池在充放电过程中，如果常常处于过放电或者充电不足的情况，负极上会逐渐形成颗粒粗大、高度结晶的 PbSO$_4$，这种 PbSO$_4$ 充电时无法被还原，且难以继续参加电化学反应，并且会覆盖在负极活性物质表面，降低负极板的导电性，影响电化学反应的进行，阻碍负极活性物质与电解液间的充分接触，最终导致电池活性物质减少，严重时会导致电池失效。

负极板硫酸盐化原因很多。主要由以下几个原因造成：

1）长期充电不足，表现为铅酸蓄电池在浮充备用工况下，浮充电压长期低于蓄电池要求的浮充电压，会导致蓄电池因长期充电不足而发生硫酸盐化；

2）铅酸蓄电池长期处于放电状态或放电后不及时充电而长期搁置。在这种情况下，活性物质中没有受到电化学还原的硫酸铅晶体的量很大，这些硫酸铅晶

图 1-12 硫酸盐化负极的 SEM 图

体会重结晶而使颗粒变大，生成不可逆硫酸铅，高温环境下尤为明显；

3）在部分荷电状态下的循环运行使负极大颗粒的硫酸铅积累，产生严重硫酸盐化，电池寿命大大缩短；

4）经常进行深度放电，偏远地区经常停电，电池深度放电，使没有来得及被还原的硫酸铅在活性物质中积累到相当的数量。

4. 早期容量损失

铅酸蓄电池的早期容量损失（PCL）是指电池初期进行容量循环时，每经过一次充放电循环，容量下降明显，严重时容量下降达 5% 以上。在实际使用时可以发现，电池在使用较短时间（远远低于设计寿命）内，电池容量已下降至 80% 额定容量以下，经解剖，电池内部板栅活性物质、隔板表面完好，这种现象就是早期容量损失。最初分析认为，VLRA 电池大多采用了铅钙合金，因此用无锑合金板栅做正极时，往往容易造成深充放电循环时容量过早衰减，这种现象最初被称为"无锑效应"，后来在含锑合金板栅中的电池中同样观察到了 PCL 以后，就称为"早期容量损失"（PCL）。最新的研究认为，早期容量损失有 3 种模式，分为快速容量损失（PCL-1）、较慢的容量损失（PCL-2）和负极影响的一般容量损失（PCL-3），图 1-13 展示了早期容量损失的三种现象。

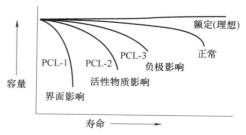

图 1-13 早期容量损失的三种现象

15

1）PCL-1 是正极板栅/活性物质的界面影响，表现为电池在最初 10 ~ 15 次循环内，电池的容量急剧下降，它是由于正极板栅与活性物质界面非导电层的形成而引起的，板栅/活性物质界面的这层不导电和低导电层产生了高的电阻，这层电阻层在充放电时发热，并使板栅附近的正极活性物质膨胀失去了活性，因而正极容量迅速下降，电池的充电接受能力很差。

2）PCL-2 是正极活性物质的影响，这是由于正极活性物质 PbO_2 在深充放电下，PbO_2 颗粒膨胀，颗粒间的导电性变差，颗粒间连接变坏。放电越深越快，活性物质的膨胀趋势越大，这种膨胀导致了 PbO_2 软化，失去放电能力，容量下降，在高倍率放电和过充电时更为严重。

3）PCL-3 是负极的影响，这是由于 VLRA 电池如果长期使负极充电不足，导致负极底部 1/3 处硫酸盐化，这种现象一般在 200 ~ 250 次循环时发生，负极膨胀剂的杂质和膨胀剂的失效会使 PCL-3 更加严重。

5. 热失控

蓄电池的使用寿命和性能与电池内部产生的热量密切相关，温度越高，使用寿命越短。内部温度的升高主要来源于两方面：一方面，当充电电压超过电池析氢过电位时（2.4V/单体），电池再复合效率是很低的，过量的不能复合的气体带着水分从安全阀口排出，因此，显而易见的是，失水是将一个电池体系带入失控状态的一个潜在的因素；另一方面，当环境温度超过 25℃ 时，电池内部极化逐渐减少，充电电阻降低，在同样充电电压的条件下，充电电流随温度上升而加大，在环境温度增加的同时电池内部温度与外部温度保持一致，且在电流不断增加的情况下，内部温度仍在增加，造成温度攀升。

失控过程的发生具有三个截然不同的阶段。在第 1 阶段，再复合效率较低，失水较高并且温度和电流上升得比较缓慢，这是因为电池内阻小而且是缓慢的增长以及较低复合效率所致。在第 2 阶段，当隔膜的饱和度降低到一个特定的水平时，氧气再复合效率也很高，由于氧气通过隔板的传输机制变化所致，热量的产生也迅速提高，这是因为增长的再复合效率和隔板内阻提高的结合所致。当电池温度达到电解液的沸点时，这个过程就终止了。这个过程控制了温度，但是由于失水，隔板的电阻仍继续升高，在第 3 阶段电流迅速衰减。

因此，可以得出电池内部的热源就是电池内部的功率损耗，在充电时，电池内部的功率损耗可以简单地看做是电压和电流的乘积。在恒压充电时，充电电流随温度上升而增大，增大了的充电电流又会产生更多的不能复合的排气量，增加电池的失水，从而使温度进一步上升。如果电池内部热量产生的速率超过蓄电池在一定环境条件下的散热能力，蓄电池的温度将会持续上升，以致使电池的塑料壳变软，由于阀控电池是密封结构，电池内部在充电时有 10kPa 以上的压力，最后导致塑料壳气鼓破裂或熔化，这就是蓄电池的热鼓胀变形。所以阀控铅酸蓄电池进行恒压充电时，对充电电压进行负的温度补偿是非常重要的。

对于少维护电池，要求充电电压不超过单格 2.4V。在实际使用中，例如，在汽车上，调压装置可能失控，充电电压过高，从而充电电流过大，产生的热将使电池电解液温度升高，导致电池内阻下降；内阻的下降又加强了充电电流。电池的温升和电流过大互相加强，最终不可控，使电池变形、开裂而失效。虽然热失控不是铅酸蓄电池经常发生的失效模式，但也屡见不鲜。使用时，应对充电电压过高、电池发热的现象予以注意。

6. 电池失水

铅酸蓄电池在使用过程中出现的失水现象，导致电解液损失，电池无法放电，最终导致电池失效。电池失水导致电解液干涸如图 1-14 所示。对于铅酸蓄电池，在充电末期时，正极析出的氧气会扩散到负极，并被还原成水，但是负极板中析出的氢气很难被完全氧化，部分氢气会从安全阀中排出，从而造成水的损耗。

图 1-14　电池失水导致电解液干涸

造成电池过度失水的几种主要原因：

1）正极板栅腐蚀，正极板栅的腐蚀而产生的水的转移是影响电池容量的主要因素之一，合金的析氧过电位较低，会导致正极析氧严重。

2）过充电，保持低电压充电可减少失水现象。但充电过程太长，充电效率低，或较高电流的加速充电，可造成明显的失水现象。

3）高温环境，电池较高的使用温度，会促进电化学反应速率，导致氢气氧气析出严重。

4）壳体密封失效，由于壳体破裂或安全阀失效，使电池与外部环境联通，导致电池失水严重。

7. 负极极耳与汇流排的腐蚀

负极极耳与汇流排在浮充过程中也会出现腐蚀现象，如图 1-15 所示，具体表现为电池端电压较低，充电时电压上升较快，电池容量明显下降。负极极耳与汇流排腐蚀是电化学腐蚀与化学腐蚀共同作用的结果。一般情况下，负极板栅及汇流排不存在腐蚀问题，但在阀控式密封蓄电池中，当建立氧循环时，电池上部空间基本上充满了氧气，隔膜中的硫酸溶液会沿极耳上爬至汇流排处。汇流排的合金会被氧化，进一步形成硫酸铅，如果汇流排焊条合金选择不当，汇流排有渣夹杂及缝隙，腐蚀会沿着这些缝隙加深，致使极耳与汇流排脱开，负极板失效。

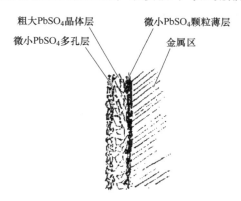

图 1-15　负极极耳与汇流排腐蚀层示意图

1.3　铅酸蓄电池 HRPSoC 工况下负极板的失效机理

铅酸蓄电池在充放电过程中，负极主要发生的反应为负极活性物质海绵状铅和硫酸铅的相互转化，具体公式为

$$Pb+HSO_4^- \xrightleftharpoons[充]{放} PbSO_4+2e^-+H^+ \qquad (1-25)$$

铅酸蓄电池的负极在充电过程中主要经历以下几个电化学过程：①硫酸铅溶解；②Pb^{2+}通过电解液在负极活性物质中扩散到铅表面；③通过电子传递，Pb^{2+}被还原为 Pb；④Pb 形成新的晶核或者在原有的晶体上生长。当上述步骤中的任一步骤出现阻碍，则会导致电池无法顺利地进行电化学反应。

当铅酸蓄电池在低倍率条件下进行充放电时，放电时负极表面会形成晶粒较小的硫酸铅，这些小颗粒的硫酸铅的溶解度较大，在之后的电化学反应中仍会参与反应，并且这些晶粒细小的硫酸铅会均匀地分布在负极板中，有利于电解液进一步向极板内部扩散，使得负极板内部活性物质可以参与电化学反应的进行。负极的电化学反应可逆性较高，因此电池在低倍率充放电循环过程中，会有较长的循环寿命。

当阀控式密封铅酸蓄电池应用于高倍率部分荷电状态（HRPSoC）模式时，

电荷转移及铅离子的还原较困难。HRPSoC 工况下负极板栅的硫酸盐化示意如图 1-16 所示。电池处于 HRPSoC 充放电模式，持续长时间处于未满电的状态。电池充电时，电荷的转移和 Pb^{2+} 的还原相对困难。当负极板在大倍率放电时，负极活性物质的利用率低于低倍率放电，这是由于在高倍率条件下，放电电流很大而且电化学反应的速率较快，铅会和电解液发生反应并且生成硫酸铅，而大电流放电会导致 HSO_4^- 在溶液中的扩散速率跟不上反应消耗的速率，造成极板内部严重的浓差极化，这会导致硫酸铅优先在负极板表面生成[6]。同时，大电流放电会导致铅附近存在过饱和的 Pb^{2+} 现象，这会导致硫酸铅快速沉积在所有可接触的表面，导致硫酸铅的成核速度高于其生长速度，并且硫酸铅会继续生长，在电极表面生成一层致密的硫酸铅，这会使得电极表面和电解液之间隔离，减少电子传递的有效表面积和孔隙率，并阻碍 HSO_4^- 向负极内部的扩散，导致负极内部无法参与电化学反应。负极长期在这种 HRPSoC 工况下工作，会导致晶粒粗大的硫酸铅在电池充电时无法转化，充放电反应可逆性变差。并且充电时，这部分电流会用于表面 H^+ 向氢气的转化，这会导致电池中电解液浓度的升高，氢气的析出也会促进负极的硫酸盐化，这会使负极的容量急剧降低并且最终导致电池失效。

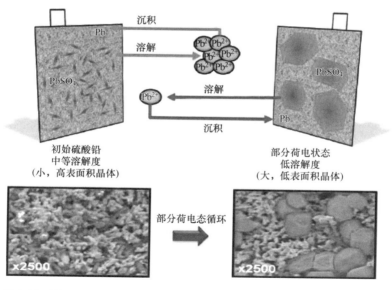

图 1-16 HRPSoC 工况下负极板栅的硫酸盐化示意图（彩图见书后插页）

铅酸蓄电池在 HRPSoC 工况下，造成电池失效的主要原因是负极不可逆硫酸盐化。因此，为了改善电池在 HRPSoC 工况下的性能和循环寿命，需要对铅酸蓄电池进行优化设计。

1.4 铅炭电池的结构与原理

为了应对铅酸蓄电池在 HRPSoC 工作模式下的负极硫酸盐，产生了铅炭电池。铅炭电池是一种优化的铅酸蓄电池，目前应用最广泛的是将炭材料引入到传统的铅酸蓄电池中，发挥炭材料高比表面积、高导电性等特性，从而提高电池倍率性能、循环寿命等关键性能[7]。

1996 年，Masaaki Shiomi 等人在研究阀控密封铅酸蓄电池（VRLA）失效模式时发现，混合动力汽车用铅酸蓄电池的失效模式是负极板出现大量不可逆的硫酸铅；而提高负极配方中炭黑的含量，可以有效地改善该应用场景（HRPSoC）下硫酸铅的积累，从而大幅提高铅酸蓄电池在该场景下的循环寿命。

1997 年，Masaaki Shiomi 对该现象的机理进行深入研究，首次提出导电网络理论，如图 1-17 所示。他认为，负极中添加的炭在硫酸铅颗粒中间形成导电网络，从而使得负极板中的硫酸铅更容易被还原为铅。

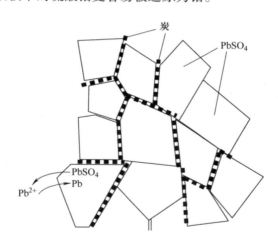

图 1-17 炭材料在负极的导电网络理论示意图

2000～2004 年，美国先进铅酸电池联合会（ALABC）和澳大利亚联邦科学与工业研究组织（CSIRO）对 VRLA 电池在 HRPSoC 失效模式时，炭材料在其中起到的作用进行了详细研究。首次，对不同充放电状态下 $PbSO_4$ 在负极板的分布情况进行系统研究，提出表面盐化理论，如图 1-18 所示。

2004 年，澳大利亚联邦科学与工业研究组织（CSIRO）提出超级电池概念并申请专利。超级电池就是将超级电容器与铅酸电池内并到一个电池中，如

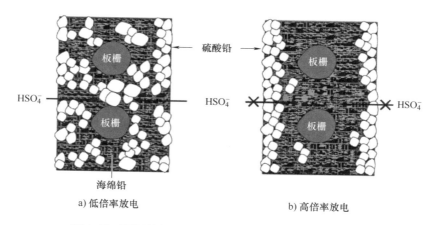

a) 低倍率放电　　　　　　　　　　　　　　　　　　　b) 高倍率放电

图 1-18　不同放电倍率下硫酸铅在负极中的分布示意图

图 1-19 所示。超级电池能够减少铅的用量，既保持了电池的高能量密度，又具有超级电容器高功率、快速充放、长循环寿命的特点，使得电池具有良好的高倍率性能，并且能够抑制负极硫酸盐化。其主要用于混合动力汽车，但是生产难度较高，推广程度有限。CSIRO 与日本古河公司合作开发的超级电池，用于本田 Insight 混合动力汽车上进行测试，电池组照片如图 1-20 所示。截至 2008 年，已运行 10 余万 mile$^{\ominus}$，电池没有出现任何问题，远超镍氢电池。

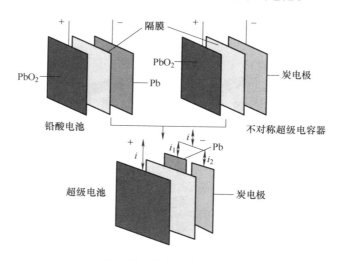

图 1-19　超级电池示意图

$\ominus$　1mile（英里）≈1.61km。

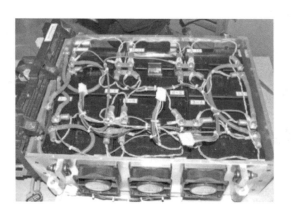

图 1-20　CSIRO 与日本古河公司合作开发的超级电池

　　2006~2010 年，Moseley PT 对炭材料在铅酸电池正极、负极以及在超级电容器中的作用机理进行了详尽的对比研究。它是将传统铅酸电池的负极中加入电容性活性炭材料，铅炭电池结构示意如图 1-21 所示，使铅酸电池负极成为同时具有法拉第反应和双电层电容储能的双功能负极材料，依靠活性炭的电容性能提高铅酸电池负极的大电流充放电性能。最后证明，炭材料可以提高正极的容量，但是很快就会分解。炭材料在负极中有多种作用，但是最重要的是电容性储能。所以，高比表面积的活性炭最适合用于部分荷电状态（PSoC）下使用的负极添加剂。

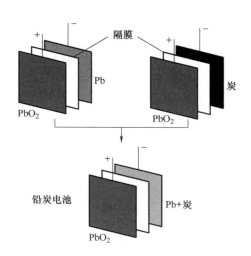

图 1-21　铅炭电池示意图

　　铅炭电池根据炭材料的添加方式，可以分成 4 类[8]：

1）炭材料全部取代负极活性物质，即正极活性物质采用二氧化铅，负极活性物质为炭材料。这种铅炭电池也可以称为不对称超级电容器。代表产品有美国 Axion 公司生产的铅炭电池。

2）炭材料部分取代负极活性物质，但是炭材料和铅之间存在明显的相界面，即两种负极并联成为一个完整的负极，而正极板采用二氧化铅。当电池在高倍率条件下进行充放电时，并联负极中的炭材料负极，能够提高电池的比功率，并在充放电的瞬间吸收和释放电荷，降低了电流对于铅负极的影响。采用本方法制作的铅炭电池，也被称为超级电池，是将铅酸蓄电池和超级电容器的优势有效地结合起来，使得电池既保持了良好的能量密度，又使电池具有超级电容器的长寿命、高功率的特点。代表产品有澳大利亚 CSIRO 组织和美国东宾公司开发的铅炭电池。

3）炭材料部分取代负极活性物质，炭材料和铅之间没有明显的相界面，炭材料以添加剂的形式，按照一定的比例在和膏阶段加入到负极活性物质中，并且不改变电池的结构。目前，主要用于铅炭电池的炭材料有活性炭、炭黑、石墨、石墨烯、碳纳米管等。采用"内混式"制作的铅炭电池，制备方法相对其他类型的铅炭电池较为简单，无需改变现有铅酸蓄电池的制造工艺，可以直接采用现有铅酸蓄电池生产工艺，仅在和膏阶段加入炭材料，因此这种铅炭电池可以采用现有的铅酸蓄电池生产设备，能够快速实现规模化生产，目前铅酸蓄电池企业主要采用本方式制作铅炭电池。但是，采用本种方法制作的铅炭电池，会一定程度地增加电池的析氢，从而导致电池失水。因此，需要采取一定的方法来缓解铅炭电池的析氢问题。目前，主要采用向负极活性物质中添加析氢抑制剂的方法来缓解电池析氢问题。常用的析氢抑制剂主要有金属氧化物、金属氢氧化物等。

4）采用炭材料制作板栅或者作为板栅添加剂[9]。如采用网状玻璃炭、泡沫炭、石墨泡沫、蜂窝炭等作为负极板栅，是当今碳基轻型板栅的研究热点。这种电池也被称为碳板栅电池。如图 1-22 所示，采用三维结构的炭材料制作板栅，并且代替原有铅合金板栅，能够有效地改善电池的活性物质利用率，并且电池的重量能够得到降低。蜂窝炭，是一种类似蜂窝结构的非晶态炭，采用蜂窝炭为基体，在其表面电镀一层铅，此方法获得的负极板栅，使得电池具有良好的性能。泡沫炭，采用泡沫炭作为负极集流体，制作的电池能够提高负极活性物质的比表面积，并且负极板的重量得到大幅的减少。但是由于泡沫炭仍然具有不稳定性，因此，泡沫炭仍然停留在实验室阶段。

经过多年的研究，铅炭电池的机理仍然没有定论，但是在此过程中，各国研究者提出了多种理论，在不同的应用场景下，炭材料分别起不同的作用，大概有如下 8 种[10]：

图 1-22　3D 结构炭材料板栅及电池极群

（1）电导率

最早的猜测就是提高电导率，从而使得负极更容易充电。其实炭材料的电导率并不比负极活性物质（金属铅）高。但是部分荷电状态的负极，局部被不导电的硫酸铅覆盖。所以，炭材料在这些地方起到了电子通道的作用。

（2）限制晶粒长大

炭材料分布在硫酸铅晶粒之间，可以有效地限制其晶粒继续长大，从而使得硫酸铅保持较高的比表面积。这有益于后面的充电。

（3）电容性储能

许多研究者证明，大电流充放电时，活性炭可以通过电容特性缓冲大电流冲击。

（4）催化作用

炭材料可以催化硫酸铅的还原反应，使得负极不容易发生硫酸盐化。

（5）添加成核粒子

在负极中添加 0.2~0.4wt% 的硫酸钡是比较常见的。此材料能提供大量的硫酸晶体生长的粒子，它与硫酸铅是同晶型，提高放电产物的比表面积来帮助分散电荷。碳粒子能起到同样的作用，但因其没有其他的功效，不容易接受。

（6）电渗泵

EOF 诱导在流体和外部施加电场之间的流体运动。流体的倍率与应用的电压、pH 值和溶液的电导以及材料的通道壁是有关的。在正极板中存在石墨的蓄电池中，预测电渗泵能帮助电解液的注入。

（7）过电位析氢

在部分荷电态下，电流的变化会使得电池充电反应进入到析氢阶段，这是导致蓄电池老化失效的一种模式。

（8）碳氧化的反应

负极中的碳和氧反应，可能会生成一氧化碳或二氧化碳，使得电池内压升高，导致电池排出气体和水蒸气。

铅炭电池的出现，基本解决了负极硫酸盐化的问题，极大地提高了铅酸电池的使用寿命。然而，并不是所有的炭材料均会提高铅炭电池的性能和寿命，部分炭材料由于自身种类、结构、比表面积等原因，与铅酸电池负极活性物质不相匹配，并不适用于铅炭电池。所以在设计铅炭电池时，需要避免下述问题的发生。

1）添加炭材料导致析氢加剧。由于炭材料的析氢电位相对较低，会导致电池的析氢过电势降低，这会导致电池在充电末期时，炭材料先于负极活性物质发生析氢反应，这会导致电池的充放电效率降低，增加电池的水损耗，并且影响负极活性物质结构，影响电池寿命。所以对于炭材料的筛选尤为重要。

2）阻碍电解液扩散。当炭材料比例不当时，如添加过多的炭材料，会导致孔隙阻塞，影响电解液的扩散，从而影响电池的循环寿命。

3）混合不均匀。由于炭材料和铅粉间性能的差别，要注意混料时由于混合不均，造成的极板性能的差异。

1.5 铅炭电池的性能特点

铅酸蓄电池技术工艺已经十分成熟，具有容量大、安全性好、成本低、可回收等特点，但传统铅酸蓄电池大电流充放电、使用寿命短等问题制约了其在混合动力（微混、中混和全混）和储能市场的推广。铅炭电池既发挥了超级电容瞬间大容量充电的优点，而且由于在电池负极加入炭材料，可以有效改善 HRPSoC 模式下的硫酸盐化现象，提高充电接受能力和倍率性能，使电池具有高功率放电、快速充放、长循环寿命的特点[11,12]。普通铅酸电池与铅炭电池的性能比较如表 1-1 所示。

表 1-1 普通铅酸电池与铅炭电池性能比较

性能指标	普通铅酸电池	铅炭电池
工作电压/V	2.0	2.0
能量密度/(Wh/kg)	30~40	30~60
循环寿命/次	600~1200	2000~5500
度电成本/[元/(kW·h)]	400~800	600~1200
充放电效率	75%~85%	90%~92%
优点	成本低、可回收性好	循环性能好、充电接受能力强、性价比高、一致性好、可回收性好

（续）

性能指标	普通铅酸电池	铅炭电池
缺点	比能量小、不适应快速充电和大电流放电、使用寿命短、容易污染环境	电池失水
最佳应用场景	通信设备、电动工具、电力控制机车、电动自行车	电动自行车、起停型混合动力汽车、风光储能

1. 动态充电接受能力（DCA）

负极炭材料的引入有利于降低负极的极化，铅炭在起停系统中应用，动态充电接受能力是重要的性能指标，是反应电池充电效率的测试方法。基于欧标 EN50324-6 进行电池的动态充电接受能力测试，整个测试过程完全模仿车辆起停系统工作状态，起动、刹车、怠速、停车反复循环，指标越高，表示电池可支撑起停系统工作的可靠性越高。普通铅酸电池的 DCA 约为 0.1A/Ah，铅炭电池 DCA 可达到 0.3A/Ah 以上，相当于普通铅酸电池的 3 倍以上。

2. −18℃低温冷起动能力

基于 JB/T 12666—2016《起停用铅酸蓄电池技术条件》，进行电池的−18℃低温冷起动能力测试，江苏某企业的普通铅酸电池与铅炭电池的对比测试结果如表 1-2 所示。以 I_{cc}（A）电流放电 10s 时，铅炭电池较普通铅酸电池高 0.42V，放电至 6V 时，铅炭电池较普通铅酸电池放电时间增加了 23.8%。

表 1-2　江苏某企业传统铅酸起停电池与铅炭起停电池−18℃低温冷起动能力

电池类型	传统铅酸起停电池	铅炭起停电池
−18℃ I_{cc}/A	720	720
U_{10s}/V	7.63	8.05
$U_{0.6I_{cc},20s}$/V	9.11	9.33
t_{6V}/s	126	156

3. 起停循环能力

基于 JB/T 12666—2016《起停用铅酸蓄电池技术条件》，起停循环能力更是直接反映电池的可用寿命，测试次数越高，说明电池可用寿命越长。图 1-23 为铅炭电池与普通铅酸电池起停循环能力测试曲线，可以看出，普通铅酸电池起停循环测试不足 5 万次，铅炭电池起停循环测试超过 18 万次，是普通铅酸电池的 3 倍以上。

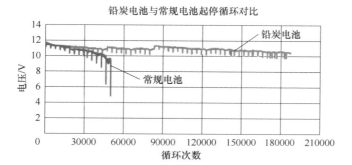

图 1-23　铅炭电池与普通铅酸电池起停循环能力测试曲线

4. 常温浅循环寿命

基于德国大众起停电池测试标准，25℃下 17.5% 放电深度的循环寿命测试曲线如图 1-24 所示。普通铅酸电池循环寿命约为 750 次，铅炭电池循环寿命超过 6500 次，是普通铅酸电池循环寿命的 8 倍以上。

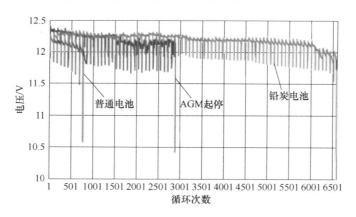

图 1-24　25℃下 17.5% 放电深度的循环寿命测试曲线

5. 40℃浅循环寿命

按 IEC61427—2005 储能电池标准测试，铅炭电池与普通铅酸电池测试结果如图 1-25 所示。在温度 40℃下，铅炭电池循环寿命高达 20 次，远高于标准要求的 3 次。在模拟风光等新能源使用工况的上述试验条件下，铅炭电池的循环性能是普通电池的 3 倍以上。

6. 常温 PSoC 循环寿命

图 1-26 为铅炭电池与普通铅酸电池 90%～30% PSoC 循环测试曲线，普通铅酸电池循环 1200 次后失效，铅炭电池循环寿命超过 4000 次，是普通电池的 3.5 倍以上。

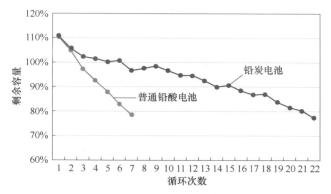

图 1-25　IEC61427—2005 标准下太阳能储能工况时普通铅酸电池与铅炭电池循环寿命比较

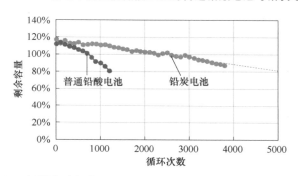

图 1-26　铅炭电池与普通铅酸电池 90%~30% PSoC 循环测试曲线

1.6　铅炭电池的国内外发展现状

1. 国外铅炭电池发展现状

铅炭电池最初是由国外展开的研究。美国 Axion 公司研发的铅炭电池，采用高比表面积的活性炭材料作为添加剂，并且通过测试发现，采用本方法生产的铅炭电池，能够改善电池在高倍率条件下的负极硫酸盐化的问题，使得电池的寿命得到了极大的提高，电池能够充放电循环 1600 次，并且能够进行深放电。由于这种铅炭电池的电压取决于 SoC，其能量密度远低于常规铅酸电池，因此这款铅炭电池主要应用于高倍率充放电循环场景中。国际先进铅酸蓄电池联合会（AL-ABC）与 Detchko Pavlov[⊖] 展开了聚天冬氨酸钠对于电池性能影响的研究，研究

[⊖]　具体可参考 Detchko Pavlov（德切柯·巴普洛夫）著，段喜春、苑松翻译的《铅酸蓄电池科学与技术》，由机械工业出版社出版。——编辑注

表明，其作为负极添加剂，能够有效地提高活性物质的利用率，使得电池在高倍率条件下具有良好的性能。

目前，铅炭电池已经广泛地应用于各个领域，美国 Axion 公司开发的铅炭电池，不仅应用到了混合电动车上，并且已经成功地应用于美国的军用车上。美国联邦运输管理局也将铅炭电池和燃料电池结合，并在洛杉矶应用到电动公共大巴车上。美国 AEP 公司开发的铅炭电池，已经广泛地应用于风能、太阳能等储能项目。日本古河蓄电池公司开发的铅炭电池，安装在混合电动车上，表现出良好的性能，现已经实现商业化的应用。2007 年，BMW 集团采用具有起动/刹车功能的铅炭电池应用于微型混合电动车，并且进行了行车试验。

2009 年，Exide、Axion、East Penn 研发的铅炭电池成为先进电池技术，得到奥巴马政府 2000 万美元资助。目前，铅炭超级电池已由电动汽车用的数十安时容量的单体电池发展到新能源储能用的 1000Ah 单体电池，并经过系统集成技术形成兆瓦级储能系统，应用于工程项目示范。

在混合动力汽车方面，采用日本古河公司/CSIRO 电池的本田 Insight 混合动力车，在没有任何维护情况下完成 14 万 mile（225400km）的驾程，电池性能良好，百公里油耗 4.05L，CO_2 排放 96g/km。在 HRPSoC 工况下运行，循环性能是普通铅酸电池的 3~4 倍。在 Honda Civic 电动车上试验，将 Ni-MH 电池替换为 UltraBattery 也跑出了 15 万 mile（241500km）的记录，各个模块仍然保持全平衡。该 UltraBattery 获得了一些大汽车制造商的认证，基于该技术的电池正在世界不同范围内推广应用。

在储能系统方面，美国 Sandia 国家实验室对先进铅炭电池进行了测试，评估方法包括高倍率浅循环的功率型模式和低倍率深放电的能量型模式，波形测试包括调频、负载均衡、随机应用模式，电池在不同储能模式下均具有良好的循环耐久力，能量转换效率高，规模储能安全可靠性好、投资回报率高等优点，其寿命是普通铅酸电池的 4~8 倍。

Furukawa、East Penn 和 Ecoult 公司生产的 Ultrabattery 已经在美国、澳大利亚和亚洲地区等一大批电网和微电网固定储能装置上采用，用于可再生能源频率平滑、提高电网稳定性和提高可再生能源发电利用率。2011 年，East Penn 500kW·h 光电平滑+1MW·h 光储一体化电网级铅炭储能项目通过 PNM 电网验收。2012 年，East Penn 3MW 电网级铅炭储能项目通过 PJM 电网验收，为美国东部横跨 13 个州、超过 5800 万人服务。美国宾夕法尼亚州 Lyon Station 使用 East Penn 工厂生产的超级电池，提供 3MW 的持续频率调整，服务于美国的东北电网。Ecoult 研制和安装了 3MW/1.6MW·h 的超级电池储能系统，优化了澳大利亚 King 岛上的混合发电系统性能，使风力发电系统稳定供电，减少对柴油机发电量的依赖。Furukawa 在日本也进行了一些固定储能方面的实验和商用计划，其聚焦于小规模微网/电网分散储能，包括为清水公司（Shimizu Corporation）开发的微网存储系统和安装在北九州前田区的智能电网示范系统。

2. 国内铅炭电池发展现状

我国对于铅炭电池的研究起步相对较晚，但在巨大的研发力量投入和市场的牵动作用下，铅炭电池得到了快速的发展。

在电极材料方面取得了较大进步。李中奇等公开了一种超级铅酸蓄电池用双性负极板，在原蓄电池极板配方中加入乙炔黑（质量分数：$0.1\% \sim 0.6\%$）和碳纤维（质量分数：$0.5\% \sim 0.8\%$）。在高倍率放电下，由该极板组装的超级铅酸蓄电池比功率有所增强，充电效率提高 1 倍，使用寿命也提高了 1 倍。徐克成等公开的双性负极则是在原负极组分中加入了导电炭（质量分数：$0.01\% \sim 0.1\%$）和电容炭（质量分数：$0.1\% \sim 3\%$）。由该负极板组装的超级蓄电池，其在高倍率充/放电下的比功率明显增大，循环寿命明显增长，同时有效缓解了负极的不可逆硫酸盐化。

佘沛亮等公开了一种含有活性炭负极的铅炭超级电池的制备方法，将传统铅酸蓄电池的铅负极与活性炭负极进行内部并联，其中活性炭材料与双性负极质量比为 $0.01 \sim 0.1$ 之间，由此组装而成的超级电池在低温环境下，性能优良，深度循环次数可达 1800 次以上。张天任等将活性炭（质量分数为 $1\% \sim 7\%$）、异向石墨（质量分数为 $0.1\% \sim 3\%$）、乙炔黑（质量分数为 $0.05\% \sim 1\%$）与原铅酸电池负极活性物质混合后，组成一种新型的负极极板，由该配方制成的电池，其循环寿命比传统铅酸蓄电池提高 10 倍以上。薛奎网等在铅酸电池正极活性材料中加入（质量分数为 $5\% \sim 10\%$）的活性泡沫炭材料；在活性负极材料中加入导电石墨（质量分数为 $5\% \sim 8\%$）和活性泡沫炭材料（质量分数为 $2\% \sim 6\%$），并在 $60 \sim 70℃$ 下，将该负极混合材料搅拌，进行渗炭处理。由该该方法制备出的电池充电效率高达 95%，循环寿命达到 10000 次。李庆余等将聚苯胺、聚吡咯、聚噻酚、聚对苯、聚并苯和聚乙烯二茂铁中的一种或者两种以上的混合物涂覆在铅酸电池负极表面，这些导电聚合物具有法拉第赝电容，从而使铅酸电池兼有了法拉第赝电容特性。由该双性负极组装成的超级蓄电池在 10C 下放电，容量可以达到初次（1C）容量的 85%，有效抑制了负极的不可逆硫酸盐化，大幅提升了铅酸电池的使用寿命。Zhou 等人研究了将活性炭涂覆于负极板栅上制作铅炭电池，制得的电池具有良好的循环寿命，并且由于炭材料的加入，电池的能量密度也有所提升。Liang 发布了一种铅炭电池的制作方法，其中负极活性物质中包括 $1\% \sim 40\%$ 的炭材料，主要包括活性炭、炭黑、石墨烯、碳纳米管等。

近年来，各个铅酸蓄电池企业在铅炭电池的研究上也取得了突破性的进展，如南都、天能、双登等公司，均开发出铅炭电池并已经应用于通信、储能等领域。国内多家企业与院校合作，在铅炭电池方面开展了积极探索，取得了阶段性成果。2013 年，我国浙江南都电源动力股份有限公司生产的铅炭电池通过国家级能源科技成果鉴定，大幅提高了铅酸电池循环寿命及高倍率充放电等特性，南都铅炭电池开发被列为 ALABC 研发项目，掌握了从储能产品到系统集成的全套技术，具备提供储能系统整体解决方案的能力。南都电源"铅炭超级电池"获得国家多个示范工程项目的中标，累计销售达到 10 万 kW·h，并获得国家"强基工程"项目资助，户用储能系统的铅炭电池还远销到非洲、中东及欧洲等地区。山东曲阜圣阳电源有限公司引进日本古河电池株式会社先进的铅炭技术及产品设计和制造经验，开发面向深循环、储能应用的新一代、高性能 AGM 阀控铅酸蓄电池。公司采用铅炭技术和长寿命技术设计，提高充电接受能力，减少负极硫酸盐化，更适合部分荷电状态（PSoC）下使用，70% DOD 深循环次数超过4200 次，设计寿命 15 年，已经批量化生产。超威集团、天能集团与哈尔滨工业大学、北京化工大学等院校合作也在铅炭超级电池研究方面做了很多有意义的工作，成功解决了负极析氢、炭材料选型、合膏新工艺等核心技术难题。天能集团研制的 12V-12Ah 铅炭电池，进行部分荷电态下大电流循环性能测试，循环寿命能够达到 12 万次以上，比功率达到了 700W/kg。双登集团铅炭起停电池获国家"强基工程"项目资助，已用于特种车辆，起停寿命超过 18 万次，同时储能用铅炭电池循环寿命达到 5500 次，广泛应用于储能微电网、分布式/集中式储能电站、削峰填谷等场景，累计储能装机规模超过 300MWh。

从 2016 年 4 月国家发展改革委、国家能源局发布《能源技术革命创新行动计划（2016~2030 年）》，到 2017 年 9 月国家发展改革委、财政部、科学技术部、工业和信息化部、国家能源局发布《关于促进储能技术与产业发展的指导意见》，一年多时间里，政府部门就有 4 个下发文件中提及发展铅炭电池，充分说明铅炭电池越来越受到政府部门重视。

从铅炭电池的研究现状来看，其性能还有很大的提升空间。铅炭电池发展的方向是进一步提高能量密度、功率密度和循环性能，并降低成本，控制好炭材料的引入可能带来的析氢等风险。由此可见，随着铅炭电池的不断发展，铅炭电池在储能和汽车领域的重要性将会不断提升。

参 考 文 献

［1］　德切柯·巴普洛夫. 铅酸蓄电池科学与技术［M］. 段喜春，苑松，译. 北京：机械工业出版社，2015.

［2］　Rand D A J, Moseley P T. Lead-acid battery fundamentals, in：Lead-Acid Batteries for Future Automobiles［M］. Elsevier, 2017.

［3］ 伊晓波. 铅酸蓄电池制造与过程控制 ［M］. 北京：机械工业出版社，2004.

［4］ Yang Baofeng, Cai Xianyu, Li Enyu, et al. Evaluation of the effect of additive group five elements on the properties of Pb-Ca-Sn-Al alloy as the positive grid for lead-acid batteries ［J］. Journal of Solid State Electrochemistry, 2019（23）：1715-1725.

［5］ Yang Baofeng, Cai Xianyu, Li Enyu, et al. Effect of lanthanum, cerium and other elements on the electrochemical corrosion properties of Pb-Ca-Sn-Al alloy in lead-acid batteries ［J］. Journal of Energy Storage, 2019（25）：100908.

［6］ 陶占良，陈军. 铅碳电池储能技术 ［J］. 储能科学与技术，2015（4）：546-555.

［7］ 胡信国，等. 动力电池技术与应用 ［M］. 2 版. 北京：化学工业出版社，2013.

［8］ 胡信国，王殿龙，戴长松. 铅碳电池 ［M］. 北京：化学工业出版社，2015.

［9］ Kirchev A, Dumenil S, Alias M, et al. Carbon honeycomb grids for advanced lead-acid batteries. Part Ⅱ：Operation of the negative plates ［J］. Journal of Power Sources, 2015（279）：809-824.

［10］ Moseley P T, Rand D, Peters K. Enhancing the performance of lead-acid batteries with carbon-In pursuit of an understanding ［J］. Journal of Power Sources, 2015（295）：268-274.

［11］ Yin Jian, Lin Nan, Lin Zheqi, et al. Optimized lead carbon composite for enhancing the performance of lead-carbon battery under HRPSoC operation ［J］. Journal of Electroanalytical Chemistry, 2019（832）：266-274.

［12］ Yin Jian, Lin Nan, Lin Zheqi, et al. Towards renewable energy storage：Understanding the roles of rice husk-based hierarchical porous carbon in the negative electrode of lead-carbon battery ［J］. Journal of Energy Storage, 2019（24）：100756.

第2章

2

铅炭电池用炭材料及作用机理

2.1 概述

随着电动汽车产业的迅猛发展以及石油的过度开采使用，给能源和环境带来了很大的问题，电池作为动力来源受到了科研人员的重视。在电动汽车、微混电动车等领域，传统的铅酸蓄电池由于负极硫酸盐化、HRPSoC 工况下负极容量下降等问题，还不能满足长期高倍率放电的需求，其发展受到了很大的限制。

因此，需要对现有铅酸蓄电池进行改进，尤其是负极的性能需要进行提升，目前研究比较广泛的改进措施为向负极活性物质中添加炭材料，制作内混式铅炭电池。内混式铅炭电池是一种将铅酸蓄电池和超级电容器融合的一种新型的储能装置，它是将炭材料按照一定比例加入到负极活性物质铅中，制作的一种既包含铅酸蓄电池性能和炭材料又具有超级电容性能的二次电池，并且不改变传统铅酸蓄电池的结构。铅炭电池的产生，在倍率性能、循环寿命等性能上实现了重大突破。铅炭电池在 HRPSoC 工况下充电时，炭材料的双电层存储和释放电荷能够分担负极的电流，对负极具有一个缓冲的作用，并且能够提高负极的充电接受能力和改善铅的分散性，提高活性物质的利用率，从而有效地抑制负极的硫酸盐化。而且内混式铅炭电池，能够采用现有铅酸蓄电池的生产线，能够实现电池的大规模生产，使其更加符合储能电池的长寿命和低成本的发展方向。现阶段，铅炭电池与传统铅酸电池相比，寿命至少可延长 3~5 倍，功率提高 20%~50%。采用铅炭电池能够提高电池在储能、通信、动力等领域的市场竞争力。

2.2 碳元素与炭材料

炭材料是制作铅炭电池最为关键的材料。目前市面上的炭材料种类繁多，且不同炭材料厂商制作出的炭材料的形态也存在差异。因此，对于炭材料的种类的选择需慎重，而且炭材料的添加量也是研究重点，并不是炭材料的含量越多，电池的性能就越好。

炭材料具有以下几类性质：

1）具有 sp^3、sp^2 和 sp 三种构型，其中 sp^2 构型的碳具有较好的导电性和导热性，sp^3 构型比较容易形成晶体。组合构型不同，就会形成不同形态的碳；

2）碳表面含有不同的官能团，从而也可吸附不同的基团，如吸附羧基、羟基和醛基等；

3）粒径变化范围大，从纳米级到毫米级都有存在；

4）比表面积相差几倍乃至上百倍；

5）具有斜方和六方堆积的缺陷。这些原因导致碳的同素异形体有很多，不同种类的碳具有不同的物理化学性质，但不是每一种炭材料都能抑制电池负极硫酸盐化。种类不同、含量不同，对于电池的寿命影响很大，因此，对于炭材料的选择十分重要。

铅炭电池中炭材料的参数要求：

1）炭材料应具有较高的抗氧化能力。在对阀控铅酸蓄电池进行充电时，当电池的 SoC 达到 75% 时，就会析出氧气，这些氧气会扩散到负极，在负极被还原生成水，即所谓的"闭合氧循环"。如果在负极加入炭材料，则这些炭材料可能会被氧气氧化还原，从而难以发挥作用。所以炭材料的抗氧化能力尤为重要。

2）炭材料具有适当的比表面积。在 CSIRO 小组的研究中，他们认为活性炭的比表面积对于电池性能的提高非常重要。当铅酸电池用作 HEV 中，在使用初期，活性炭添加剂能够作为一种分离 $PbSO_4$ 连续生长的第二相，避免其生长成为大颗粒。在该条件下，高比表面积的炭材料将会更加有效。

3）具有良好的电容性能。炭材料需要具有高比表面积才能发挥炭材料电容的作用，因此，必须拥有合适孔径与比表面积的材料才能应用到铅炭电池中。炭材料能够在负极活性物质中为铅离子的还原提供位点，并且在电池高倍率充放电时，提供双电层电容，有效地分担电流，并且要求炭材料的颗粒应该较小，能够占据负极活性物质的孔隙，同时达到抑制硫酸铅晶体生长的目的。

4）炭材料的电化学活性。炭材料的电化学活性也会影响其在蓄电池中的性能。电化学活性炭对电池的充电过程具有很强的催化作用，而且这些电化学活性炭可能会参与到电池充电过程中。相比较而言，铅酸电池负极板中 $Pb^{2+} + 2e^- \rightarrow Pb$ 的反应，在有电化学活性炭的情况下，会比未添加电化学活性炭时低 300 ~ 400mV。因此，在实际应用中，对炭材料进行前期活化，使其在铅酸电池工作环境中具有电化学活性是保证炭材料在铅炭电池中发挥作用的关键因素。

5）良好的导电性。炭材料需要具有良好的导电性，这样在活性物质中能够形成良好的导电网络，能够增加 HRPSoC 工况下活性物质的电导率，以及炭材料/电解液界面活性，促进电化学反应的进行。

6）材料的颗粒大小对电池性能也有很大的影响，颗粒过小，容易导致其在电极中发生团聚，从而使得炭材料在负极板中难以均匀分布，此时电池性能反而劣化。合适的炭材料尺寸一般应处于微米级，且其在负极板中能够均匀分布，此时铅酸电池的性能才能得到明显提高。

7）炭材料中的杂质类型。炭材料中含有的一些杂质元素会对电池性能产生，需要考虑在内。不同杂质元素对于电池性能影响不同。

8）炭材料与铅极板有较强的亲和力。炭材料与铅极板要具有较强的亲和力，以便其能够进入到铅酸电池负极板活性物质骨架中，成为骨架中的一部分而发挥作用，发挥电容作用，提高电池极板导电性，降低电池阻抗。

9）与铅负极具有相似的工作电势。由于炭材料与铅电极的工作电势具有一定的差异。当电池在充电时，炭材料提供双电层电容，能够提高负极的充电接受能力；但是当电池在放电时，当电极电势为-0.98V 时，铅会转化成硫酸铅，而当电极电势高于-0.5V 时，炭材料的双电层才会发生电荷的中和反应（如图 2-1 所示）。这说明，在放电初期，主要是铅在进行放电，因此需要对炭材料进行一定的处理，使得其放电电势降低。

10）成本低。由于炭材料部分取代了负极活性物质，若其成本较高，不利于铅炭电池的工业化生产。

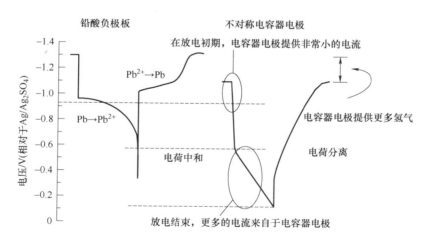

图 2-1　铅酸蓄电池负极板与炭电极充放电工作电势

此外，也有一些研究认为炭材料表面官能团对其性能的发挥也有重要作用。如炭表面的羧基有利于提高负极活性物质利用率与低温条件下电池大电流放电性能[12]。此外有研究认为[3]，表面氨基基团含量高、醋酸根含量低的炭材料更能有效地抑制电池负极板中氢气的析出，加速铅与 $PbSO_4$ 之间的转化，有效延长电池在 HRPSoC 工况下的循环寿命。

铅炭电池负极中加入的炭材料主要有石墨、炭黑、活性炭、碳纳米管、石墨烯等。

2.2.1 石墨

1. 石墨的晶体结构

石墨是碳元素的一种同素异形体，与金刚石和富勒烯并称为结晶碳三形态。石墨分为天然石墨和人造石墨。天然石墨多伴生于变质岩中，包括片岩、石英岩、大理石等。岩石中的有机质或碳质元素经过漫长的区域变质作用，逐渐结晶形成天然石墨[1]。

石墨具有特殊的层状晶格结构，由碳原子形成的网平面堆叠而成，每一个网平面都是一种层状结构。如图 2-2 所示，该结构中，碳原子以 sp^2 杂化组成正六角环，通过共价键和金属键的混合型键结合，其间距为 0.1421nm。

石墨晶体的三维结构靠网平面之间的范德华力平行堆叠而成，间距为 0.3354nm。然而，石墨晶体各个网平面的堆叠并非碳原子的正投影，而是偏移正六边形对角线长的一半，以形成更为致密的结构。

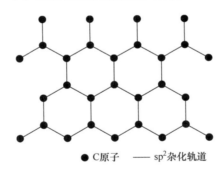

● C原子 —— sp^2 杂化轨道

图 2-2 石墨网平面碳原子排列结构示意图

（1）六方晶系石墨结构

六方晶系石墨结构是碳元素的一种平衡结构，通常在常温常压或高温高压条件下形成。如图 2-3 所示，碳原子构成的层状结构堆叠形成三维的石墨结构，第二层相对第一层偏移了对角线的一半，第三层相对第二层偏移了对角线的一半，因而第三层是第一层的正投影，即层状结构每两层复现一次，因而该结构可被理解为 ABA 型复现。其晶胞单元大小为 $a = 0.2461$nm，$c = 0.6708$nm。晶胞中碳原子数为 4。理论密度为 2.266g/cm^3。

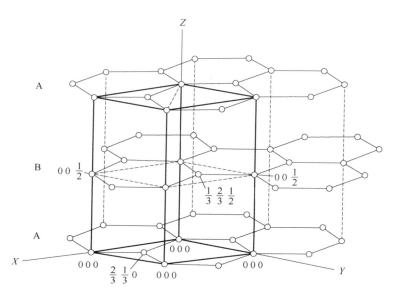

图 2-3　六方晶系石墨的晶体结构示意图

（2）菱面体晶系石墨结构

菱面体晶系是石墨的另一种三维结构，图 2-4 为该结构的示意图。与六方晶系石墨结构不同的是，菱面体晶系石墨结构的层状碳原子结构每三层重复一次，可被理解为 ABCA 型复现。如图 2-4 所示，如果以最下层石墨层状结构的一个碳原子为原点做三维直角坐标系，第二层相对第一层偏移（2/3，1/3），第三层依次偏移至（1/3，2/3），第四层成为第一层的正投影。其晶胞单元大小为 $a = 0.2461\text{nm}$，$c = 1.0062\text{nm}$。晶胞中碳原子数为 6。理论密度为 2.266g/cm^3。

现阶段发现的天然石墨和人造石墨结构中，绝大多数以六方晶系石墨结构为主，而菱面体晶系石墨结构占比很小（约百分之几）。然而，菱面体晶系所占的比例并非一成不变的，例如，研磨工艺会增加石墨中菱面体晶系结构的比例，但该工艺可能破坏石墨结构，致使其发生结构缺陷。这种具有缺陷结构的石墨在经高温热处理时（2000℃以上），不稳定的 ABCA 复现结构会向 ABA 复现结构发生转化，使得整个石墨结构趋于稳定。由此可知，相较于六方晶系石墨结构，菱面体晶系石墨存在结构上的缺陷，致使其结构不太稳定[2]。

2. 天然石墨的分类

石墨的结晶形态是判断石墨工艺特性的重要标准，结晶形态方面的差异导致石墨资源在应用价值上的差别。因而，可从结晶形态的差别方面将天然石墨分为三大类：鳞片状石墨、土状石墨和无定形石墨。其中，鳞片状石墨又称晶质石

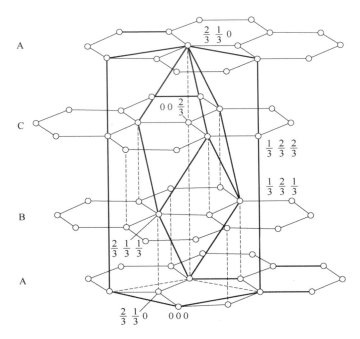

图 2-4　菱面体晶系石墨的晶体结构示意图

墨，土状石墨又称微晶石墨或隐晶质石墨，二者都有清晰完整的晶体形态。鳞片状石墨的晶体呈定向线性排列，而土状石墨的晶体则杂乱无章地排列。图 2-5 为鳞片石墨与土状（微晶）石墨的微观结构及示意图。

　　如图 2-5a 所示，鳞片状石墨的晶体形态在外观上酷似鳞片，因此得名。其晶粒尺寸通常在 1μm 以上，石墨颗粒之间具有明显的各向异性，且石墨的片层较大，在天然石墨中属于结晶度较高的一种石墨。然而，鳞片状石墨的含碳量较低，通常在 3%~25% 之间，因而该石墨也属于原矿品位较低的一种石墨。鳞片状石墨通常也具有较好的可浮性，通过简单的浮选工艺即可得到品位很高的石墨。

　　与鳞片状石墨相比，土状石墨的微晶尺寸相对较小，通常在 1μm 以下。大量的石墨微晶随机取向排列，构成了土状石墨。高温热处理过程通常伴有晶粒的生长，可间接提高该类型石墨的石墨化度。土状石墨的含碳量通常高于 80%，大大高于鳞片石墨的含碳量，因而，前者的品位也远高于后者。高温热处理同样可以大大增加土状石墨的含碳量，经 3000℃ 高温，其含碳量高达 99.9%。与鳞片状石墨相反，土状石墨宏观上更倾向于表现出各向同性，因而可用于制备各向同性的石墨材料。

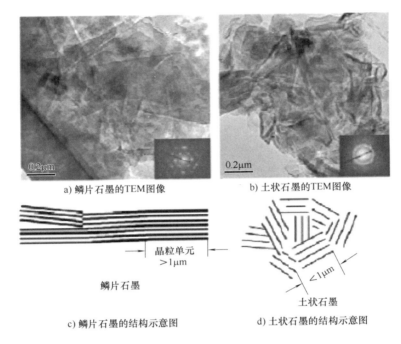

a) 鳞片石墨的TEM图像　　　　　b) 土状石墨的TEM图像

晶粒单元
>1μm

鳞片石墨

<1μm

土状石墨

c) 鳞片石墨的结构示意图　　　　d) 土状石墨的结构示意图

图 2-5　天然石墨的微观结构示意图

3. 天然石墨矿的形成机理

自然条件下，温度和压力是石墨形成的两个重要因素。无烟煤在受到地热梯度、高压和构造应力作用（与变质作用）时，可以从变质无烟煤转化成半石墨，最后变成石墨。在持续的高温高压条件下，碳质物质转化成石墨，这一过程就称为石墨化，但是不同的地质作用条件下，石墨化程度不同，因此天然石墨矿石的晶体结构有着较大的差异。

除了热力学的条件，碳质来源也是天然石墨形成的核心问题。最早认为是脱碳酸盐化作用产生的 CO_2，提供了石墨碳的无机来源：

$$2CaMg(CO_3)_2 + SiO_2 \rightarrow 2CaCO_3 + Mg_2SiO_4 + 2CO_2 \uparrow$$

白云石＋石英→方解石＋镁橄榄石＋二氧化碳

$$CaCO_3 + SiO_2 \rightarrow CaSiO_3 + CO_2 \uparrow$$

方解石＋石英→硅灰石＋二氧化碳

$$Mg_2SiO_4 + 2CaCO_3 + 3SiO_2 \rightarrow 2CaMgSi_2O_6 + 2CO_2 \uparrow$$

镁橄榄石＋方解石＋石英→透辉石＋二氧化碳

石墨碳的生成是还原反应：

$$CO_2 + 4FeO \rightarrow 2Fe_2O_3 + C \downarrow$$

石墨碳的有机来源主要为高变质程度的无烟煤。其石墨化成矿途径大致可分为三个阶段：①原生碳沉积富集；②高温缺氧条件下，无定性碳转变为石墨晶核；③熔融态的碳硅有机液中，碳氢化合物聚集在石墨晶核周围结晶，形成鳞片状粗晶石墨。

综合所述，天然石墨的成矿四要素：碳质来源、含矿岩石、热力学条件、石墨化时间。

4. 石墨的基本性能

（1）物理性能

石墨是碳最稳定的形态之一，其莫氏硬度为 1~2，密度为 2.23g/cm^3。石墨质软，且晶体结构越完整越规则，则质软的特性就越明显。

石墨的耐高温性：石墨拥有超高的熔点和沸点，其熔点高达 3850℃±50℃，沸点高达 4250℃，决定了其耐高温性。在超高温电弧灼烧下，石墨的质量也能基本不发生变化，同时基本不发生热膨胀。在高温下，石墨的强度不降反升，2000℃时石墨的强度可以比常温状态下提高一倍。

石墨的导电、导热性：石墨是导电性极其优越的非金属材料，比普通非金属材料高 100 倍左右，这是由于其晶体的离域 π 键电子可以在其晶格中自由移动，能够被激发，因而石墨材料导电性较好；石墨的导热性能同样优越，甚至优于某些金属材料，如铁、铅等。然而，石墨在超高温下是绝热体，其导热系数与温度呈负相关。

石墨的抗热震性：温度的突变通常不会对石墨造成结构上的破坏，高温下的温度突变会使石墨的体积发生微小的变化，但基本不产生裂纹。

石墨的润滑性：石墨摩擦系数较小，润滑性能极好，与二硫化钼和四氟化烯较为相似，这是由于石墨片层之间是靠范德华力连在一起的，远小于片层内部的作用力，因而容易发生层与层之间的滑动。石墨较好的自润滑性是由于其特殊的结构：石墨沿 c 轴方向为范德华力联结，因此极易沿（001）方向滑移。

石墨具有可塑性和涂覆性：石墨的韧性很好，可碾成很薄的薄片，也可以制成任何复杂形状的制品。将其涂敷在固体物的表面，可形成薄膜牢固黏附，从而起到保护固体物的作用。

石墨还具有天然的疏水性能，可以很方便地采用浮选法进行分离富集。

（2）化学性能

石墨在常温下化学性质非常稳定。耐酸碱和有机溶剂的腐蚀，不易氧化，即使在很高的温度下，也不易发生化学反应。只有王水、铬酸、浓硫酸及硝酸对石墨有侵蚀作用。

在强氧化条件下，氧能侵入石墨晶格，生成氧化石墨，也称为石墨酸。石墨在 500℃时开始氧化，700℃时水蒸气可对其产生侵蚀，900℃时二氧化碳也能对其产生侵蚀作用。氧化石墨的化学式为 $C_6(OH)_3$ 或 $(C_8O_4H_8)n$。

氧化石墨受热后不稳定，加热到 150℃以上时，放出二氧化碳、一氧化碳和氧气。缓慢加热到 850℃时，又可以恢复到原来的性能，只是表面疏松无法复原。

氧化石墨遇水后，其晶格间能吸收水分而膨胀，并产生凝胶化，经过滤后能得到胶体溶液，这种凝胶体可制成氧化石墨薄膜。

（3）力学性能

石墨的力学性能主要有：弹性、塑性、刚度、强度、硬度、疲劳强度、压缩强度、拉伸强度、时效敏感性、冲击韧性和断裂韧性等。

5. 碳质材料的石墨化（Graphitization of Carbonaceous Materials）

（1）易石墨化的软炭与难石墨化的硬炭

在高温下（2000℃以上）能够转变为石墨的炭质原料，称为"软炭"，如石油焦、沥青焦、黏结剂焦、氯乙烯炭等；在高温下（2000℃以上）不能转变为石墨的碳质材料，称为"硬炭"，如炭黑、砂糖炭、木炭、树脂炭、玻璃炭、纤维素炭、偏二氯乙烯炭等。

无定形碳是由相互平行的碳网平面和杂乱的单一不平行碳网平面及未组织碳构成，其中，相互堆叠的平行层少则 2~3 层，多至 5~6 层。未组织碳是具有脂肪族链状结构的碳及在芳香族周围附着的碳和微晶彼此之间形成架桥结构的碳。随着加热处理温度的提高，未组织碳单一的网平面体所占的比例减少，微晶成长，在微晶之间有着良好的排列状态，并且微晶中的碳网平面的重叠转向到石墨的结构。

依据微晶之间的排布方向，Franklin 将炭分为易石墨化的炭和难石墨化的炭，其中，易石墨化炭的微晶结构排列整齐，而难石墨化炭的微晶结构则随机排布，无一定次序。图 2-6 为 Franklin 提出的结构模型。

a) 易石墨化炭

b) 难石墨化炭

图 2-6　Franklin 结构模型示意图

Franklin[3]用 X 射线衍射法对多种炭材料进行研究后发现，大多数无烟煤在 2000℃以下，结构致密，气孔细小，宏观性能类似于硬炭。高温加热无烟煤至 2500℃以上，无烟煤的层间距（d002）急剧下降，与理想石墨的层间距（d002 = 0.3354nm）十分接近。因而无烟煤可以归结为一种软炭，具有可石墨化的特性。Franklin 推断这种情况可以归结为无烟煤的碳原子层面的择优取向性，因而，高温热处理可以将无烟煤石墨化。

Blanche 等人应用 TEM 技术研究无烟煤的显微结构，并将无烟煤分为 5 种类型，如图 2-7 所示。由图可知，从类型 1 到类型 5，无烟煤的显微结构逐渐趋于片层状。因而可以推断，类型 4 和类型 5 的无烟煤含量越高，石墨化过程越容易；类型 1 和类型 2 的无烟煤含量越高，石墨化过程越难。

类型1
类型2
类型3
类型4
类型5

图 2-7　无烟煤中的显微结构类型

Oberlin 等应用 SEM 技术对无烟煤的显微结构进行研究，在无烟煤的碳原子层之间观察到扁平状的超微孔隙结构，该结构在高温下不够稳定，易于坍塌，超微孔隙不复存在，造成碳层之间的间距急剧缩小。因而，无烟煤在高温下（2500℃以上）能够进行石墨化。

根据 TEM 观察，河村和白石分别提出了如图 2-8 所示的难石墨化炭的三维结构模型。

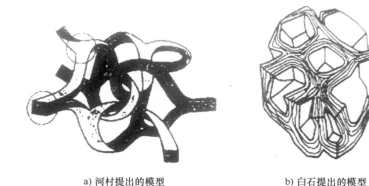

a) 河村提出的模型　　　　　　　　b) 白石提出的模型

图 2-8　难石墨化炭的三维结构模型

对于难石墨化的炭，微晶的排列杂乱无序，使得微晶之间存在大量的微细孔隙。微晶结构纵横交错，在炭化过程前期容易相互架桥，形成牢固稳定的结构。这种结构在高温情况下很难发生改变，因而该类型的炭难以从杂乱无章的无序结构转变为平行排列的有序结构。因此，微晶的成长也无法进行，从而难以石墨化。此外，各个碳网平面之间存在未成形的碳结构，同样影响整体结构向有序化方向进行，难以发生石墨化。

在难石墨化的炭中所看到的微细孔在易石墨化的炭中较少见到，微晶大体上平行取向，由于平行的微晶群进一步相互平行而重叠，在平行层群的空隙中生成细微的间隙。易石墨化的炭经粉碎后，一般变成薄片状的断片，形成平行层群的微晶的（002）面，沿着薄片大体上具有平行倾向。

热处理前或炭化初期阶段的微晶的定向状态，对石墨化的难易有很大的影响。因此，碳质材料的石墨化难易程度，主要取决于在热处理前或炭化初期，微晶的定向是否容易发生。

（2）石墨化机理

专门针对煤的石墨化机理研究很少，在更宽的碳质材料石墨化过程研究方面，有一些研究者进行了有益的探索。

碳质材料的种类繁多，所以用这些含碳有机物作为原始材料，经高温热处理，得到石墨晶体这一构造的全部过程决不是单一的，而是经过各种各样的步骤及各种不同的中间阶段。因此，从一个世纪之前人造石墨工业兴起以来，炭材料的石墨化机理一直是人造石墨领域研究的热点。为此，国内外学者提出了多种猜想，其中最有影响的为碳化物转化理论、再结晶理论和微晶生长理论。

1）碳化物转化理论。美国人艾奇逊在碳化硅的合成工艺中发现了具有较大结晶的人造石墨副产物，并据此提出了碳化物转化理论。该理论认为，碳化物是碳质材料石墨化过程中的中间体，由二氧化硅、氧化铁、氧化铝等矿物质与碳元素发生反应形成。在超高温度下，碳化物容易分解为石墨和金属蒸汽。因此，石墨化过程中碳化物具有催化效果。如碳化硅在石墨化过程中发生如下化学反应：

$$SiO_2 + 2C(\text{无定形碳}) \rightarrow SiC + 2CO(1700 \sim 2200℃)$$
$$SiC \rightarrow Si(\text{蒸汽}) + C(\text{石墨})(2235 \sim 2245℃)$$

然而，该理论只适用于存在金属或非金属氧化物的碳质材料，并不适用于其他碳质材料的石墨化过程。

就碳化物转化理论而言，国内外学者提出两种不同的看法：其一是碳化物最终会生成石墨，在整个过程中金属元素作为触媒，可在高温热处理过程中与碳元素化合形成中间产物，进而分解为金属蒸气和石墨；另一种认为碳化物分解的重产物并不是石墨，而是易石墨化的碳。

2）再结晶理论。石墨化再结晶理论是金属再结晶理论的推广，由国外学者塔曼提出。该理论首先假设少量微小的石墨晶体存在于碳质材料中，在高温热处理时，石墨晶体与周围碳原子在相互运动过程中形成桥接，组成更大的晶体。此外，该理论还认为，石墨化过程中会不断形成新的晶体，由原晶体与其周围的碳原子结合而成。二次结晶发生的前提条件是其温度应高于第一次结晶。

与碳化物转化理论相比，再结晶理论有了长足的进步。但再结晶理论并未提及少量微小的石墨晶体在碳质材料中如何形成。X 射线衍射结果证明，碳质材料本身并不具备微小的石墨晶体。因而，再结晶理论认为的石墨晶体与周围碳原子的桥接，以及原晶体构成新晶体，都缺乏理论依据。

3）微晶生长理论。德拜和谢乐对无定形碳进行了 X 射线衍射分析，发现其衍射谱图与石墨的衍射谱图部分重合，并推测两者具有相似结构。两位学者认为，无定形碳的晶体与石墨的晶体大小存在差异，而前者是由后者的晶体组成，并提出了经典的石墨化微晶生长理论。后续关于石墨化的研究对该理论进行了充实完善，逐渐被越来越多的学者接纳。

微晶生长理论认为，碳质材料在热处理过程之前是由稠环芳烃构成的，在热处理过程中，稠环芳烃发生复杂的分解-聚合反应，生成碳青质。碳青质的碳含量较高，由二维平面原子网格堆积而成。二维的平面原子网格边界处存在异类原子、有机官能团等侧链。在侧链之间原子力的作用下，平面原子网格易于发生偏转。该理论将这种平面原子网格结构定义为"微晶"，由正六边形碳原子结构有序排列成较大的原子团，是石墨化过程中必不可少的原材料。含碳物质之间在分子结构和化学结构方面存在较大的差异，导致高温处理阶段碳原子的排布也不尽相同，因而不同种类的含碳物质在石墨化过程中的难易程度存在差异，这种差异可以分为杂乱交错堆积和平行有序堆积。高温热处理使得微晶边界处的侧链发生断裂，进而气化。侧链气化产物进入碳原子平面网格之中，影响微晶的结构。高温热处理过程中伴随着片层的增大和层数的叠加。微晶层片与同一平面的其他碳原子融合，导致片层增大；碳原子形成的片层在垂直层面方向上重新排布，其规整的排列堆叠可以增加片层的层数。碳原子片层在横向上的生长和纵向上的堆叠，形成了具有三维结构的石墨晶体。

除了以上三种影响力最大的理论外，还有很多其他的假说。总之，影响石墨化效果的因素太多，因此石墨化过程的机理比较复杂，还有许多的问题尚在研究之中。

6. 影响石墨化效果的因素

影响石墨化效果的因素有很多，主要有：原料、热处理温度及时间、压力、气氛、添加剂这 5 种。接下来将分别介绍。

（1）原料的影响

不同碳质材料的石墨化难易程度不同，在相同的热处理温度下，所得石墨化产物的石墨化度也不同。因而，石墨化工艺中，易石墨化炭是优质的生产原料。

美国宾夕法尼亚州立大学学者 Nyathi 等人[4]对该州的无烟煤和半无烟煤进行酸处理脱除矿物质，随后在 3000℃的高温下对该煤样进行热处理。结果表明，半无烟煤的变质程度较低，经石墨化所得产品的晶体存在缺陷结构。而无烟煤的石墨化程度高达 95%，该晶体结构与石墨的六边结构较为类似，因而更容易石墨化。

然而，即使同属易石墨化炭的范畴，以针状焦或石油焦为例，其成矿条件或产地的不同也可能导致组分的不同，因而两者的石墨化难易程度也会存在差异。这是因为含硫原料会影响石墨化过程，硫元素在高温条件下生成硫化物，随后从碳质材料中逸出，石墨化产品因而产生裂纹。同时，其他元素的原子经高温热处理后，可能会进入碳原子形成的层状结构中，使得石墨产品产生结构上的缺陷，降低产物的石墨化程度。

（2）热处理条件的影响

无定形碳向石墨的转变需要进行高温热处理，因而热处理的温度和时间等条件均会对最终产物的石墨化程度产生影响。通常情况下，热处理温度与最终石墨产品的石墨化程度呈正相关的关系。同时，热处理时间也会对最终石墨产品的微观结构产生影响。

热处理时间对碳质材料石墨化进程的影响最初是由弗兰克林提出，热处理时间在 15min 以上时，石墨化度依存于最高热处理温度。而其他学者认为，热处理温度固然是影响石墨化的主要因素，但也不能忽视热处理时间的影响。

近年来，随着众多研究者对碳质材料石墨化的积极研究，石墨化度对时间依存性这一观点有必要提出修正。

塔平尼安（Tarpinian）等人[5]研究了沥青焦的傅里叶分析所求出的 L_c 与热处理时间依存性的关系，结果表明：在短时间范围内，L_c 成长速度的阿伦尼乌斯曲线近似于一条直线，所得活化能为 376.81kJ/mol。

费尔（Fair）和柯林斯（Collins）[6]用石油焦粉和煤沥青作为原料，并按照常规方法制成压型体，从研究面间距及比电阻与热处理时间的依存性指出：热处理时间在 1h 以上时，变化极小，而且在 2000~3000℃的热处理温度范围内不可能求出一定的活化能。

高原[7]也用类似的手段测定比电阻及热导率，提出碳质材料石墨化过程的活化能是随热处理温度的变化而一直变化的。

兰登（Langdon）[8]从对石油焦及几种热解碳的晶格常数与其热处理时间依存性的研究中得到，所有试样的有效活化能都为一个定值，否定了对某一热处理温度下存在固有临界石墨化度这一观点。此外，他还认为，因热处理温度导致石墨化度差别大的原因是由于频率因子的差异。

梅林格（Mellinger）等人[9]研究了反磁性受磁率和 L_a 与热处理时间的依存

性，并用费茨巴哈的方法进行分析。他认为，各种炭材料的石墨化度相对于热处理时间是分阶段变化的，热处理温度越高，则达到相同石墨化度所需的热处理时间越少。即热处理温度越高，材料完成石墨化过程所需的时间就越短；而在较低的温度下，则需要较长时间才能完成石墨化。但温度不可无限制降低，当低于活化能时，不管延长多久时间对石墨化进程也不起作用。

野田（Noda）等人[10]在改变压力的情况下研究了石墨化与热处理时间的依存性，采用与费茨巴哈相同的方法求得活化能。实验表明：在减压情况下活化能约为 753.62kJ/mol，常压空气流中约为 314.01kJ/mol。

稻坦等人还测定了当对试样进行预处理时，不同时间和温度的预处理对于产物晶格常数与热处理时间的依存性，并同样采用了费茨巴哈的方法求出有效活化能。结果表明：预处理的温度越高，则活化能也越大。

Garcia[11]利用 XRD 和拉曼光谱研究了半无烟煤在 2400～2700℃ 的各个温度下，以及不同热处理时间的石墨化产物，得到如表 2-1 的数据。

表 2-1　不同热处理温度下半无烟煤石墨化产品的性质

温度/℃	时间/h	d_{002}/nm	L_c/nm	L_a/nm	$I_D/(I_D+I_G)$（%）	真密度/（g/cm³）
2400	1	0.3378	16.6	46.3	17.9	2.02
2500	1	0.3374	18.1	47.2	17.5	2.06
2600	1	0.3374	18.4	48.0	16.2	2.10
2700	1	0.3366	20.0	48.2	16.8	2.10
2700	2	0.3369	20.3	54.4	14.4	2.11

Garcia[11]认为：石墨化产物的（002）面间距随热处理温度的升高而增加，与热处理时间关系不大，而增加热处理时间可以使产物的晶体尺寸变大。与此同时，根据拉曼数据中 $I_D/(I_D+I_G)$ 的比值，石墨化产物体积结晶度的提高还伴随着二维（表面）结构顺序的增加。

综上所述，尽管众研究者做过许多研究，但结果差异较大。而现阶段还无法得到令众人信服的统一解释。

除此之外，热处理过程中的保温时间同样会对产物的石墨化程度产生影响。实际生产中，热处理过程达到设定温度后，需要在该温度下进行适当时间的保温。这是因为石墨炉内加热装置的材料性质、接触性能、绝缘效果、碳质材料的性质等因素存在差异，对炉内不同位置的阻值产生影响，进一步导致炉内温度分布不均。因而，为使炉内分布更加均匀，产生性质更加稳定的石墨化样品，需要在热处理达到设定温度后进行适当时间的保温工艺。

（3）压力的影响

炉腔内的气体压力能够影响碳质材料的石墨化过程。在不同气体压力下（1~10kPa）对碳质材料石油焦进行热处理，可以发现高压条件下，较低温度（1400~1500℃）下即可发生石墨化过程；而低压条件下，该过程需要达到2000℃以上才能发生。由此可见，高气体压力可以促进石墨化过程，低气体压力则阻碍石墨化过程。有研究发现，相比于正常大气压条件下的石墨化产品，真空状态下的产品的石墨化程度较低。

如图 2-9 所示，为石油焦试样的层间距 d002 与石墨化热处理时的空气压力的关系曲线。由图 2-9 可知，在相同的石墨化热处理温度下，压力减小，则层间距 d002 增加，即石墨化程度降低。

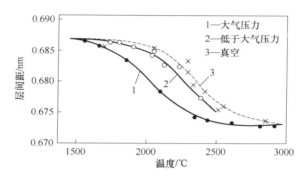

图 2-9　石油焦试样的层间距与石墨化热处理时的空气压力的关系

虽然有许多研究都表明高压对石墨化有促进作用，但目前仍然只是停留在理论阶段，尚不能运用于现实的工业生产。

（4）气氛的影响

微量氧气的存在（266.6~533.3Pa）能促进石墨化。焦炭在含有少量氧气、一氧化碳或碳氢化合物的中性气氛中进行石墨化热处理时，它的层间距的变小和衍射线强度比例的增大均较为显著。产生这种现象的原因是气相中的碳原子沉积到样品表层（即热解）。这个过程较为复杂，在一定的温度下主要是分解反应，从而热解炭沉积在固相的表面，这种热解炭的三维排列程度比无定形碳转化的更高，这是因为热解炭的沉积有定向效应。

图 2-10 为卤素气氛氯气和惰性气氛氩气这两种气体介质对热解炭和水合纤维素纤维的层间距的影响关系。在 2100~3000℃温度范围内，热解炭这种易石墨化炭在氯气和氩气介质中的石墨化程度都急剧升高，石墨化效果非常好。但对于难石墨化的水合纤维素纤维，其在氯气和氩气介质中进行石墨化热处理时，层间距相差很大。可以说，水合纤维素纤维在惰性气体氩气中通常不能被石墨化，而

在氯气介质中，2700℃时就开始进行石墨化，到3000℃时，石墨化效果接近热解炭。

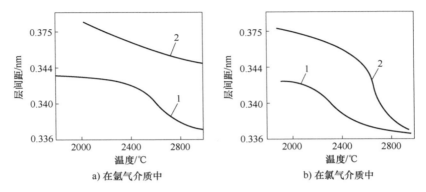

a) 在氩气介质中　　　　　　　b) 在氯气介质中

图 2-10　碳质材料层间距与热处理温度的关系
1—热解炭　2—水合纤维素

在氯气和氩气中，石墨化热处理的焦炭雏晶直径与温度的关系如表 2-2 所示。数据表明：在相同的温度下，氯气介质中石墨化热处理的焦炭雏晶均要比惰性气氛中石墨化产物的晶体尺寸大。即氯气对石墨化进程有促进作用。

表 2-2　氯气和氩气介质中石墨化的焦炭雏晶直径与热处理温度的关系

热处理温度/℃		2000	2200	2400
雏晶直径/nm	氩气	15.8	20.6	28
	氯气	17.5	27	32.2

除此之外，氯气还可以除去石墨产物内的杂质元素及其化合物，获得高纯石墨。因为在普通石墨化温度下，石墨材料中部分高沸点杂质化合物难以气化逸出，如碳化硼的沸点为 3500℃，碳化钒的沸点为 3900℃，碳化硅的沸点为 2600℃，除去这些高沸点的杂质十分困难。但大多数的金属卤化物具有很低的熔点和沸点。在石墨化时，向炉中通入氯气或氟里昂作为纯化气体，其在高温下分解为元素氟和氯，这些化学性活泼的卤元素与石墨制品内的各种杂质元素及其化合物发生反应，结合生成熔点和沸点都很低的卤化物而气化逸出。

（5）添加剂的影响

催化剂的添加能够影响碳质材料的石墨化进程。石墨化工业中常用的催化剂包括硼、镁、钛、铁、硅、镍、钴等金属及其部分化合物，催化剂能够以微细粉末的形式添加到碳质材料中，不同催化剂在性质方面的差异决定其催化机理和催化效果不尽相同，主要包括两类：

1）不溶-淀析机理：将具有催化作用的添加剂，如铁、镍、钴等金属粉末，加入碳质材料中，在高温下金属与碳形成共融物，通过原子的重新排布，可以使得碳元素以石墨晶体的形式析出。例如，碳与铁的共融物在超高温条件下碳元素析出，生成单晶石墨产物。

2）碳化物的形成-分解机理：碳质材料与粉末状的添加剂形成碳化物，在超高温度下发生分解，生成的金属气体逸出石墨炉系统，得到较为纯净的单晶石墨，这与碳化物转化机理存在相似之处。

具有催化作用的添加剂多为金属元素及其化合物，在元素周期表的分布上存在特殊规律。如表 2-3 所示，ⅠB、ⅡB 族金属元素无法催化碳质材料的石墨化过程，其他的过渡金属元素则对碳质材料的石墨化过程产生不同类型的促进作用。

与其他化学反应类似，石墨化过程中适量的催化剂有助于促进反应的进行，而过量的催化剂则不利于石墨化过程，甚至会成为反应体系中的杂质。

表 2-3　各种金属对碳质材料石墨化的催化效应

催化作用	金属元素
促进均质石墨化	硼
催化形成石墨	硅、锗、镁、钙
催化形成石墨和乱层结构	铁、钴、镍、铝、钛、钒、铬、锰
无催化作用	铜、锌、银、镉、金、锡、铅、汞

2.2.2　活性炭

活性炭（Activated Carbon）又名活性炭黑。它呈黑色粉末状或颗粒状的无定形碳。活性炭主成分除了碳以外还有氧、氢等元素，是一种用含碳物质如煤、锯末、果壳（核）、沥青以及其他生物质资源为原料，通过高温碳化、活化等工艺制成的具备独特微晶构造、孔隙发达、比表面积发达的功能型材料。其化学成分主要为碳元素，同时含有微量的氮、硫、磷等元素。和其他多孔材料如大孔树脂、分子筛、硅胶相比，活性炭由于其具备耐酸碱、可高温加热，表面官能团丰富，机械强度高，可以再生重复利用，化学性质稳定等优点，早已被作为优异的吸附剂、催化剂和催化剂载体，在催化剂载体、水处理、空气净化、医药应用、能量储存、电极材料等多个领域都发挥着重要的作用，已成为国民经济发展和国防建设中不可缺少的一类功能材料。

1. 活性炭的基本结构

（1）活性炭的晶体结构

活性炭是一种以碳元素成分为主的多孔材料，其碳元素含量可达到 90% 以上，这也导致了活性炭具有疏水性。活性炭具有碳骨架结构，在其骨架上还连有其他的一些元素，如氧、氮、硫、氢等元素。这些元素可能是原料本身所具有的，或在活化过程以及其他过程中所引入的，它们与碳元素相结合，从而形成了多种多样的官能团[12]。

对活性炭进行 X 射线衍射实验分析，活性炭中具有微晶类结构，其微晶排列方式较为复杂，微晶和晶轴的方向也是各有不同，导致了活性炭的结构较为牢固，很难被石墨化。活性炭中碳骨架的基本单元结构是以 sp^2 杂化方式形成的六边形平面网状结构，但其结构与石墨中的平行堆叠是不同的，是属于乱层结构。通过 X 射线衍射可以知道，石墨网面结构之间的距离 0.3354nm，而平面网状结构之中的乱层结构导致了网面之间距离略微大于石墨网面之间的距离，一般在 0.34~0.35nm 之间。一般可以认为，在活性炭中的微晶群组是按照螺旋形结构排列的，这种排列使得微晶之间以及微晶群组之间形成了大小互不相等、形状各异的孔隙结构，由于丰富的孔隙结构，活性炭因此拥有较大的比表面积。而活性炭中由于石墨微晶群组所形成的丰富的孔隙结构对于活性炭的吸附能力来说具有非常重要的作用。由于使用的原材料不同，实验条件的差异，会使得制备的活性炭具有各不相同的孔隙结构。在活性炭的吸附过程中，其孔隙结构的不同会导致其不同的作用机制，其作用机制也会随环境的不同而发生变化。

（2）活性炭的孔隙结构

活性炭有很多方法区分，如原料、制法、性能、用途等。原料不同、制备工艺的改变都将导致得到的活性炭的孔隙结构产生差异。活性炭的孔隙结构是一个极宽的三分布系统，即其孔径分布极不均匀，主要集中在三类尺寸范围，即大孔、中孔、微孔，这种孔隙结构特征对其吸附性能产生决定性作用。

大孔（孔隙直径>50nm）占总孔的比例极小，其表面与普通的炭材料表面相比无实质性差异，大孔在活性炭吸附过程中起着吸附通道的作用。微孔（孔隙直径<2.0nm）尺寸与被吸附物质的分子属于同一数量级，具有很大的孔容和比表面积，所以它在很大程度上决定活性炭的吸附能力。中孔的孔径介于大孔和微孔之间，其内表面与非孔性碳表面之间也无本质区别，但其表面占有一定的比例，因此其对吸附也有作用。一般来说，在低比压情况下，中孔起细吸附通道作用。

在实际的活性炭的应用中，大孔因为孔径较大常常被用于作为催化剂沉积的场所或者用于微生物的养殖场所；中孔有较大的承载量，可以负载较大量的催化剂；同时由于其可以用于大分子的吸附，因此常被用于污水中有害物质的吸收或者有色物质的吸收。不同的活性炭的原料、制备方法、工艺条件、活化试剂都不同，这也导致其孔结构中微孔的发达程度、中孔和大孔的多少也有差异，活性炭的静态、动态吸附性能也出现了差异。但同时也可以利用实验条件的改变来调控孔结构，以期获得具有特定用途的活性炭材料。如图 2-11 所示为活性炭的孔结构模型。孔隙结构按照形状分为狭缝型、楔子型、笼子型等，如图 2-12 所示。

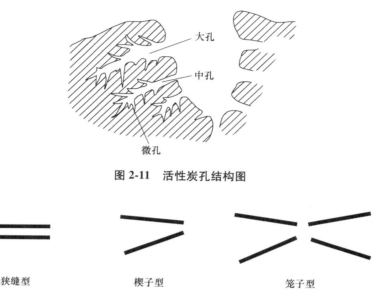

图 2-11　活性炭孔结构图

| 狭缝型 | 楔子型 | 笼子型 |

图 2-12　活性炭孔隙结构图

以上这些微晶结构排列的无序性，也导致活性炭孔结构的千差万别，而也正是由于这种孔结构的差异性，使得活性炭的适用领域非常广泛，例如，这些可以弹性变动的狭缝型孔结构，使得很多离子、原子或者原子团可以在相应的条件下插入到相应的孔结构当中，从而形成对应的层间化合物（GIC）。

2. 活性炭的组成和性质

活性炭组成中以碳元素为主，含量在 80% 以上（其中氧的含量在 2%~5%），而氧和氢主要以化学键的方式组成有机官能团，另外活性炭还含有一些灰分和杂原子，如硫、铁等。因此，活性炭的这种疏水性，构成非单一性能，使得其为一种特殊的吸附性材料。

活性炭的孔结构性质：活性炭外观普遍呈现出暗黑色，具备良好的吸附功能，化学稳定性好，可耐强酸及强碱，能接受水泡，可耐高温，比重比水轻，是多孔性的疏水性吸附剂。在活性炭的生产过程中，挥发性有机物去除后，晶格间能够生成新的空隙，形成许多形态和大小差异的细孔。这些细孔壁的总表面积（比表面积）普遍高达 $500~1700 m^2/g$，这就是活性炭吸附能力强、吸附容量大的关键缘由。比表面积相同的活性炭，对同种物质的吸附容量有时也存在差异，这与活性炭的细孔构造和细孔分布存在一定关系，细孔结构随原料、活化手段、活化条件不同而存在差异，通常能够依据细孔直径的大小分为三种：

大孔	孔隙直径>50nm
中孔（介孔）	孔隙直径 2~50nm
微孔	孔隙直径 <2nm

不同的孔径在吸附过程中发挥着不同的作用。大孔首要是作为吸附质进入吸附位点的通道，支配着吸附反应的发生速度；中孔在吸附过程中既可以作为吸附质进入微孔的过渡通道，又在一定条件下通过毛细管作用作为不能进入微孔的较大分子的吸附位点；微孔具有的较大比表面积，提供着吸附过程所需要的绝大部分吸附活性位点，确定着活性炭所具备的吸附性能。

活性炭的表面化学性质：除了活性炭的物理特性外，活性炭的表面化学性质在吸附中也有重要的作用。活性炭中芳香片的边缘、错位、不连续性、包含不成对的电子和残留的化合价态是高反应性的地方，称为活性位点或活性中心。这些位点可以与含氧、氢、氮或硫等物质相互作用，产生不同类型的表面基团。在活性炭中，这些位点参与不同的表面反应和催化反应。

含氧官能团是活性炭表面主要的官能团，占其总官能团的90%左右。Mattson等人通过利用官能团的类型与活化温度相关性来进一步分类活性炭。在低温下被氧化的活性炭具有酸性官能团，可以被碱中和，称为 L 碳，这些碳是亲水的，具有负 ζ 电位。通常酸性官能团主要包括羧基（—COOH）、羰基（—C=O）及羟基（—OH）等。上述官能团的酸性大小及其含量都可以利用贝姆提出的贝姆滴定的方法进行半定量的分析。在高温下被氧化的活性炭具有碱性官能团，可以被酸中和，称为 H 碳，其显示正 ζ 电位。分类的分界线温度为 500~600℃，在低温下形成的氧官能团比在较高温度下形成的氧官能团稳定较差。

在活性炭表面上的官能团除了上面提及的羧基、羰基等含氧官能团以外，还有含氮和含硫官能团。除了含氧、含硫官能团外，活性炭还有一些含氮官能团，如类吡啶、酰亚胺、酰胺、吡啶等。其氮元素的来源一般来自制备原料和制备过程中引入含氮化合物进行改性使用的气态氮气。

活性炭的表面化学结构显著影响其吸附特性，同时对其他性能，如催化性能、电化学反应性质及其疏水性质产生重大影响。因此，后来的研究者利用上述特点对活性炭表面加以改性，使之具备某方面的特性。通过气相氧化的方法可以增加含氧官能团的数量，具体地，在足够高的温度下将活性炭处于氧化剂（如氧气、空气、臭氧、水蒸气、二氧化碳和氮氧化物）的气氛中；或者利用硝酸、硫酸、过氧化氢等液体氧化剂进行氧化。气相或者液相氧化都可以改变活性炭的内部结构和吸附特性。

总体来说，活性炭官能团有以下几类：羧基、羟基、酸酐基、内酯基、羰基、醚基、醌基、酰胺基、乳胺基、酰亚胺基等，如图 2-13 和图 2-14 所示。

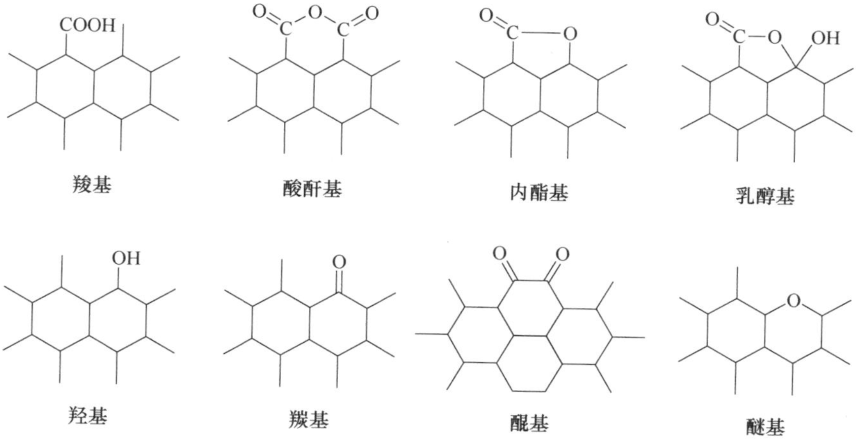

图 2-13　活性炭表面的含氧官能团

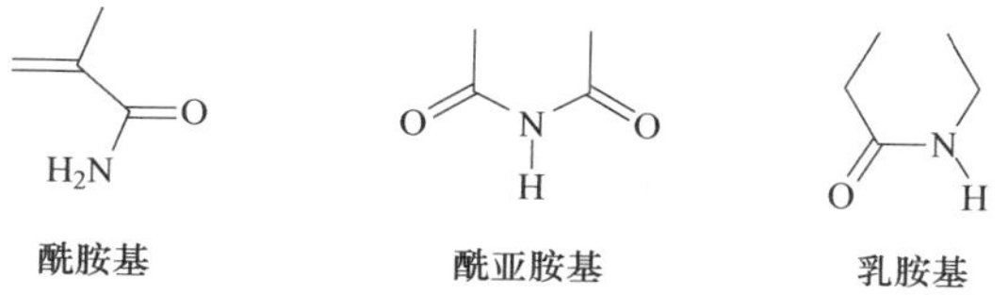

图 2-14　活性炭表面的含氮官能团

3. 活性炭影响电化学的因素[13]

材料内部的孔径分布、表面的官能团也是影响电化学性能的重要因素。因此，设计优化炭材料的孔径结构、提高石墨化程度和杂质原子掺杂等，都能够有效提高炭材料的电容性能。

（1）比表面积

具有高比表面积的电极材料能够为电解质离子提供更多的吸附位点，因而电极的质量比电容与比表面积呈正相关的关系，却不是呈线性相关，这是因为比表面积通常是由气体吸附的方式测定换算的，但其不能代表电极工作时电解质离子可接触的有效面积，并且低于理论值。

（2）孔径分布

炭材料的孔径分布会直接影响到比表面积的大小。孔径大小的分布主要分为以下三种：微孔、介孔和大孔。通常情况下，得到的活性炭主要以微孔为主，微孔含量的多少直接影响到材料的比表面积，从而进一步影响到电容器的电容。介孔通道的形成会为电解液离子在多孔炭材料中提供通路。大孔的形成有利于电解液离子的缓冲及存储，并且可以有效地缩短离子到材料内表面的扩散距离。

（3）杂质原子的引入

杂质原子掺杂的多孔炭材料作为电极应用于燃料电池和超级电容器，成为了研究的热点。生物质资源来源广、成本低、环境友好并且富含多种元素，如 C、N、O 等。对于生物质杂质原子掺杂的活性炭材料用作超级电容器的电极材料，一般具有高的质量比电容和良好的导电性。据大量有关 N 掺杂的炭材料的报道，N 原子可以进一步地改变炭材料的物理或化学性质，从而提高炭材料的储能性能。同样还有 S 原子，S 原子的粒径大且具有高的化学活性，并且能够改善炭材料的石墨化程度。除此之外，可供选择的杂质原子还有 P、B 等，杂质原子的共掺杂，也可以有效地改善炭材料的表面活性、物理性质或化学性质。

目前，大量的研究目的主要是提高炭材料在电化学中的电容性能。研究的方法主要包含了微观结构和化学组成成分两个方面。在微观结构上，通过设计电极材料的不同结构，比如核壳结构、层状结构以及分层多孔结构的优化等。在化学组成成分上，引入杂质原子或者制备碳基的复合材料，比如在石墨烯中引入氮、氧、硫等杂质原子，制备石墨烯/二氧化锰复合材料、石墨烯/聚苯胺复合材料等。

（4）表面官能团

含氧官能团是一种常见的官能基团，包括羟基、羧基、羰基等，这些含氧官能团可以发生电化学反应，从而提高电极的赝电容，且在水系电解质中，可以提高电极材料的可润湿性，从而增大其可接触的有效面积。而对于有机系电解质，含氧官能团存在自放电现象严重的缺点。

（5）导电性

炭材料的导电性能取决于其晶体结构，而炭材料的比表面积的提高会使得其晶体结构趋向于无定形结构。因而，对于炭材料，比表面积与导电性是此消彼长的关系。

4. 活性炭制备方法

炭化和活化是活性炭制备过程中最主要的两个步骤，参数设置直接关系到活性炭产品的性能。炭化是指在隔绝空气的条件下，原料中的有机组分被分解，氢、氧、氮等原子不断减少，炭原子不断富集成富炭或纯炭物质的过程。活化过程则是对炭化物的深加工，是指借助一定的试剂，使其在高温下与炭化料发生反应，同时除掉在炭化过程中积累在孔隙中的部分焦油和裂解产物，最终达到开孔、造孔和扩孔的目的。

高温炭化的目的是为了除去原料中的有机或者易挥发的成分，确保前驱体中的碳含量。碳化过程中一般主要会经历以下几个过程：

1）400℃以下：该过程中主要会发生脱水。

2）400~700℃：该过程中，材料发生热解并生成大量的焦油和气体，氧键断裂，原料的化学成分会发生改变。

3）700~1000℃：在这个温度阶段中，热解进一步加强，发生脱氧反应并获得网状结构的碳化物。

活化作为制备活性炭中关键的一步，对产生的活性炭结构有着十分重要的作用。活化过程的实质是在一定的条件下，碳前驱体与活化剂发生化学反应，从而使碳前驱体产生多孔结构。在活化的过程中，活化剂对碳前驱体的作用主要有以下 3 点：

1）打开由各种杂质粘接或者阻塞所形成的封闭孔，在丰富材料孔径分布的同时也进一步提高了材料的比表面积。

2）活化反应进行中会产生气体，气体可以在材料的孔径中穿过，会扩大原有孔隙。

3）活化剂与碳骨架之间接触产生的化学反应会在原有孔隙的基础上产生新的孔隙。

随着对活性炭研究的不断加深，其制备方法也各式各样，大致可分为三类，即物理活化法、化学活化法和物理-化学联合活化法。

（1）物理活化法

物理活化法亦称气体活化法，是指在活化过程中，通入 CO_2、水蒸气、空气等氧化性气体或者它们的混合物，使之在高温下与炭化料表面的活性位点发生反应而达到开孔、造孔和扩孔的目的，最终形成发达的孔隙结构，该方法适宜的活化温度范围为 800~1100℃。采用物理活化法制得的活性炭都以微孔为主，介孔含量较少，尤其以 CO_2 活化法制得的更是孔径小 1nm 的极微孔活性炭，这是因为 CO_2 分子直径较大，扩散速度较慢，达到充分活化所需的时间较长，导致扩孔反应较难发生。另外，由于 CO_2 活化法的经济投入较大，因而在实际的工业生产中，很少采用纯 CO_2 活化法制备活性炭，而是多和水蒸气混合使用。水蒸气活化法是一种绿色无污染的物理活化方式，具有工艺简单、对设备无腐蚀、环境友好等优点，已经被广泛应用于活性炭的工业化生产，但产率不足、能耗高仍然是亟待克服的难题。

（2）化学活化法

化学活化法是工业上常采用的一种活性炭制备手段，其本质是将化学试剂与炭化料或活性炭原料按一定的比例充分混合，后置于一定温度下，使二者之间发生一系列的交联或者缩聚反应，从而形成丰富的孔隙结构。$ZnCl_2$、KOH、H_3PO_4、NaOH、H_2SO_4、K_2CO_3 等都可作为活化试剂，但以前三种最为常见，且制备工艺最为成熟。

$ZnCl_2$ 活化法是一种主要针对生物质原料的活性炭制备方法，适宜的活化温度范围为 500~700℃。$ZnCl_2$ 的活化机制主要包括：①在高温条件下，$ZnCl_2$ 能使木质纤维原料发生脱氢反应并进一步芳构化，从而产生了初级孔隙结构，用水及酸洗掉渗透至原料内部的 $ZnCl_2$ 后，其孔结构便完全显露出来；②$ZnCl_2$ 能溶解纤维素进而形成孔隙结构；③在炭化过程中，$ZnCl_2$ 能起到炭骨架的作用，可使新生炭沉积在上面，当其被洗去之后，炭的表面便暴露出来，构成了具有吸附力的活性炭内表面。

H_3PO_4 活化法具有高效、低污染的优点，是最主要的活性炭工业化生产手段之一，关于其活化机理说法众多，主要包括三个方面：其一是，H_3PO_4 能在前驱体中分散，活化完成后，将其洗掉即留下孔隙；其二是，H_3PO_4 具有催化降解、促进芳构化等作用，使得炭前驱体中氢、氧等元素以气体方式溢出，留下孔隙；其三是，H_3PO_4 可与已经具有初步孔结构的炭体进行缓慢氧化反应，使部分碳原子被侵蚀除去而进行造孔。该法适宜的活化温度范围为 $400\sim600℃$。

相较于前两种活化方式，KOH 的活化机理较为明确：一方面，KOH 与炭体反应而造孔，在此过程中产生的 K_2CO_3 和 K_2O 也可与炭体继续反应而发展孔隙；另一方面，在 $800℃$ 左右，被炭还原的金属 K（沸点 762℃）析出，其充分渗透至碳层中间也可以起到活化作用，该方法适宜的活化温度范围是 $750\sim950℃$，涉及的化学反应如下：

$$4KOH+C\rightarrow K_2CO_3+K_2O+2H_2$$
$$2K_2O+C\rightarrow 2K+CO$$
$$K_2CO_3+2C\rightarrow 2K+3CO$$

化学活化与物理活化的不同在于，化学活化中碳化和活化同时进行，因此，与通常在两个不同炭化炉中实现碳化和活化的物理活化相反，化学活化可以在一个炭化炉中进行。化学活化法所需的活化温度低、工艺流程简单、产率高、可通过调整工艺参数来调控活性炭孔径分布，但在活性炭制备过程需引入大量的化学试剂，会腐蚀设备和污染环境，并且所得活性炭易有化学药剂残留[14]。

（3）物理-化学联合活化法

物理-化学联合活化法是将物理活化法与化学活化法相结合的活化方式。将原料煤先经过化学试剂处理后，再在高温下与气体活化剂（CO_2、水蒸气等）接触，进行物化活化过程，其实质就是将物理活化法与化学活化法联用的一种二步活化法。实验制得孔隙高度发达的活性炭，且活性炭的结构在物理活化后得到明显改进。一般认为，活化前对原料进行化学改性浸渍处理，可使原料活性提高，并在炭材料内部形成传输通道，有利于气体活化剂进入孔隙内进行刻蚀。物理-化学活化法可以根据需求改变活性炭孔结构，甚至使仅含微孔或中孔活化气体，从而使得活性炭的孔径分布更为理想。

2.2.3 炭黑

炭黑是一种质量很轻、松散、极细的无定形炭，是天然气、重油、燃料油等含碳物质中的碳元素在空气不足的条件下经不完全燃烧或受热分解而得的产物[15]。其成分主要是元素碳，并含有少量氧、氢和硫等。炭黑是工业碳产品，既不是典型的结晶体，也不是典型的无定形体，其微观结构介于石墨晶体结构与无定形体结构之间，较为复杂，研究认为，炭黑粒子由许多叠层结构的微晶构成，在微晶的叠层结构中，各基面的碳原子排列结构（包括碳原子间距）与石墨相同，各基面基本平行，只是基面间距（通常为 134~141nm）比石墨大，少数基面存在扭曲和插层的无序堆积状态。炭黑粒子近似球形，粒径介于 10~500nn 之间，许多粒子常熔结或聚结成三维键枝状或纤维状聚集体，只有热裂法炭黑的最小可分散单元是单个球形或椭球形粒子，其他炭黑的最小分散单元都是聚集体。

1. 炭黑结构

通常用结构度来表征炭黑聚集体的主体形态，结构度的高低可以看出炭黑聚集体支链化的程度。如果炭黑聚集体支链结构发达，类似树枝状，那么结构度就大；相反，如果聚集体支链化程度比较小，类似球形，那么结构度就比较小。一般用 DBP 吸油值的大小来表示结构度高低，吸油值越大，结构度越高。正常结构炭黑 DBP 吸油值在 80~120cm³/100g，吸油值高于 120cm³/100g 称为高结构炭黑，吸油值低于 80cm³/100g 称为低结构炭黑。

（1）炭黑的微观结构

炭黑粒子中，碳原子排列方式与石墨类似（见图 2-15），通过共价键连接成正六边形，构成网状平面，称为碳平面，3~5 个碳平面形成微晶。微晶中各层面间相互平行，层面间距略大于石墨晶体，层面间距为 0.7nm 左右，而两个层面间碳原子取向是随机的，呈无规排列，所以炭黑也被称为二维有序的准石墨晶体。炭黑是由多个碳平面绕某个或多个旋转中心组合而成，通常呈同心石墨层排列，炭黑的种类取决于石墨层有序化程度。

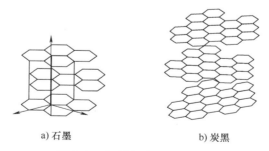

a) 石墨　　　　　　　　　　　　b) 炭黑

图 2-15　石墨与炭黑结构对比

（2）炭黑的聚集体结构

炭黑颗粒形态分为两个层次结构（见图 2-16），炭黑原生粒子以无定形碳为中心，周围分布着石墨微晶结构，一般表现为球形或类球形，粒径在 $10\sim100nm$ 之间，它是炭黑的理想形态。一次结构是炭黑聚集体，它是炭黑的基本结构单元，能在橡胶等中稳定分散，聚集体是由球形或类球形的原生粒子聚集而成的支链结构，这种结构内聚强度很大，比较稳定。炭黑的聚集体之间可以通过范德华力相互连接，表现为更大空间网络结构，形成附聚体，又称凝聚体。附聚体是炭黑的二次结构，这种结构不太稳定，容易被破坏。

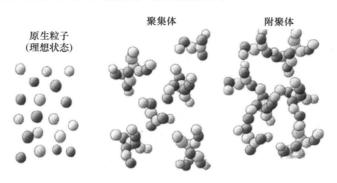

图 2-16　炭黑的三种形态

2. 粒径和比表面积

炭黑粒径指聚集粒子的尺寸，直径一般为 $10\sim300nm$，也有的可达到 $500nm$ 以上。炭黑粒子越小，所具有的表面积越大，则导电性强，耐腐蚀性好。一定品种的炭黑粒子并不都有相同的直径，而是呈现特征的粒子分布曲线。用电子显微镜对炭黑粒径测量，大多数炭黑粒径的分布曲线并不呈现对称的"正态分布"，而是呈现着向较大粒径方向倾斜。若以频率—对数直径（炭黑颗粒直径的对数）为坐标作图，则呈现对称的高斯曲线。

炭黑的比表面积是表征其分散度大小的尺度。有许多测定炭黑比表面积的方法，例如，空气渗透法、溶液吸附法、气体或蒸汽吸附法以及透射电子显微镜法等。其中应用最广的是 BET（低温氮吸附）法。为了快速测定炭黑的比表面积，在 BET 法测定的基础上，应用色谱技术，如冲洗色谱法、连续流动色谱法，可以很大程度地提高分析速度。粒径或表面积采用不同的表征方法测得的数据常有差别，BET 法包括微孔在内，而其他方法不包括微孔。

由 Snow CW 所创立的快速测定炭黑比表面积的碘吸附法已经普遍得到采用。碘吸附法一般只适用于低挥发分炉法炭黑的比表面积测定。氧化炭黑、槽法炭黑由于表面有氧化物，能够降低碘吸附，所以要比氮吸附法测得比表面值低。炭黑的表面粗糙度是用低温氮吸附法所测得的炭黑总比表面积与外比表面积，粗糙度越大，炭黑表面的微孔越多，表面凹凸不平的程度越高。

3. 炭黑的化学性质

（1）炭黑的化学组成

炭黑是由一系列处于不同氧化阶段的多环芳烃组成，这些稠环化合物相互重叠形成微晶，微晶进一步交错聚集，形成炭黑粒子。炭黑的粒径很小，属于胶体粒子范围，炭黑的最小粒径只有 10nm（高色素炭黑），最大粒径达 500nm（热裂解炭黑）。炭黑的主要成分是碳元素，碳含量可达 90%～99%。此外，还含有 0.1%～10%的氧，0.2%～1%的氢和微量（0.01%～0.2%）的硫以及其他杂质，例如，水分、灰分（金属化合物）和溶剂抽出物（稠环芳族化合物）等。炭黑中的氢和硫来自原料，氧源于助燃气体，灰分和水分则是急冷水中夹带进来的。氧含量对炭黑性能的影响很大。生产工艺不同，炭黑的氧含量差别相当显著。例如，热裂黑的含氧量最低，不到 0.5%，炉黑含氧量约为 1%上下，槽黑的含氧量则可达 3%～11%。炭黑粒子中，每 100 个碳原子共有 1～10 个氢原子，氢原子数量是不足的。尤其是层面边缘仍然相当缺乏氢原子，需要约 15%的氢原子才能满足，炭黑粒子上存在许多不饱和原子价，层面边缘的氢原子容易发生氢转移反应，使其比缩聚芳烃化学性质更为活泼。

（2）炭黑表面官能团

虽然炭黑中的氧、氢和硫等元素含量很少，但是在炭黑表面却形成数量相当可观的碳-氧表面基团、碳-氢表面基团和其他化学官能团。含氧基团是炭黑粒子表面上最重要的表面基团，它影响着炭黑的理化性能，如湿润性、催化活性以及电化学性能等。这些含氧基团分为酸性氧化物、碱性氧化物和中性氧化物三类。酸性氧表面基团主要为羧基、酚羟基、醌基和内酯基，如图 2-17 所示。

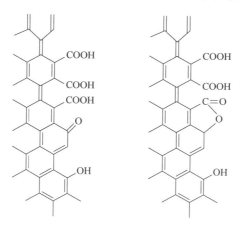

图 2-17　炭黑表面的羧基、酚羟基、醌基和内酯基等酸性氧表面基团

氧与炭黑表面的碳原子结合成为中性基团也是氧元素在炭黑表面存在的重要

形式之一，如图 2-18 所示。

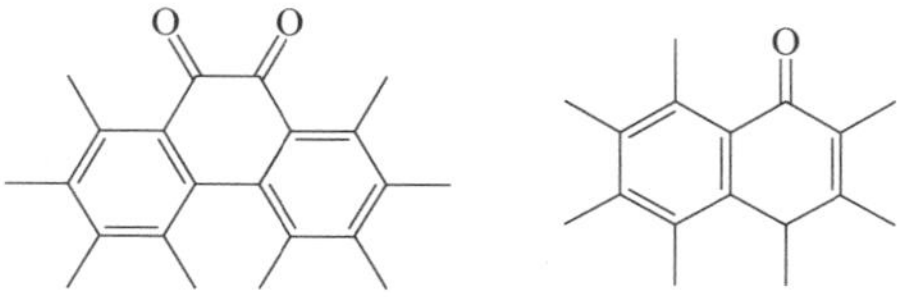

图 2-18　炭黑表面的中性基团形式

炭黑表面还存在碱性含氧基团（见图 2-19），这是炭黑的 pH 值可以大于 7 的主要原因。

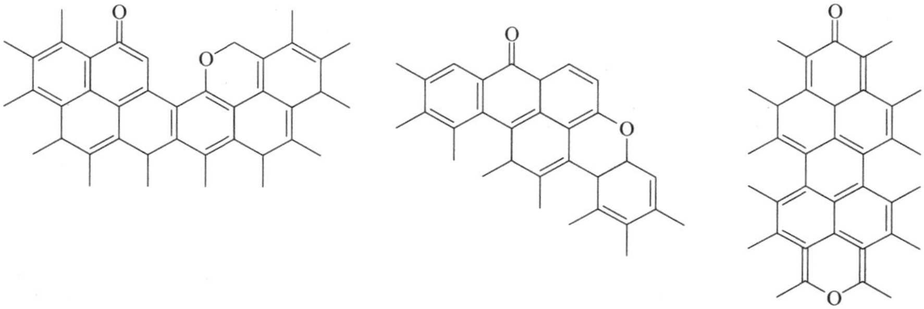

图 2-19　炭黑表面的碱性含氧基团

氢是以羟基、酚基和氢醌基团的方式存在于炭黑中，此外，也有少量的氢原子直接键合在碳原子上，构成 C-H 键。炭黑中的氢集中分布在碳的表面上，仅有少量位于碳的晶格内。

炭黑表面含有一定量自由基、羟基、羧基、羰基、醌基、酚基、酸酐基、内酯基等基团，这些基团是炭黑化学改性的基础，但基团分布不密集，需要在炭黑表面引入活性基团。表 2-4 列出了一些典型炭黑的表面官能团含量。

表 2-4　几种典型炭黑的比表面积与含氧官能团

炭黑	BET 比表面积/（m/g）	羧基/（mmol/g）	酚基/（mmol/g）	醌基/（mmol/g）
PhilblackO （炉黑）	79.6	0	0.02	0.18
PhilblackI （炉黑）	116.8	0	0.05	0.23
Denkablack （乙炔黑）	65	0	0.02	0.01
FW200 （槽黑）	460	0.01	0.10	1.42
Caebolac （槽黑）	839	0.54	0.16	1.14
Neospectra Ⅱ （槽黑）	906	0.40	0.24	0.92

炭黑的自由基主要分布在碳平面的边缘，这些自由基有较强的吸附作用，这些自由基可以与炭黑晶层间的 π 体系形成共轭，稳定性比较高。炭黑粒子内外都分布有氢元素，这些氢元素非常活泼，能够与氯、溴等发生取代反应。炭黑表面的羟基、羧基、醌基和酯基等含氧基团对炭黑悬浮液的酸碱性有重要调节作用，含氧基团越多，pH 越小。炭黑表面官能团的形成机理尚不十分明确。据推测是高温下生成的炭黑粒子经过燃烧气流时二次反应后形成的产物。

2.2.4　石墨烯

1. 石墨烯的结构

石墨烯是由 sp^2 杂化的碳原子形成的一种六边形蜂窝状二维（2D）晶体结构，如图 2-20 所示。其结构中，每个 C 原子周围均有 3 个以强 σ 键相连的 C 原子，形成了键长约为 0.142nm、呈 120° 键角的 C-C 键，这些 C-C 键构成了石墨烯中稳定的六元环结构，有效地避免了石墨烯片层在受到外力作用时 C-C 键断裂。因此，在世界上人类已知的物质中，石墨烯的强度与硬度最高。据报道，石墨烯的抗拉强度、弹性模量及断裂强度分别为 125GPa、1.1TPa、$42N/m^2$，可抵抗 18.7% 的拉伸应力。换言之，在理论上，石墨烯可以承担约为 4kg 的重物。由于结构内的 C 原子为 sp^2 杂化，能够提供一个 p 轨道电子，与相邻 C 原子的 p 轨道共同结合为大 π 键，进而形成了 π 轨道，这样 π 电子在平面内可以自由移动，如同自由电子一般，这使得石墨烯片层内部具有较好的电学、热学性能。

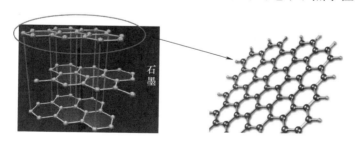

图 2-20　石墨及单层石墨烯

用强酸氧化石墨粉生成氧化石墨烯（GO）。氧化石墨烯为棕黄色，结构如图 2-21 所示，可以看出，其分子表面上含有丰富的 —COOH、—OH、环氧基、羰基等活性含氧官能团，使得催化活性变强。还原氧化石墨烯（RGO）是氧化石墨烯在强还原剂作用下发生还原反应，减少石墨烯表面含氧官能团，则催化活性降低，使得其性质没有氧化石墨烯活泼。GO 易溶于水但导电性能差，还原氧化石墨烯在水中和有机溶剂中具有比较差的分散性，但导电性相比氧化石墨烯更好。

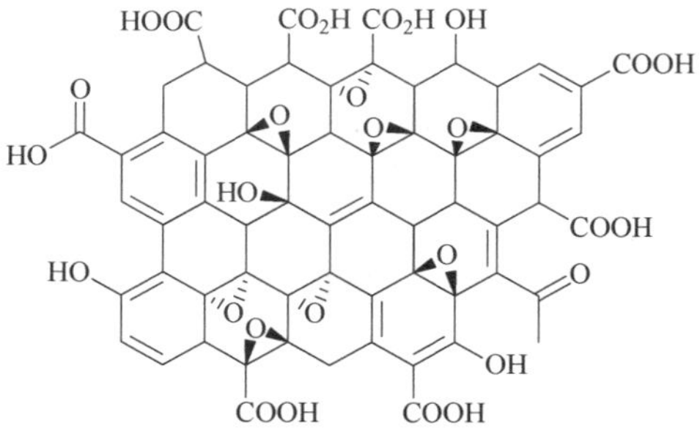

图 2-21　氧化石墨烯结构示意图

2. 石墨烯性质

（1）力学特性

石墨烯的杨氏模量可以达到 1.0TPa，固有拉伸强度达到 130GPa，是目前已知材料中强度最高的材料。同时，石墨烯具有良好的韧性，可以随意弯曲折叠卷曲，但其晶体结构并不会发生变化，既有优秀的延展性又保证了优异的结构性能。

（2）电学性质

石墨烯的电子能带结构较为特殊，其载流子遵循的量子隧道效应保证其遇到杂质时，载流子不发生散射，从而形成了石墨烯的超强导电性，同时也保证了其超高的载流子迁移性。同时，石墨烯的电子迁移率在 500K 以下基本不受影响，可以达到 $15000cm^2/(V \cdot s)$。当温度降低时，石墨烯的迁移率超过 $20000cm^2/(V \cdot s)$，这一性能超越了半导体材料（锑化铟、硅等）。石墨烯的电导率也很好，可以达到 $10^6 S/cm$。

（3）热学性能

石墨烯的导热性能极佳，目前已知的单层石墨烯的导热系数可以达到 $5300W/(m \cdot K)$，远高于单壁碳纳米管的 $3500W/(m \cdot K)$，是目前已知热导率最高的炭材料。当石墨烯作为填料或载体时，其热导率会出现明显的下降，但热导率仍能达到 600W，一旦实现石墨烯的工业化量产，将具有广阔的应用前景。

（4）光学性能

石墨烯是层状结构，具有半透明的特质，层数越低的石墨烯，透光度越好。单层石墨烯基本为透明状，可见光透过率达到 97.7%。当石墨烯层数增多时，其可见光透过率呈线性增加，每叠加一层，可见光吸收率增加 2.3%。石墨烯的这些属性已经对基础研究产生了巨大影响，并且现已被广泛应用于电子、复合材料、传感器、光电子、锂离子电池等领域。

3. 石墨烯的制备方法

自 2010 年 Geim 和 Novoselov 两位科学家获得诺贝尔奖以来，石墨烯的制备一直都是国内外学者研究的热点。虽然经过这几年不断的研究和探索，石墨烯的制备方法不断优化，但是制备过程依旧较为复杂且成本较高，这一缺点也限制了高品质石墨烯的工业化应用。

目前，常见的制备方法有以下几种：机械剥离法、气相沉积法、电化学法、氧化还原法。

（1）机械剥离法

由于石墨烯是石墨的一部分，因此从石墨直接剥离得到石墨烯是最早也是最简单的方法之一。目前，常用的机械剥离法主要分为胶带剥离法和液相剥离法。在 2004 年，Novoselov 等人通过重复使用胶带剥离法首次获得了单层石墨烯。该方法首先将胶带置于石墨样品的表面，之后多次从石墨表面进行剥离，粘附力使石墨薄片沿晶体平面撕裂开。多次重复这个过程，每次可以获得更薄的石墨片。该方法制备的石墨烯表面清洁，但是过程复杂耗时，产物形貌难以控制，不能够满足工业化的需求。

液相剥离法也是机械剥离法的一种，该方法首先将石墨与溶剂混合，石墨与溶剂的结合能较高，会使石墨稳定分散在溶剂里，常用的溶剂有 N、N-二甲基甲酰胺、N-甲基吡咯烷酮等。接下来利用超声或者球磨法对混合物进行剥离，分离后即可获得石墨烯。该方法相较胶带剥离法的产量有所提升，但是过程耗费溶剂且剥离时间较长，同时溶剂多为对人体有害的溶剂，不能进行工业化生产。

（2）气相沉积法

气相沉积法主要是利用焦炭或其他炭材料作为碳源，通过高温使其变为气态并沉积在金属基底上，沉积在金属基底上的碳形成单层的碳膜，进一步除去金属基底，即可获得高品质石墨烯。

气相沉积法制备得到的石墨烯品质较高，缺陷少，过程相对简单，同时该方法可以制备大尺寸的石墨烯。但是气相沉积法成本高，工艺条件要求精确，制备条件苛刻。

（3）电化学法

电化学法是近年来新兴的制备石墨烯的方法之一，因其容易实现大规模生产，反应条件稳定而受到广泛的关注。其主要是利用电化学脉冲实现石墨的氧化还原、氧化石墨的还原和电沉积，在氧化还原和沉积过程中，可在电极上得到石墨烯。但该方法制备的石墨烯容易出现堆叠，很难满足一些对石墨烯片层数要求很高的情况。

（4）氧化还原法

氧化还原法制备石墨烯主要分为将石墨氧化成氧化石墨烯和将氧化石墨烯还

原成石墨烯两部分。1859 年，本杰明·布罗迪发现石墨可以通过反复暴露在硝酸和高锰酸钾的混合物中而被大量氧化，得到一种淡黄色物质。此后，Hummers 和 Offeman 开创了一种利用石墨与硝酸钠、高锰酸钾和硫酸的混合物反应，合成氧化石墨。该方法过程较为安全，近年来也有许多研究人员利用改进的 Hummers 法制得了氧化石墨，性质基本一致。为了进一步得到还原氧化石墨烯，需要用还原剂将剥离为膨化松散状的氧化石墨进行处理，将单个片层还原成石墨烯。剥离过程通常是利用去离子水将氧化石墨烯均匀分散，然后不断进行离心，利用该过程中的离心力使氧化石墨剥离成近乎单层的结构。剥离成功后，通过加入还原性试剂（硼氢化钠或水合肼等）或利用高温处理使氧化石墨还原，得到还原氧化石墨烯。

氧化还原法是目前制备石墨烯的主流方法之一，该方法制备过程容易控制，对环境的要求远低于气相沉积法，并且产量相较于其他方法也有比较明显的优势。但是氧化还原法也有其缺点，那就是在石墨粉的氧化过程中会向石墨烯的片层结构里引入大量的缺陷和含氧官能团，并且在还原过程中并不能使缺陷完全被消除，所以许多时候通过氧化还原法制得的石墨烯性能不能达到理想的状态，所以通常运用热处理的手段来降低石墨烯中的氧含量。

2.2.5 碳纳米管

1. 碳纳米管的结构

根据 Thomas 的定义，碳纳米管是由单层或多层石墨片围绕中心按一定的螺旋角卷曲而成的无缝纳米管[7]。其管壁是由碳原子通过 sp^2 杂化与周围 3 个碳原子完全键合而成的碳六边形环构成的。其平面六角晶胞边长为 2.46Å，最短的 C-C 键长为 1.42Å（1Å = 0.1nm = 10^{-10}m），接近原子的堆垛距离 1.39Å。

单壁碳纳米管由单层石墨构成，其直径一般小于 6nm，长度则可以达到几百纳米到几微米，它的结构通常利用向量表示法来表征。如图 2-22 所示，当原点（0，0）与另外一个位于（n,m）上的碳原子重合形成碳纳米管时，该纳米管的结构就表示为（n,m）。n、m 称为手性参数，对于给定手性参数（n,m）的碳纳米管，其直径 d 和螺旋角 θ 分别用式（2-1）和式（2-2）表示：

$$d = \frac{|C_h|}{\pi} = \frac{\sqrt{n^2 + m^2 + nm}}{\pi}a \tag{2-1}$$

$$\sin\theta = \frac{\sqrt{3}\,m}{2\sqrt{n^2 + m^2 + nm}} \tag{2-2}$$

式（2-1）中，a 为单位矢量长度，$a = \sqrt{3}\,a_{c\text{-}c}$，$a_{c\text{-}c}$ 为碳纳米管中 C-C 键键长，取 $a_{c\text{-}c} = 0.144$nm。

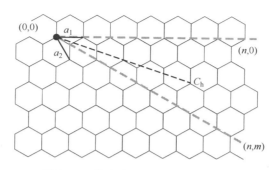

图 2-22　单壁碳纳米管标注方法示意

多壁碳纳米管可以看成是在单层碳纳米管的基础上，碳原子在管上再一层层以密排方式环绕而成，形状像个同轴电缆，其层数从 2～50 不等，层间距为（0.34±0.01）nm，与石墨层间距（0.34nm）相当。多壁碳纳米管的直径在几个纳米到几十纳米，长度一般在微米量级，最长者可达数毫米。图 2-23 为第一幅利用高分辨透射电镜得到的多层碳纳米管的形貌图[1]。

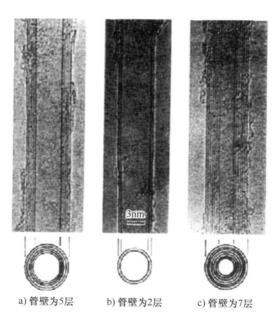

a) 管壁为5层　　　b) 管壁为2层　　　c) 管壁为7层

图 2-23　碳纳米管的高分辨透射电子显微镜照片

2. 碳纳米管的分类

制备条件的多样性使得生产的碳纳米管具有不同的直径、长度和螺旋角。根据研究角度的不同，碳纳米管可以从形态、层数、手性、定向性、导电性等多个方面进行分类。主要分类方式如下：

（1）按层数分类

宏观上，碳纳米管按照其构成的石墨片层数的不同，可分为单壁碳纳米管（Single-Walled Carbon Nanotube，SWNT）和多壁碳纳米管（Multi-Walled Carbon Nanotube，MWNT）。单壁碳纳米管由一层石墨烯片卷曲形成，直径为 1~3nm，其最小直径与富勒烯相当，当直径大于 3nm 时，单壁碳纳米管变得不稳定[9]。实际中，单壁碳纳米管由于受到范德华力的作用，几十根单壁管以相近的距离（约 0.32nm）排列在一起，以管束的形式存在。多壁碳纳米管包含两层以上的石墨烯片层，片层间距为 0.34nm，与石墨的层间距相当。图 2-24 为单壁碳纳米管、多壁碳纳米管和碳纳米管管束的结构示意图。

a) 单壁碳纳米管　　　　　　b) 多壁碳纳米管　　　　　　c) 碳纳米管管束

图 2-24　碳纳米管结构示意图

（2）按手性分类

根据构成单壁碳纳米管石墨片层螺旋性的不同，可以将单壁碳纳米管分为非手性（对称）和手性（非对称）[11]。非手性型管具体又分为两种：扶手椅型和锯齿型。

碳纳米管是由石墨层的卷曲构成的，随着卷曲方向的不同，石墨烯片层中六角形网格和碳纳米管轴之间可能会出现夹角 θ。当其夹角在 $0~\pi/6$ 之间时，碳纳米管中的网格会产生螺旋现象，此类具有螺旋对称性的碳纳米管称为手性碳纳米管；而当其夹角分别为 0 或者 $\pi/6$ 时，不产生螺旋而具有镜像对称，称为非手性碳纳米管。对于非手性碳纳米管结构，管壁上有一个与碳原子六元环链的排列方向平行或是垂直于碳纳米管轴。当其排列方向平行于管轴时为扶手椅型；而垂直于管轴的则为锯齿型碳纳米管。其碳六边形沿轴向的夹角分别为 $\pi/6$ 和 0。图 2-25 为不同手性单壁碳纳米管的结构模型[12]。由于碳纳米管的某些性能，例如，电学性能、光学性能，与其本身手性有着密切的关系，因此将碳纳米管按照手性分类，以获得具有相似性能的碳纳米管具有重要的意义[13]。

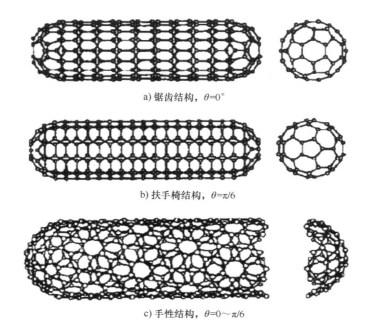

a) 锯齿结构，$\theta=0°$

b) 扶手椅结构，$\theta=\pi/6$

c) 手性结构，$\theta=0\sim\pi/6$

图 2-25　不同手性单壁碳纳米管的结构模型

（3）按导电性分类

碳纳米管是由石墨烯片层卷曲形成的，因此碳管和石墨一样，具有良好的导电性。但是不同的卷曲形式使得碳纳米管的导电性有着显著差异。按导电性分类，碳纳米管又可分为金属性管和半导体性管[14]。碳纳米管的导电性取决于直径 d 和螺旋角 θ，导电性介于导体和半导体之间。单壁碳纳米管的电学性能与手性参数（n，m）密切相关。利用石墨模型，可以计算得到，当 $n=m$ 或者 $m=0$，则单壁碳纳米管为导体；若 $n\neq m$，当 $n-m=3k$（k 为整数）时，单壁碳纳米管为导体，否则呈半导体性能。

图 2-26 给出了三种不同手性碳纳米管的能带图。扶手椅型单壁碳纳米管（5，5）的最高能量导带和最低能量价带在费米面处相交，因此只需要无限小能量就能将一个电子激发到空的激发态，因此，扶手椅型单壁碳纳米管都具有金属性质。锯齿型单壁碳纳米管（9，0）在 $k=0$ 处没有能隙，因此其具有金属性质；而锯齿型单壁碳纳米管（10，0）管在 $k=0$ 却存在能隙，所以其具有半导体性质[15]。

3. 碳纳米管的制备方法

碳纳米管的发现为纳米材料学、纳米光电子学、纳米化学等学科开辟了新的

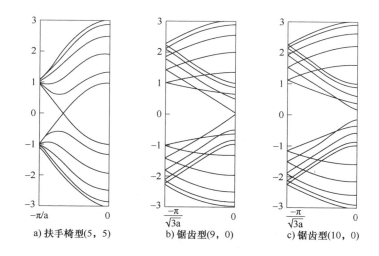

a) 扶手椅型(5, 5)　　b) 锯齿型(9, 0)　　c) 锯齿型(10, 0)

图 2-26　三种类型碳纳米管中电子能量随波矢的变化

研究领域，引起了科学家们的广泛关注。碳纳米管的制备是研究其结构、性质并实现应用的基础。自 1991 年采用电弧放电法合成碳纳米管以来，人们已经成功研制了多种碳纳米管的制备方法，例如，激光蒸发法、化学气相沉积法、太阳能法以及火焰法等。不同方法制备的碳纳米管往往在结构和性能方面存在较大差别。下面重点讲述几种常见的制备方法：

（1）电弧法

电弧法是最早用于制备碳纳米管的方法，也是最主要的方法之一。1991 年，Iijima 博士就是在采用电弧法制备富勒烯的过程中作为一种副产品而发现碳纳米管的。其主要工艺原理是：在真空容器中充满一定压力的惰性气体或氢气，以掺有催化剂（金属镍、钴、铁等）的石墨为电极，在电弧放电的过程中阳极石墨被蒸发消耗，同时在阴极石墨上沉积碳纳米管，从而生产出碳纳米管。

1993 年，Iijima 在电弧法制备多壁碳纳米管的基础上，成功合成了单壁碳纳米管[16]。1999 年，Ishigami 实现了多壁碳纳米管电弧放电法的半连续制备，大大提高了产物的收率（可达到 44mg/min），并且所得产物具有较好的质量[16]。Ando 等人在传统电弧法的基础上；发明了电弧等离子喷射法。采用镍、钇为催化剂，制备的单壁碳纳米管最高产量可以达到 1.2g/min[17]。

电弧法的特点是简单快速，制得的碳纳米管管壁平直结晶度高，但产量不高。而且由于电弧温度高达 3000~3700℃，形成的碳纳米管容易烧结成束，束中还存在很多非晶碳杂质，造成较多的缺陷。电弧法目前主要用于生产单壁碳纳米管。

（2）化学气相沉积法

化学气相沉积法（Chemical Vapor Deposition，CVD）又名催化裂解法，是目前应用最为广泛的、最易实现碳纳米管大规模可控生长的方法。其原理是烃类或含碳氧化物在较高温度下裂解生成碳原子，碳原子附着在催化剂纳米颗粒上，经过扩散和析出过程，生长出碳纳米管。

1993 年，Yacaman 等人以乙炔为碳源，以铁/石墨颗粒作催化剂首次由 CVD 法制备出了多壁碳纳米管，其直径与 lijima 所报道的碳纳米管尺寸相当[18]。魏飞等人采用流化床方法，以二茂铁为催化剂前驱体，制得的多壁碳纳米管具有高达 50kg/day 的产率，表明浮游催化剂法可以实现碳纳米管的产业化生产[19]。1998 年，美国斯坦福大学戴宏杰研究组首先采用 CVD 法制备了单壁碳纳米管[20]。与此同时，沈阳金属研究所的李峰、成会明等人以噻酚为生长促进剂，二茂铁为催化剂前驱体，通过在 1100~1200℃下催化分解苯，也成功制备出了单壁碳纳米管[21,22]。

化学气相沉积法的优点是操作简单，工艺参数更易控制，易于进行大规模生产，且产率高。但其制备的碳纳米管粗产品中管状结构的产物比例不高，管径不整齐，存在较多的结晶缺陷，常常发生弯曲和变形，石墨化程度也较差。化学气相沉积法主要用于多壁碳纳米管的制备，并且适合于碳纳米管的批量化生产。

（3）激光蒸发法

激光蒸发法是一种简单有效制备碳纳米管尤其是单壁碳纳米管的新方法，根据使用激光光源的不同，可以分为脉冲激光法和连续激光法两种。激光法的原理是通过高能激光束使碳原子和金属催化剂蒸发，形成碳原子团簇，在催化剂作用下碳原子团簇重组形成碳纳米管，并随着载气的流动沉积于收集器上。

1995 年，Smalley 等人发现通过激光蒸发含有一定量催化剂颗粒的石墨电极，可以得到单壁碳纳米管[23]。1996 年，Thess 等人对实验条件进行了改进，在 1200℃下，采用 50ns 的双脉冲激光照射含有 Ni/Co 催化剂的石墨靶，获得了单壁碳纳米管含量高达 70%~90%的产物。Yudasaka 等人对激光蒸发法工艺进行了改进，将金属/石墨混合靶改为金属及纯石墨两个靶，解决了石墨挥发导致的产量下降问题[25]。激光蒸发法制备单壁碳纳米管具有纯度高的优点，但由于设备需要应用昂贵的激光器，导致生产成本高，设备复杂，能耗大，使得激光蒸发法无法得到大规模推广应用。

除了这几种典型的制备方法外，还有低温固态热解法、离子（电子束）辐射法、太阳能法、纳米孔模板法等新型的碳纳米管制备工艺[26,27]。

4. 碳纳米管的性能与应用

碳纳米管独特的一维纳米结构使其拥有优良的力学性能、独特的一维热传导性能、良好的场发射性能、高的反应活性和催化性能等。从而使得碳纳米管在微电子加工、场发射显示器、航空航天材料等领域有着广阔的应用前景。

（1）力学性能及其应用

碳纳米管的一维石墨烯结构预示着它拥有极高的轴向强度。Comwell 等人根据 Tersoff 势函数分子动力学过程计算了单壁碳纳米管的弹性性质[28,29]，发现碳纳米管的杨氏模量与其直径有关，两者之间有着如下关系：

$$Y = 4296/D + 8.24(\text{GPa}) \tag{2-3}$$

Sinnot 等同样采用 Tersoff 势函数计算了单壁碳纳米管形成管束后的杨氏模量，发现其杨氏模量与金刚石相当，说明了碳纳米管是一种优良的轻质超硬材料[30]。1996 年，Treacy 和 Ebbesen 首先通过实验测量了碳纳米管的杨氏模量。具体方法是将一根碳纳米管垂直且底部固定于基底表面，测量其自由端的热振动，从而推算出碳纳米管的杨氏模量值平均可达 1TPa 以上。

由于碳纳米管具有极高的比强度和杨氏模量，因此可以作为复合材料的增强体，应用于金属、塑料、陶瓷等诸多复合材料领域。用碳纳米管作为金属表面上的复合镀层，可以获得超强的耐磨性和润滑性，并且复合镀层具有良好的热稳定性和耐腐蚀性能。也有科学家利用碳管极好的刚性和弹性的特点发明了可称量单个病毒的"纳米秤"。

（2）电学性能及应用

1）场致发射性能：碳纳米管顶端拥有极小的曲率半径，这使得它在电场中有着很强的局部增强效应。相对于热电子源，场发射电子源最大的优点在于其具有非常小的能量分布，Bonard 等人测得了碳纳米管膜在场发射开启时典型的能量分布情况，其能量半高宽仅为 0.18eV，远远小于金属发射材料，从而证实碳纳米管非常适合制备超高清晰的场发射器。1995 年，Rinzler 等人首先报道了单根开口碳纳米管的场发射性能，其场发射阈值场强 U_h 为 $1 \sim 3\text{V}/\mu\text{m}$。Satio 等人观察了单壁碳纳米管的场发射图像。图 2-27 为激发电压为 300V 和 330V 时，单壁碳纳米管束的成像图。

目前，多壁碳纳米管的场发射性能研究较为普遍和活跃。因为与单壁碳纳米管相比，多壁碳纳米管的制备工艺较简单，产物质量更高。2001 年，中科院物理所谢思深小组制备了定向开口多壁碳纳米管，测得其开启电场为 $0.6 \sim 1\text{V}/\mu\text{m}$，阈值为 $2 \sim 2.7\text{V}/\mu\text{m}$。研究认为，作为优异的场发射材料，必须具有非常小的开启场强（E_{t0}）和门限场强（E_{thr}）。

碳纳米管场发射阴极可以用来制作各种真空电子器件，包括平板显示器、场发射像素管、场发射照明灯、X 射线管和电子显微镜的电子枪。目前，韩国三星公司及其伙伴 Unidym 公司共同研制出世界上首款基于碳纳米管的显示器，全称为碳纳米管有源矩阵彩色电泳显示器（Carbon nanotube color active matrix electrophoretic display），简称 EPD。

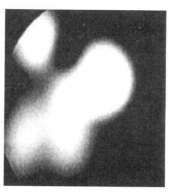

a) 300V　　　　　　　　　　　b) 330V

图 2-27　激发电压分别为 300V 和 330V 时，单壁碳纳米管束的成像图

2）超级电容性能：超级电容器，是一种性能介于传统电容器和电池之间的新型储能装置。电容器研究中最常用的电极材料是具有很大比表面积的炭材料。碳纳米管具有独特的中空结构、良好的导电性、大的比表面积和良好的化学稳定性，因而被认为是电化学电容器的理想电极材料。

牛春明等人在 1997 年首先对碳纳米管的超级电容性能进行了研究。他们将经过硝酸处理的碳纳米管组装成一单电容器，测得其等效串联电阻为 0.094Ω，在 0.001Hz、1Hz 和 100Hz 时，该电容器的比电容分别为 113F/g、102F/g 和 49F/g，其功率密度大于 8kW/kg。

对碳纳米管进行活化可以起到增大其比表面积和提高电容性能的作用。Jurewicz 等人用 KOH 对多壁碳纳米管进行活化处理，然后在 7mol/L 的 KOH 电解液中进行超级电容性能测试，结果发现未经活化的多壁碳纳米管超级电容器的比容量为 4F/g，而活化后的碳纳米管超级电容器则达到 49F/g。

此外，有报道发现高度有序的碳纳米管阵列相比于自由生长、取向杂乱的碳纳米管具有更好的超级电容性能。chen 等以阳极氧化铝（AAo）为模板制备出有序碳纳米管阵列，通过恒流充放电测试其比电容高达 365F/g。测试还发现，这种有序碳纳米管阵列电极还具有低的等效串联内阻和良好的循环稳定性。

以上研究说明，碳纳米管电极是超级电容器的理想材料。它既具有极大的比电容，又具有高的比功率、长的循环使用寿命。因此，在移动、通信信息技术、电动汽车、航空航天和国防科技等方面将具有极其重要和广阔的应用前景。受成本和性能的制约，碳纳米管在超级电容器中的应用目前还处于实验室阶段，随着碳纳米管低成本、批量化的制备技术的发展和其性能的提高，有望在不久的将来走向产业化。

（3）光学性能及其应用

碳纳米管的光学性质对其微观结构的表征有着重要的意义。通过单壁碳纳米管布里渊区中心点的振动模对称性，可以很好地确定其 Raman 光谱。

由于单壁碳纳米管一维的量子限制效应，使其原本连续的电子能级发生分裂，表现出 VanHove 奇异性。单壁碳纳米管直径越小，量子限制效应越显著，能级分裂间距越大。当激发光能量与范霍夫奇点峰之间的能量相匹配时，拉曼散射强度将急剧增加，表现出样品独有的拉曼光谱特征。

O'Connell 等人发现单根碳纳米管可以在一定条件下激发出荧光，并且吸收和发射的荧光与其本身螺旋角有关，这一特点对标定碳纳米管手性有着重要的意义。

此外，碳纳米管还发现具有独特的光电效应、电致发光特性和光电导特性等。碳纳米管在非线性光学方面也有着重要的作用。1998 年 sun 等首先通过实验测试了多壁碳纳米管的光限制性能。测试中发现，SWNTS 在 532nm 和 1064nm 波长下均可以表现出良好的光限制作用，是一种响应迅速（纳秒量级）的宽波段非线性材料。1999 年 Vienen 等通过实验测定了单壁碳纳米管的光限制性能。实验将 SWNTS 悬浊液的光限制性能与炭黑悬浊液和 C_{60} 的甲苯溶液进行比较。在 532nm 波长下，3 种物质表现出相似的光限制能力；而在 1064nm 波长下 C_{60} 的光限制作用消失，SWNTS 的光限制效果最好，这一结果说明，SWNTS 是一种良好的宽波带非线性光学材料。

2.3　炭材料对负极结构的影响

在电池中加入不同种类的炭材料，对于电池的性能的影响也是不同的。由于炭材料具有不同的导电性、比表面积、孔隙结构，炭材料的结构和性能，对于铅炭电池的寿命和性能有着直接的影响。炭材料的种类较多，且不同的添加量对于电池的性能影响也相差较大。因此在研发铅炭电池时，应该选择合适的炭材料添加剂及添加量，这样才能够有效地改善电池的导电性，并且有效地抑制负极的硫酸盐化现象，从而提高电池的寿命。目前，应用于铅炭电池中的炭材料主要有活性炭、石墨、炭黑、碳纳米管、石墨烯等。这些炭材料具有良好的导电性和较高的比表面积，并且能够与铅有较好的融合，能够提高负极活性物质的孔隙率和分散性，并且能够调节负极活性物质的结构特性。

2.3.1　石墨对铅炭电池负极的影响

石墨是由六边形网格层面规则堆积而成的晶体，属于六方晶系，是一种具有良好导热性、导电性、耐高温性能及稳定性的炭材料，亲水性较差，主要分为人造石墨和天然石墨。膨胀石墨除了具有良好的热稳定性、耐高温、耐腐蚀、低热膨胀率等特点外，还与铅具有良好的亲和性，能够为铅提供沉积和成核的活性位点，并且具有丰富的网状孔隙结构，有利于电解液的扩散，且膨胀表面的活性比较高，能够改善电池的性能。向负极中添加石墨，能够有效的改善负极活性物质的导电性，但是不同的石墨，对于铅炭电池的影响相差较大。低含量的石墨（1wt%），能够提高部分荷电态下电池的循环寿命。膨胀石墨在铅炭电池中的最佳用量为 1.5wt%，能够增加电池的充电接受能力，从而提高电池寿命。而具有低比表面积的片状石墨，对于电池的循环寿命并没有明显的提升。

Baca 等人研究了向负极中添加石墨对于电池性能的影响。研究表明，向负极中加入的不同含量的石墨时，当石墨含量在 0.78wt% 时，负极活性物质的结构更加的松散，电池具有最高的容量；当石墨含量在 1.0wt% 时，电池在高倍率充放电条件下具有最长的循环寿命；当石墨含量高于 2.65wt% 时，负极活性物质的形貌发生了改变，负极中出现了小颗粒的硫酸铅晶体，并且存在部分枝晶状结构。研究表明，向负极活性物质中添加 1.5wt% 的石墨，能够改善负极的充电接受能力，并且电池的循环寿命能够提高 20%~25%。Settelein 等提出了表征石墨材料与铅相互作用程度的方法，通过恒电位沉积的方式，能够判断沉积超电势与成核位点间的相关性，研究发现，采用膨胀石墨能够表现出更多的成核位点，而合成石墨的位点相对较少，并且膨胀石墨能够更好地融合到负极活性物质中。

2.3.2　活性炭对铅炭电池负极的影响

活性炭是一种以石墨微晶为基础的无定形炭材料，其粒径为微米到几十微米，具有发达的孔隙结构，双电层电容较高，物理化学性能稳定，并以其高比表面积、成本低、来源广等优势，成为在铅炭电池中应用最为广泛的一种炭材料。其在铅炭电池中，主要起到双电层电容、催化以及空间位阻的作用。活性炭主要是通过煤、木材等材料，经过物理高温或者化学活化得到的。研究表明，活性炭的制备工艺以及原材料的选用，对于其孔结构、孔面积、电导率均具有一定的影响。

粒径为微米的活性炭对于铅具有良好的亲和性，采用活性炭作为负极添加剂，能够嵌入负极活性物质并形成骨架的一部分。电池在化成阶段，铅会在活性炭表面沉积，并且通过铅的沉积，能够形成新的枝晶。此时铅在活性炭表面生长，而活性炭又嵌入到铅中，二者的相互作用构成了铅炭电池体系。

Pavlov 等人向负极中添加了不同种类的活性炭，对比分析了它们对于铅炭电池性能的影响，并采用比表面积、孔径等测试进行分析，研究表明，铅离子的还原会发生在铅和炭材料的表面，活性炭表面形成了新的铅晶核，这样可以一定程度上抑制负极的硫酸盐化。并且随着活性炭的添加，负极铅离子生成铅的反应过电势降低了 $300 \sim 400mV$，铅离子更容易在活性炭表面发生还原反应，有利于提高电池的充放电性能，电池寿命也同样得到了提高。

研究表明，活性炭对于铅炭电池性能的影响，活性炭在负极活性物质中充当电容器和电解液吸收剂的作用，当活性炭的添加量为 2.0wt% 时，能够在活性物质内部形成新的多孔状骨架，改善电池性能。Zhao 等研究了电化学活性炭和氧化铟在负极活性物质中的表现，研究发现，添加活性炭，能够增加电池的循环寿命，但是会增加负极的析氢反应。而添加活性炭和氧化铟，能够提高电池的循环寿命约 4 倍。

2.3.3　炭黑对铅炭电池负极的影响

炭黑是由准石墨结构单元组成的炭材料，是一种具有良好导电性、纳米粒径和比电容的炭材料，其结构为六角形平面结构，炭黑的分散性较好，并且具有良好的吸附能力。其粒子通过相互穿插，能够形成链枝状。炭黑对于调节负极活性物质的分布具有一定的促进作用，能够提高负极的充电接受能力；而且炭黑的比表面积相对较大，将其加入到负极活性物质中，能够提供电容作用，能够改善电池在高倍率充放电下的性能。

Ebner 等对炭黑的性能进行了测试分析，结果表明，炭黑的导电性、杂质含量、粒径、孔隙率和有序程度等性能均影响电池的循环寿命，当有序程度越高时，电池的循环寿命越好，且杂质含量低于 100×10^{-6} 时，对于电池的性能没有影响。

Fernández 等向负极活性物质中添加了膨胀石墨和炭黑，对比发现，负极中添加炭材料，负极具有良好的形状和晶体结构，并且能够有效地改善电池的循环寿命。Micka 研究了石墨、炭黑和二氧化钛添加剂对于铅酸蓄电池活性物质电阻和接触电阻的影响。研究表明，向活性物质中添加石墨和炭黑，均能达到降低电阻的目的。Msseley 研究了不同炭黑对于铅炭电池寿命的影响，发现不同种类的炭黑，对于电池寿命的影响相差约 50 倍。Nakamura 等人研究了炭黑在铅炭电池中的应用情况，发现增加炭黑的含量，能够明显地抑制负极在 HRPSoC 模式下的硫酸盐化，这是由于炭黑在硫酸铅晶体间形成了导电网络，能够促进大晶粒的硫酸铅在充电过程中向铅的转化。CSIRO 实验室通过研究发现，负极板中添加含量为 0.2~2.0wt% 的炭黑，负极的导电性能够提高约 5 个数量级。炭黑的添加量会决定其作用效果，当炭黑含量较少时，炭黑会迁移到负极活性物质表面，能够为铅的沉积提供活性面积，从而提高负极的充电接受能力；当炭黑的添加量高于 0.5wt% 时，炭黑易发生团聚现象，影响负极活性物质的导电网络，降低负极的循环稳定性。Ebner 等人通过实验发现将炭黑作为负极活性物质的添加剂，会发生团聚现象，并且随着循环的进行，炭黑会逐渐发生迁移到极板外，不再对负极发挥作用，如图 2-28 所示。

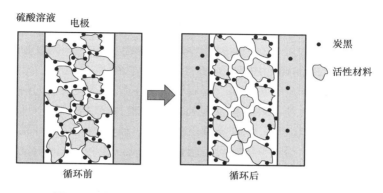

图 2-28　循环前后炭黑在负极活性物质中的分布变化

2.3.4　其他炭材料对铅炭电池负极的影响

纳米级的炭材料，如碳纳米管、石墨烯、碳纤维等材料，同样被使用于铅炭电池的制作中。

碳纳米管是一种纳米级的炭材料，它的结构为空腔柱结构，长径较高，主要具有密度小、比表面积大、比电容高、良好的导电性和热稳定性以及特殊的孔径结构。碳纳米管的制备主要包括电弧法、激光蒸发法、化学气相沉积法。有研究表明，在 HRPSoC 条件下，含有碳纳米管的电池循环寿命是不含碳纳米管的 2.5 倍，循环寿命达到 90000 圈。Sugumaran 等人向正负极活性物质中均添加了碳纳米管，研究表明，向负极中添加碳纳米管，能够有效地改善电池的循环寿命，相对于未添加碳纳米管的电池，循环寿命提高了 1.6 倍；向正、负极中均添加碳纳米管，循环寿命能够提高 5 倍，并且有效地改善了电池的失水情况。Marom 等人研究了碳纳米管对电池性能的影响，研究表明，将 0.008 ~ 0.02wt% 碳纳米管加入到电池中，能够显著地增加极板的导电性和充电接受能力，生成的硫酸铅晶体更加的细小，并且电池在 25% DOD 和 30% DOD 下的循环寿命提高了约 1 倍。离散碳纳米管应用于负极，能够提高充电接受能力，但是却影响了电池的容量。

石墨烯是一种单层碳原子的二维层状炭材料。其主要应用于导热材料、电子器件、传感器等方向。石墨烯具有较高的比表面积和比电容，并且具有良好的导电性和稳定性。采用石墨烯制作铅炭电池，有利于构建负极的导电骨架，增强负极活性物质表面电解液的浸润性，能够有效地促进电化学反应的进行，但是由于其价格相对较高，影响了其在蓄电池领域的应用。Long 等人向负极中添加三维还原氧化石墨烯（3D-RGO），能够有效地改善电池的导电性，铅炭电池的初始放电容量提高了 14.46%，并且有效地提高了电池在高倍率条件下的循环寿命。相对于向电池中添加乙炔黑、活性炭等常规材料，3D-RGO 对于改善电池初始容量和倍率性能，效果更加显著。由于石墨烯具有良好的多孔状结构和导电性能，当向负极活性物质中添加 1.0wt% 3D-RGO 时，电池在 HRPSoC 运行条件下，循环寿命能够从 8142 个循环增加到 26425 个，增幅达到了 224%。

碳纤维是一种纤维状的炭材料，其制作方法主要是以纤维状的前驱体，经过炭化活化制得的。碳纤维材料具有良好的电容性能和导电性能。Sawai 研究了碳纤维对于铅炭电池在 HRPSoC 工作条件下的影响，研究表明，碳纤维无法像其他种类的炭材料，能够均匀地分散在负极活性物质中，因此无法对电池性能起到促进作用。

Pavlov 通过研究发现，纳米级的炭材料，在铅炭电池中的添加量，应该控制在 0.2~0.5wt%。在这个添加量的范围内，炭材料可以附着在负极活性物质表面，能够增加负极活性物质的比表面积，并且硫酸铅可以在炭材料的表面生长，从而提高负极的充电接受能力。但是当炭材料的添加量超出这个范围后，炭材料就会被包含在负极活性物质的骨架中，会使得负极的欧姆电阻在循环后期增加。纳米级的炭材料在负极活性物质中，能够与铅更好地结合，形成整体的骨架结构，成为硫酸铅结晶的晶核，并且能够更好地提供电容。

2.4 炭材料提高铅炭电池性能的作用机理

自从铅炭电池发明以来，各国的科学家都对不同的炭材料对铅炭电池性能的影响展开了研究，并且提出了相关的机理。目前，炭材料在铅炭电池中的作用机理主要分为：①炭材料的加入能够构建导电网络，提升电极的导电性；②添加高比表面积的炭材料，可以提供双电层电容作用，提高充电电流的分散度；③空间位阻作用，炭材料减小了负极活性物质的孔径，抑制了硫酸铅晶体的生长，使得硫酸铅晶体保持较大的比表面积；④提高电化学反应动力，炭材料的表面能够为硫酸铅提供成核位置，炭材料能够在负极板内部构建有利于电解液通过的通道，能够提高电池在高倍率条件下电解液的扩散速率，并且提供电化学活性面积，促进铅的沉积。下面分别从这 4 方面展开论述。

2.4.1 构建导电网络

铅酸蓄电池在放电过程中，负极铅会生成不导电的硫酸铅，当硫酸铅晶体生长后，在充电过程中很难再转变为铅，导致负极板的导电性变差。由于炭材料具有良好的导电性，将其作为添加剂加入到铅酸蓄电池中，在负极活性物质中构成导电网络，能够加速铅离子向铅的转化，促进电流的流通，提高电子的传递速度，提高活性物质的利用率，增加硫酸铅的受充能力，促进硫酸铅在充电过程中的溶解，从而提高铅炭电池的导电性和循环性能。图 2-29 为铅炭电池导电机理示意图。

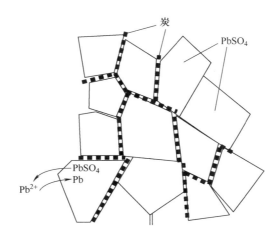

图 2-29　铅炭电池导电机理示意图

　　炭材料的种类对于铅炭电池的导电性影响很大。Boden 等人研究了向负极中添加炭黑、石墨、活性炭对于电池的影响，研究表明，添加活性炭，对于改善负极活性物质的电阻影响较小，而加入炭黑和石墨，能够明显的改善负极的电阻，有效地提高负极的导电性。因此，可以选择在负极中添加石墨和炭黑来改善电池性能。Endo 等将碳纤维作为导电添加剂加入到铅酸蓄电池中。碳纤维具有较高的长径比，并且在负极活性物质中建立了连续的导电网络，延长了电池的寿命。Saravanan 认为，添加纳米结构的导电性物质能够提高负极活性物质的利用率。他采用多壁碳纳米管（MWCNT）作为负极添加剂，研究表明，相比于其他炭材料，MWCNT 分散性能更好，能够更好地构建导电网络，降低负极的不可逆硫酸盐化。Shiomi 等认为，添加炭材料能够在硫酸铅晶体周围形成导电网络，促进铅离子向铅的转化，增强硫酸铅的受充能力。

2.4.2　双电层电容作用

　　向负极活性物质中添加高比表面积的炭材料后，炭材料/电解液界面就会体现双电层存储电荷的作用。铅炭电池将构成电化学反应和双电层电容混合储能体系，负极板表现为两个储能系统：①参与高倍率充放电的双电层构成的电容系统，具有良好的可逆性，但是容量相对较低；②负极铅的电化学系统，包括放电过程中铅氧化为硫酸铅，以及充电过程中的逆过程，本系统充电过程较慢，但是具有较高的容量。炭材料本身并不参与铅与硫酸铅互相转化的电化学反应，因此，其电容贡献仅是电池容量很小的一部分。

采用不同的 HRPSoC 充放电程序，分析负极中炭表面的电容过程和铅表面的电化学过程。研究结果表明，当放电深度为 0.5% DOD 时，即充放电时间各为5s、1s 静置时间情况下，电池循环寿命可高达 400000 次；而在 3.0% DOD 或5.0% DOD 情况下，电池循环寿命均不超过 30000 次。这说明，负极板的炭材料在循环过程的前 5s 就发挥作用，较低的放电深度时，电极表面以电容型充放电过程为主导，而较高放电深度时，以法拉第反应过程为主导。

早期添加到负极中的炭材料主要是石墨等材料，后来研究发现，将具有高比表面积和孔体积的活性炭添加到负极活性物质中，不仅能够提高负极的导电性，并且由于活性炭具有高比表面积的特性，能够在电池充电时，氢离子在炭孔的表面建立双电层电容，有利于电荷在活性炭表面的快速分布，提高电极充电电流的分散度，在高倍率充放电和脉冲放电时，活性炭提供双电层电容，能够起到缓冲的作用，使得电流对于电极的冲击得到缓解，从而有效地提高电池在高倍率条件下的循环寿命，如图 2-30 所示。

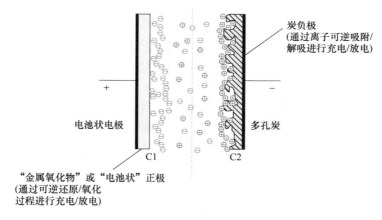

图 2-30 电容性炭材料作用机理（彩图见书后插页）

Pavlov 等人研究发现，向负极中添加纳米尺寸的炭黑，当炭黑的掺杂量小的时候，其附着在铅表面，能够增大活性物质的活性表面，因此能够提高充电接受能力。当炭黑为高含量时，一部分的炭黑吸附在铅枝表面，而大多数的炭黑则包含进铅枝内部，会造成铅的电学性能降低，循环性能变差。如果微米尺寸（尺寸大于铅枝截面）的炭材料跟铅有很好的亲和性，它们会逐渐附着到铅的骨架当中，在化成的过程中，炭材料的表面会成长铅，形成连续的铅-炭的复合结构。

如果这种炭具有很高的比表面积的话，在硫酸中会起到电容的作用，由于炭上有更高的电荷密度，这种复合结构的另一个作用就是使得电荷均匀分布到铅的表面，这提高了铅酸电池负极的充放电性能。

有研究指出，负极活性物质的双层电容与所添加碳的比表面积呈线性关系。当电池停止充电时，即使没有外部电流，双电层仍然会保持带电状态，这将在负极活性物质的各组分之间产生局部电流。由于电流是由双电层通过法拉第反应放电引起的，如果通过添加适当的炭材料来增加导电材料的表面区域，则所涉及的电荷量可能很大。

2.4.3　结晶生长限制作用

在铅酸蓄电池中，负极的比表面积约为正极比表面积的 1/10 左右，随着充放电循环的进行，负极的比表面积会持续减小，这会造成电池在大电流使用时性能的下降。向负极中添加比表面积大的炭材料，能够改善负极活性物质的孔结构，可以提高负极活性物质的孔隙度，促进电解液中离子的扩散，并且能够占据硫酸铅晶体的生长空间，抑制硫酸铅晶体的生长，使得硫酸铅晶体保持较小的晶粒。Calabek 等人通过研究也证实了炭材料的位阻机理。

在硫酸铅溶解和铅沉积的充放电循环过程中，铅负极的比表面积继续减小。因此，具有较小电化学活性面积的负极——铅电极是铅酸电池大电流充放电反应的限制因素。铅酸电池受负极硫酸盐化的影响比二氧化铅正极或电解液等其他方面因素影响更加明显。

研究发现，片状石墨会减少卷绕式铅酸电池 HRPSoC 工况下的循环寿命，而膨胀石墨和玻璃纤维等起到相反的作用效果。这可能是由于片状石墨较小的比表面积导致的。玻璃纤维具有增大负极活性物质比表面积的作用效果，促进硫酸的扩散，并促使极板中的硫酸铅分布均匀。这是负极添加剂具有空间位阻作用的直接证据。

Křivík 认为石墨阻碍了硫酸铅的生长，石墨为铅的沉积提供了大量活性位点，因此可以保持颗粒细小，从而有利于负极的充电。

2.4.4　提高电化学反应动力

向负极活性物质中添加炭材料，能够增加电化学反应的位点，为铅的沉积提供了额外的电化学活性面积，使得反应在炭材料表面发生，加快铅沉积成核的反应速率。这会促进电化学反应动力的增加。如图 2-31 所示，并且炭的加入，能够对电池的反应速率具有一定的电催化作用，降低了极化程度。

Moseley 通过研究发现，炭材料可以为硫酸铅提供成核位置，这可以抑制硫酸铅的大小，并且能够促进硫酸铅的转化。Xiang 等在负极活性物质中加入具有

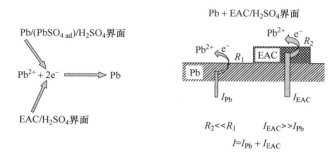

图 2-31　负极活性物质中（Pb+EAC）/硫酸界面的电子转移过程

高比表面积的活性炭，这使得负极活性物质的比表面积和孔隙率得到增加，并且增强了电解液的扩散，从而提升铅炭电池电极的动力学反应活性。

D. Pavlov 等对活性炭的作用机理作了深层次的研究，认为电容性活性炭对充电反应具有高度的催化效应，并直接参与其中，从而改善了电池的可逆性和循环寿命。提出了电池负极充电发生的电化学反应的协同机理，即铅离子还原成铅的电化学反应过程不仅发生在铅电极表面，也发生在炭粒子的表面（见图 2-32），即"平行充电机理"。根据该机理，加入碳元素后，由于电子通过活性炭/溶液界面的电位势垒比铅/溶液界面的电位势垒更低，铅离子还原的电化学反应优先在电化学活性炭表面上进行，活性炭使得铅离子的电子生成沉积铅的反应过电位下降了 $300 \sim 400 mV$，这有利于铅沉积反应的进行，改善了硫酸铅氧化还原的充电效率。

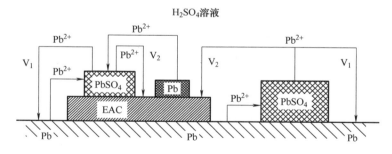

图 2-32　负极"平行充电机理"的原理示意图

炭材料的比表面积、电导率、表面官能团等均会对负极活性物质的微观结构、电导率、孔径等产生影响。铅炭电池在不同的工作模式下，炭材料的作用也是不同的。当电池在放电深度为 0.5% 循环时，主要进行的是双电层电容的充放电过程。当电池在 3.0% ~ 5.0% 循环时，负极的氧化还原反应为主要作用。因此，不同种类和数量的炭材料，对于铅炭电池的作用机理是不同的，因此对于炭材料的选择，是制作铅炭电池的重要步骤。

2.5　铅炭电池负极的添加剂

由于负极板的不可逆硫酸盐化，会导致电池在部分荷电状态下的循环性能和充电接受能力受到影响。为了避免这些问题的发生，除了采用炭材料作为负极添加剂，还会在负极活性物质中添加膨胀剂，主要包括：有机膨胀剂和无机膨胀剂。目前，使用最广泛的有机膨胀剂主要为木素，无机膨胀剂主要为硫酸钡。添加剂的比例在活性物质中虽然很小，但是添加剂对于电池性能的影响很大，目前，对于添加剂的选择仍然依靠试验。

2.5.1　木素对铅炭电池负极的影响

木素在负极中作为膨胀剂使用，一般添加量为 0.2wt% 左右。木素是一种表面活性聚合物，具有一定的表面活性，能够吸附在铅的表面，在铅表面可以形成一层聚合状的电解质，达到降低其表面能的作用，抑制其表面收缩的趋势，维持负极板的比表面积，保护负极板不被钝化。在放电时，铅离子需要通过木素的吸附层到达电解液，并且硫酸铅的生成也会在吸附层表面进行，这会降低硫酸铅对铅的附着力，因此，生成钝化层所需的电量也会增加。木素同样会吸附在硫酸铅晶体的表面上，并将硫酸铅晶体间隔开，使得硫酸铅晶粒的尺寸降低，防止了单个晶体生长并相互结合成低比表面积且致密的结构。随着木素的添加，能够增强电池的低温性能，在低温放电时，能够限制活性铅位置的覆盖面积，推迟钝化。

木素通常是由造纸工业的亚硫酸盐纸浆废液中提取的，通过除糖和各种金属进行纯化，然后再解聚成不同的聚合度。木素分子由三种主要前驱体组成：p-香豆素、松柏醇、芥子醇。根据木素来源的不同，三种物质的比例存在一定的差异。

Blecua 研究了炭材料和木素磺酸盐对动力汽车用铅炭电池负极性能的影响，研究表明，炭材料能够改善负极活性物质的电化学表面积，木素磺酸盐中的酸性基团能够缓解氢的过度还原。其采用石墨化碳纳米纤维与木素分散后加入到负极活性物质中，采用低剂量的石墨化碳纳米纤维，电池能够表现出比添加其他炭材料更少的水损耗，并且能够在活性物质内部建立导电网络，提高了负极板的循环寿命。

Boden 等研究了不同有机负极添加剂对于电池放电容量的影响，研究表明，所有的有机添加剂，均能够增加负极的比表面积。当电池在高倍率条件下放电时，加入 Indulin AT（天然木素）、Lignotech D-1380（部分去磺化的木素磺酸钠）和 Kraftplex（磺化的改良牛皮木素）三种添加剂的含量越高，电池的放电比容量越大，而加入其他种类的添加剂，含量越高会导致放电比容量越低。

2.5.2 硫酸钡对铅炭电池负极的影响

硫酸钡在负极中同样作为膨胀剂使用,通常以0.5~1.0wt%的量添加到负极铅膏中。由于硫酸钡具有和硫酸铅相近的晶格参数,属于同晶物质,当其均匀地分散在负极活性物质中,在放电时能够作为硫酸铅的晶核,为硫酸铅晶体的成核提供位点。由于硫酸铅可以在硫酸钡上结晶析出,这就避免了硫酸铅形成晶核,从而避免了由于形成晶核所需的过饱和度。在充电时,硫酸钡能够促进铅的沉积。在较低的过饱和度条件下,硫酸铅晶体呈疏松多孔状,这有利于电解液的扩散,并且缓解浓差极化。其与木素磺酸盐在负极板中的作用比较相似,由于硫酸铅能够在硫酸钡上析出,这就避免了活性物质被硫酸铅的钝化层覆盖,从而达到推迟活性物质钝化的目的。

并且由于硫酸钡是惰性的,并不参与负极的电化学反应过程,因此当其均匀地分散在负极活性物质中时,能够将铅和硫酸铅、以及硫酸钡和硫酸铅分隔开,使得颗粒不易团聚,从而达到抑制铅的比表面积收缩的目的,使得负极活性物质保持良好的比表面积。因此,在负极中,硫酸钡是一种极其重要的添加剂。

Pavlov等研究了不同含量的硫酸钡对于电池负极性能的影响,分别加入0.5wt%、1.0wt%、1.5wt%和2.0wt%的硫酸钡。结果表明,向负极中加入硫酸钡,能够使放电硫酸铅具有较小的颗粒,并且当含量为1.0wt%时,电池具有较好的循环寿命。

参 考 文 献

[1] Zhang H F, Zhai M G, Santosh M, et al. Paleoproterozoic granulites from the Xinghe graphite mine, North China Craton: Geology, zircon U-Pb geochronology and implications for the timing of deformation, mineralization and metamorphism [J]. Ore Geology Reviews, 2014, 63 (1): 478-497.

[2] 邱钿. 煤的石墨化过程及煤系矿物变迁规律研究 [D]. 徐州: 中国矿业大学, 2019.

[3] Franklin R E. Crystallite Growth in Graphitizing and Non-Graphitizing Carbons [J]. Proceedings of the Royal Society A Mathematical Physical & Engineering Sciences, 1951, 209 (1097): 196-218.

[4] Nyathi M, Clifford C, Schobert H. Characterization of graphitic materials prepared from different rank Pennsylvania anthracites [J]. Fuel, 2013, 114 (6): 244-250.

[5] Tarpinian A. Recrystallized Microstructures of Pyrolytic Graphite [J]. Journal of Applied Physics, 1962, 33 (11): 3386-3386.

[6] Fair F, Collins F. Effect of residence time on graphitization at several temperatures [C]. in Proceedings of the Fifth Conference on Carbon; Pergamon Press: New York, NY, USA. 1961: 503-508.

［7］　Yuan G, Xuanke L I, Dong Z, et al. Preparation and characterization of graphite films with high thermal conductivity ［J］. Journal of Functional Materials, 2015, 31 (10): 1129-1134.

［8］　Langdon T G. Activation Energies for Creep of Pyrolytic and Glassy Carbon ［J］. Nature Physical Science, 1972, 236 (65): 60-60.

［9］　Mellinger G B, Fischbach D B. Diamagnetic studies on carbon fiber graphitization ［J］. Carbon, 1975, 13 (6): 554-554.

［10］　Noda T. Graphitization of carbon under high pressure ［J］. Carbon, 1968, 6 (2): 199-199.

［11］　Garcia D, Montes-Morán M A, Young R J, et al. Effect of temperature on the graphitization process of a semianthracite ［J］. Fuel Processing Technology, 2002, 79 (3): 245-250.

［12］　鲍维东. KOH 活化石油焦制备活性炭的工艺及机理研究 ［D］. 大连: 大连理工大学, 2018.

［13］　代俊秀. 碱法活性炭材料的制备及其电容性能的研究 ［D］. 哈尔滨: 东北林业大学, 2018.

［14］　李少妮. 高介孔率长柄扁桃壳活性炭的制备、改性及其对头孢氨苄的吸附研究 ［D］. 西安: 西北大学, 2018.

［15］　李兰倩. 基于炭黑和碳纳米管导电棉织物的制备与表征 ［D］. 重庆: 西南大学, 2018.

［16］　Iijima S, Ichihashi T. Single-shell carbon nanotubules of l-nm diameter ［J］. Nature, 1993, 363: 603-604.

［17］　Ando Y, Zhao X, Hlrahara K, et al. Mass Production of single-wall carbon nanotubes by the arcplasma jet method ［J］. Chemical Physics Letters, 2000 (323): 580-585.

［18］　Yacaman M J, Yoshida M M, Rendon L. Catalytic growth of carbon microtubules with fullerene structure ［J］. Applied Physies Letter, 1993 (62): 202-204.

［19］　Wang Y, Wei F, Luo G, etal. The large-scale Production of carbon nanotubes in a nano-agglomerate fluidized-bed reactor ［J］. Chemical Physics Letters, 2002 (364): 568-572.

［20］　Kong J, Cassell A M, Dai H. Chemical vapor deposition of methane for single-walled carbon nanotubes ［J］. Chemical Physics Letters, 1998 (292): 567-574.

［21］　Cheng H M, LI F, Sun X, etal. Bulk morphology and diameter distribution of single-walled carbon nanotubes sythesized by catalytic decomposition of hydro carbons ［J］. Chemical Physics Letters, 1998 (289): 602-610.

［22］　Cheng H M, LI F, Su G, etal. Large-scale and low-cost synthesis of single-walled carbon nanotubes by the catalytic pyrolysis of hydrocarbons ［J］. Applied Physies Letter, 1998 (72): 3282-3284.

［23］　Guo T, Nikolaev P, Rinzler AG, etal. Self-assembly of tubular fullerenes ［J］. The Journal of Physical Chemistry, 1995 (99): 10694-10697.

［24］　Thess A, Lee R, Nikolaev P, etal. Crystalline ropes of metallic carbon nanotubes ［J］. Science, 1996 (273): 483-87.

［25］　Guo T, Nikolaev P, Thess A, et al. Catalytic growth of single-walled manotubes by laser vaporization ［J］. Chemical Physics Letters, 1995 (243): 49-54.

[26] Laplaze D, Bernier P, Maser WK, etal. Carbon nanotubes: The solar approach [J]. Carbon, 1998 (36): 685-688.

[27] Tang Z K, Sun H D, Wang J, etal. Mono-sized single-wall carbon nanotubes formed in channels of AIPO4-5 single crystal [J]. Applied Physies Letters, 1998 (73): 2287-2289.

[28] Cornwell C F, Wille L T. Elastie Properties of single-walled carbon nanotubes in compression [J]. Solid State Communications, 1997 (101): 555-558.

[29] Cornwell C F, Wille L T. Critical strain and catalytie growth of single-walled carbon nanotubes [J]. The Joumal of Chemical Physics, 1998 (109): 763-767.

[30] Sinnott S B, Shenderova O A, Whlte C T, etal. Mechanical Properties of nanotubule fibers and composites determined from theoretical calculations and simulations [J]. Carbon, 1998 (36): 1-9.

第3章

铅炭电池的析氢与失水

3

3.1 铅炭负极的析氢行为

3.1.1 铅炭负极的析氢特性

虽然炭材料的加入使铅炭电池的大电流充放电性能以及循环性能有了很大的提高，但是炭材料的引入也带来了诸多问题，其中影响最大的是炭材料的加入导致负极板析氢，进而造成电池失水。

Lam L T 等[1]研究认为，铅炭电池负极板析氢的原因是炭材料工作电位与铅酸电池负极板的工作电位不相匹配，如图 3-1 所示。炭材料是一种低析氢过电位的材料，而铅是高析氢过电位的材料，在电池正常工作时，炭材料的加入势必会导致负极板上氢气析出变得严重。

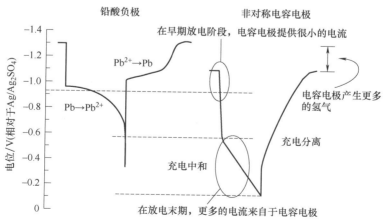

图 3-1 铅电极板与炭电极充放电工作电势[1]

不同的炭材料表现出不同的析氢特性。国际铅酸电池联合会（ALABC）在2010~2012年的一个项目中对不同厂家提供的样品（包括炭黑、活性炭和石墨）的析氢特性进行了研究，这些炭材料具有不同的物理化学性质，例如，粒径、比表面积、孔隙度、杂质含量、灰分含量、pH 值等，采用这些样品制备了碳粉电极，在以硫酸溶液作为电解质的原型电池中，通过极化曲线的测试，比较了不同碳电极的电化学特性，并记录了铅酸电池负极的工作电压范围内的循环伏安曲线及开路电位[2]。

该项目的目的是对不依赖于铅和膨胀剂的碳材料的析氢行为进行基础电化学研究，并试图将炭的物理和化学性质与其析氢行为联系起来。其目的是帮助电池制造商确定需要哪些炭材料并纳入到他们的电池设计中。此外，这些信息可以帮助材料制造商生产具有最佳性能和最小副作用的用于负极的炭。

研究结果显示，不同种类的炭材料（石墨、炭黑和活性炭）之间的析氢差异显著。每种炭的杂质水平、粒径、表面积、孔径和孔体积、灰分含量、电导率、pH 值等物理性质对导电炭颗粒的析氢机理都有重要影响。炭的表面积不是氢气生成的主要因素。在非活性炭类材料中，石墨比炭黑和石墨化炭黑更有助于减少氢气生成，尽管结晶度似乎不是主要因素。在活性炭类中，孔隙结构对Tafel 斜率的影响较大。孔隙体积越大，Tafel 斜率越大。杂质虽然已知是析氢的一个影响因素，但从最小数量的炭样本分析来看，也没有特别重要的作用，实际上杂质对活性炭的 Tafel 斜率没有统计上的相关关系。

刘志豪[3]研究了石墨、活性炭、多壁碳纳米管、聚苯胺的添加对铅炭电池负极析氢的影响，结果如图3-2所示。对于同一种炭材料，负极中的添加量越多，析氢越严重。添加活性炭的负极析氢电流最大；添加石墨的次之，添加聚苯胺的负极析氢电流最小。

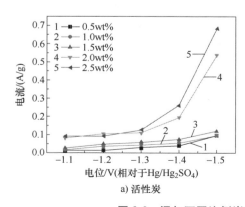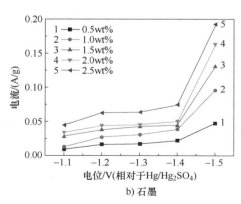

图3-2　添加不同比例炭材料的负极稳态析氢曲线

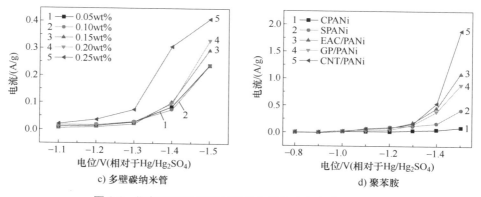

c) 多壁碳纳米管　　　　　　　d) 聚苯胺

图 3-2　添加不同比例炭材料的负极稳态析氢曲线（续）

Gou J[4]等对各种活性炭材料的析氢过程进行研究，测试结果如图 3-3 所示，其中实线为电压，虚线为析氢电流，通过这种方法能够同时得出一种炭材料的比容量和同电压下析氢电流的大小，从而有助于选择合适的炭材料（比容量较大，同时析氢电流较小）应用于铅炭电池负极，在保证炭材料能够提供明显的超电容作用的同时，铅炭电池负极析氢的现象也能够得到显著的改善。

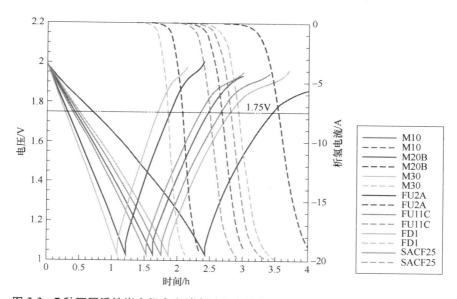

图 3-3　7 种不同活性炭电极在充放电过程中的电压与析氢电流（彩图见书后插页）

材料的表面活性与动力学参数有关，如析氢反应的交换电流密度以及材料的析氢过电位。Prosini P P 等[5]研究了碳纳米管在酸性溶液中析氢的动力学过程，证明碳纳米管材料有较大的交换电流密度和较低的析氢过电位，因此，析氢反应在碳纳米管表面比较容易发生。

Dubey P K 等[6]研究比较了多壁碳纳米管电极与石墨电极在电解水过程中的性能，结果表明，不管作为阴极或者阳极，多壁碳纳米管电极比石墨电极具有更高的电流密度，证明多壁碳纳米管比石墨具有更高的催化活性，如图 3-4a 所示。因此，当作为阴极时，多壁碳纳米管电极在相同的时间内比石墨电极能够产生更多的氢气，如图 3-4b 所示。分析表明，这可能是由于多壁碳纳米管电极具有远远高于石墨电极的比表面积以及更低的析氢反应活化能势垒，使氢离子更多更容易吸附在多壁碳纳米管电极的表面，从而导致多壁碳纳米管电极表面更容易发生析氢反应。

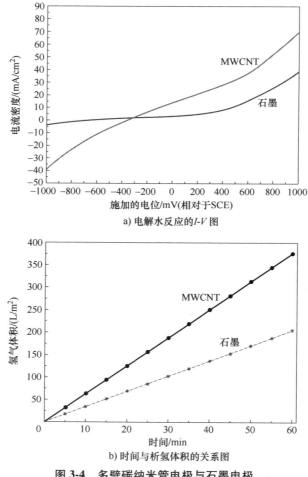

a) 电解水反应的 *I-V* 图

b) 时间与析氢体积的关系图

图 3-4 多壁碳纳米管电极与石墨电极

3.1.2　铅炭负极的析氢机理

氢气析出的反应的最终产物是分子氢，一般认为，氢气析出反应会经历两个过程：吸附中间体的形成和氢分子的脱附。在氢析出反应历程中，可能出现的表面步骤有三种：

a. 电化学吸附步骤 $H^+ + M + e^- \longleftrightarrow M-H^*$（Volmer 反应）

b. 电化学脱附步骤 $M-H^* + H^+ + e^- \longleftrightarrow M + H_2$（Heyrovsky 反应）

c. 复合脱附步骤 $2M-H^* \longleftrightarrow 2M + H_2$（Tafel 反应）

在任何一种反应历程中，必须包括电化学吸附步骤和至少一种脱附步骤，因此存在两种最基本的反应历程（a+b 或 a+c）[7,8]。由于每一种步骤都有可能成为整个电极反应速度的控制步骤，则氢析出过程的反应机理可以有 4 种基本方案：

a（快）+b（慢）（1）

a（慢）+b（快）（2）

a（快）+c（慢）（3）

a（慢）+c（快）（4）

根据析氢反应机理的一般模型，由 Tafel 曲线计算出的 Tafel 斜率能够判定在析氢反应过程中的控制步骤。当控制步骤是 a 步骤时，即（2）方案和（4）方案时，对应的对称系数 α 的值为 0.5，Tafel 斜率 b 的值为 120mV/dec；当控制步骤为 b 步骤，即（1）方案时，对应的对称系数 α 的值为 1.5，Tafel 斜率 b 的值为 40mV/dec；当控制步骤为 c 步骤，即（3）方案时，对应的对称系数 α 的值为 2，Tafel 斜率 b 的值为 30mV/dec[9,10]。

在铅酸电池中，负极板中炭材料的添加量很小，约为质量比 0.15%~0.25%[11]。相比之下，铅炭电池的负极中加入了质量分数更高的炭材料，约为 2% 甚至更高。因此，铅炭电池中炭材料的性质对于电池有很大的影响。目前，对于铅炭电池负极炭材料析氢性能的研究还处在起步阶段，主要集中在两个方向：炭材料本身的改性和析氢抑制剂的添加。

析氢反应会经历何种反应步骤与材料本身的物理、化学以及电子特性有很大的关系，通过特定的处理方式能使材料本身特别是材料表面的物化性质以及原子的电子云结构产生很大的影响，进而对析氢反应氢离子在材料表面的吸附或氢分子的脱附过程产生影响，最后宏观反应出氢气析出的快慢程度。

另一方面，通过特定的方法在炭材料中加入适量的析氢抑制剂，覆盖在炭材料的表面，由于析氢抑制剂材料都具有较高的析氢过电位，通过与炭材料中碳原子的相互作用能够改变其物化性质及电子云结构，进而对炭材料表面的析氢效果产生影响。

从电池设计和使用的角度，使用催化阀以及采用合理的充电制度可以抑制铅炭负极的析氢。

3.2 抑制铅炭负极析氢的途径

3.2.1 炭材料的改性

炭材料表面的析氢反应主要受两方面的影响：比表面积和表面活性。比表面积越大，炭材料所能提供的理论比容量越多，在铅炭电池中所显示出的超电容特性越明显。然而，根据 Tafel 公式可以推知，比表面积越大，析氢过电位越小，导致析氢反应更易发生。因此，加入到铅炭电池中的炭材料的比表面积需要控制在适当的范围内，既保证一定的超电容特性，又要使析氢反应不易发生。

表面活性主要指的是炭材料表面的析氢活性位点，这与炭材料表面的物化性质以及表面碳原子周围的电子结构有直接的关系。因此，一方面可以通过调节炭材料的孔径结构与孔径分布选择合适的炭材料；另一方面，通过在炭材料中掺杂合适的杂原子或在炭材料表面引入其他的官能团，改变炭材料的表面特性，调节碳原子周围的电子云结构，对析氢反应的过程产生阻碍，从而抑制炭材料表面的析氢反应。

Bichat M P 等[12]分别在 600℃和 700℃的温度下，利用海藻作为碳源制备了表面含有大量含氧官能团的纳米炭材料，并利用循环伏安法在不同的电势区间内分别研究了两种材料的电容性能和析气性质，电解液为 1mol/L 的硫酸溶液，所得结果如图 3-5 所示。从图 3-5a 可以看出，循环伏安曲线具有明显的氧化还原峰，且由于 LN600 炭材料表面具有更高的表面含氧官能团，因此具有更明显的氧化还原峰及更高的比容量。同时，从图 3-5b 可以看出，具有更多表面含氧官能团的 LN600 不仅具有更大的比电容，而且还具有更大的析氢过电位。由此可以推知，在炭材料表面引入合适的含氧官能团不仅能够通过提供法拉第赝电容从而提高炭材料的比容量，还能够对炭材料的析氢性能产生明显的抑制作用。

Hong B 等[13]对掺 N 活性炭材料进行电化学分析，结果表面掺杂 N 的活性炭材料的析氢反应电位负移，并且析氢的速率也明显下降，活性炭的工作电位与铅酸电池的负极也更加匹配，如图 3-6 所示。掺 N 改性后活性炭的析氢抑制能力增强，可能归因于 N 原子具有更强的电负性，由于 N 原子对电子的吸引力更强，从而造成 C 原子周围的电子减少，导致 C 原子与 H 原子之间的吸引力变弱，从而抑制析氢。因此，通过在炭材料中掺杂其他杂原子（N、S、B、P、F 等）被视为是一种潜在的方法来抑制炭材料的析氢现象。

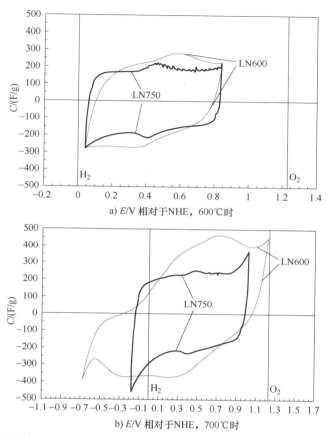

a) E/V 相对于NHE，600℃时

b) E/V 相对于NHE，700℃时

图 3-5　LN600 和 LN750 两种材料在 1mol/L 硫酸溶液中的循环伏安曲线（2mV/s）

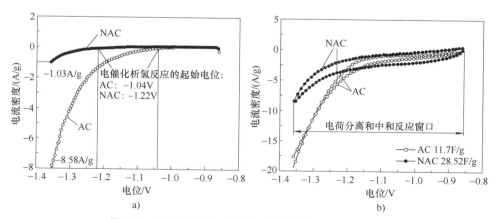

a)

b)

图 3-6　原始活性炭与掺杂 N 活性炭的 LSV 和 CV 图

　　此外，将两种炭材料分别制作成电极板，与铅酸电池的铅负极板并联后制成铅炭电池。测试结果如图 3-7 所示，在铅炭电池正常工作时，原始活性炭负极板（见图 3-7a）上由于发生了剧烈的析氢反应，从而显示出很大的析氢电流，这是由于原始活性炭析氢过电位低，在正常工作的电压范围内，析氢反应容易发生，消耗了大部分的能量，产生了很大的析氢电流。而在铅炭电池正常工作时，掺杂 N 的活性炭负极板（见图 3-7b）上所产生的析氢电流相较于原始活性炭大大减小，证明掺杂 N 的活性炭更加适合用于铅炭电池。

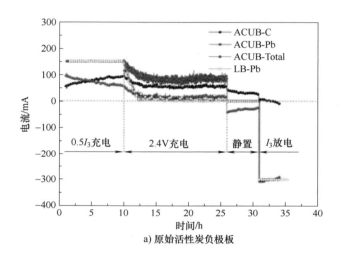

a) 原始活性炭负极板

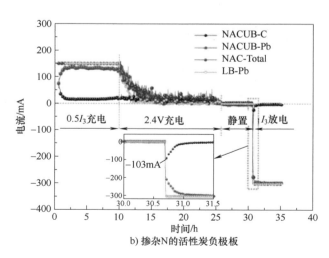

b) 掺杂N的活性炭负极板

图 3-7　加入原始活性炭与掺杂 N 活性炭极板的两种电池的电流分布图（彩图见书后插页）

Wang L[14]等采用不同表面修饰的方法制备了 4 种不同的活性炭材料，分别为 AC-空气、AC-酸、AC-碱和 AC-N800。未表面改性的活性炭和改性后的活性炭的结构参数如表 3-1 所示。图 3-8 是活性炭材料表面官能团的含量对比，主要为碱基官能团（alkaline group）、酚基官能团（phenolic group）、乳酸基官能团（lactonic group）和羧基官能团（carboxylic group）。循环伏安测试结果表明（见图 3-9 和图 3-10），碱性官能团可有效抑制活性炭表面的析氢反应，而酸性官能团则会加剧析氢反应的发生。但是，酸性官能团有利于铅颗粒在活性炭表面的沉积，铅的覆盖减小了活性炭与酸的接触面积，可从一定程度上抑制析氢反应，同时也有利于获得更长的 HRPSoC（High-Rate Partial-State-of-Charge）循环寿命。

表 3-1　多孔活性炭材料的结构参数

样品	比表面积/（m²/g）	平均孔径/nm	孔容/（cm³/g）	微孔孔隙率（%）
AC-空气	1424	1.90	0.68	55.9
AC-酸	1138	1.87	0.53	67.9
AC	1351	1.94	0.65	42.0
AC-碱	1205	1.86	0.56	69.8
AC-N800	995	1.89	0.47	62.1

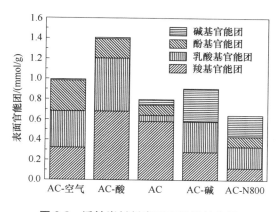

图 3-8　活性炭材料表面官能团的含量

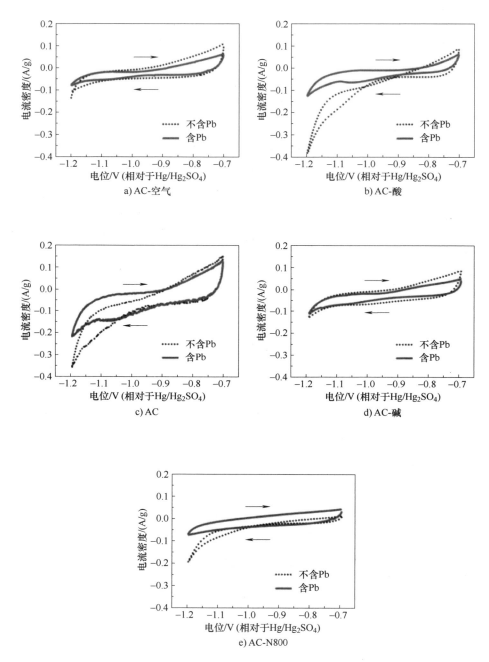

图 3-9 活性炭电极在 5mol/L H₂SO₄ 中的循环伏安曲线，扫描速率 1mV/s（一）

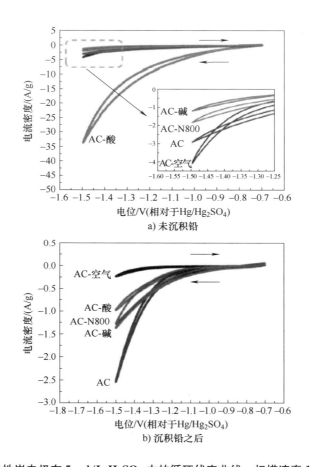

图 3-10　活性炭电极在 5mol/L H_2SO_4 中的循环伏安曲线，扫描速率 1mV/s（二）

Wang F 等[15]利用 P 原子对活性炭进行掺杂改性，结果如图 3-11 所示，从图中可以看出，与活性炭电极相比，P 原子改性活性炭电极具有更小的析氢电流和析氢起始电位。P 原子改性活性炭作为铅酸电池负极添加剂，电池的循环寿命达到 4332 圈，然而普通铅酸电池的循环寿命仅为 2896 圈。这表明 P 原子的掺杂显著抑制了在充电后期电池负极的析氢现象，有效提高了电池的循环寿命。综上所述，异原子掺杂改性炭材料可以改变炭材料表面活性和碳原子周围的电子分布，从而达到抑制析氢的效果。

3.2.2　析氢抑制剂

在炭材料或者电解液中添加适当的析氢抑制剂，是另一种能有效抑制铅炭负

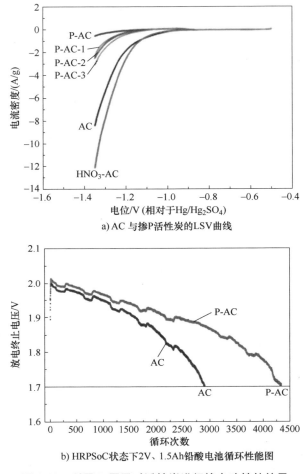

a) AC 与掺P活性炭的LSV曲线

b) HRPSoC状态下2V、1.5Ah铅酸电池循环性能图

图 3-11　利用 P 原子对活性炭进行掺杂改性的结果

极析氢的方法。从图 3-12 中可以明显看出，在给定的电压下，未添加抑制剂的电容电极的析氢电流最大。添加适量的添加剂后，电容电极的电流明显减小，接近铅电极的析氢电流。结果表明，在炭电容电极中添加一定量的添加剂可以有效地抑制析氢反应的发生。

国内外对析氢抑制剂的研究较为广泛，主要是将具有高析氢过电位金属、金属氧化物或金属化合物添加到炭材料中，从而达到抑制析氢的目的。

图 3-13 是 $\log i_0$ 和 M-H 键能的"火山"状图[16]。从图中可以看出，随着表面吸附氢键（M-H）的逐渐增强，最初对析氢反应氢离子的吸附过程有利，进而能够增大析氢反应的速度，但是如果吸附过于强烈，析氢反应的脱附过程又受到抑制，则反应速度又将下降。由图中所示的元素分布可以预测，钛、锌、银

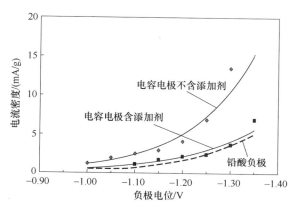

图 3-12　铅电极与添加或未添加抑制剂的电容电极的析氢速率[1]

等一些具有高析氢过电位的金属及其氧化物或氢氧化物都有可能作为抑制铅炭电池负极析氢的抑制剂。

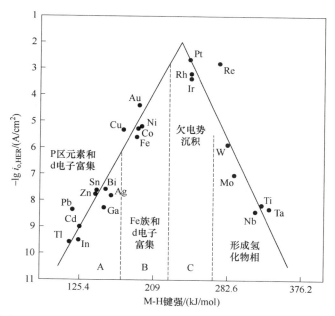

图 3-13　不同金属上析氢交换电流密度随 M-H 键强度的变化关系[16]

国内外研究人员通过化学沉淀法、球磨法或机械混合法将析氢抑制剂与炭材料进行混合，加入到铅炭电池负极，取得了较好的抑制析氢效果。

龙璐等[17]将不同质量分数的 SnO_2 添加到活性炭中，采用了循环伏安、线性扫描、恒流充放电、交流阻抗对其进行了电化学性能测试。实验结果表明，掺杂

适量的 SnO_2 对炭电极的析氢有一定的抑制作用，炭材料的电容性能有所提高，倍率性能也得到了改善。胡新春等[18]将多种不同的析氢抑制剂按 0.5% 的质量分数加入到活性炭材料中制成炭电极，电化学测试结果表明，加入一定量的析氢抑制剂对极板析氢现象有明显的抑制效果。

Xiang J 等[19]将 ZnO 和 $ZnSO_4$ 作为铅炭电池负极析氢抑制剂分别加入活性炭和电解液中进行抑制析氢测试，结果如图 3-14 所示，与铅酸电池相比，添加电化学活性炭后电池负极析出的氢气体积急剧增加，然而添加析氢抑制剂 ZnO 和 $ZnSO_4$，析氢反应得到较好的抑制，显示出其较好的析氢抑制效果，从而显著延长电池的循环寿命。研究从两个方面对析氢抑制剂的抑制析氢机理进行解释：

1) 与 H^+/H_2 电极电势相比，Zn^{2+}/Zn 的电极电势更正，这一现象显示出在充电过程中 Zn^{2+} 转化为 Zn 的电化学反应优先于析氢反应发生。Zn^{2+} 转化为 Zn 的电化学反应发生在活性炭和铅表面。然而在充电反应末期，析氢反应也发生在活性物质表面，由于活性炭与铅比具有更低的析氢过电位，因此析氢反应更容易在活性炭表面发生。优先生成的高析氢过电位的 Zn 会覆盖在部分活性炭的表面从而抑制活性炭表面析氢反应的发生。

2) 在电池过充条件下，电解液中的 H^+ 会结合电子在负极活性物质表面放电生成 H_2，与电化学活性炭（EAC）负极板相比，EAC+ZnO 负极板的孔隙率有所增加。通常负极板孔

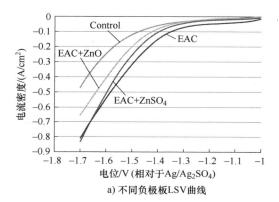

a) 不同负极板LSV曲线

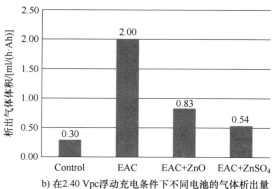

b) 在2.40 Vpc浮动充电条件下不同电池的气体析出量

图 3-14　抑制析氢测试结果

隙率越大，充电接受能力越强。在相同充电条件下，与 EAC 电极相比，EAC+ZnO 电极表面的析氢反应被抑制，换句话说，在相同的过充条件下，EAC+ZnO 电极具有更低的电流密度，显示出更低的析氢电流速率。

Rice D M[20]研究了 Pb-Bi 合金的析氢反应，结果显示铋的存在增大了析氢过电位。他们将含 0~5wt% Bi 的 Pb-Bi 合金置于 0.05mol/L 硫酸溶液中研究其析氢

性能。结果显示 Bi 的含量对析氢的效果有一定的影响，当 Bi 的含量为 0 ~ 0.27wt%时，Pb-Bi 合金对析氢的影响较为显著，当 Bi 的含量为 0.27 ~ 5wt%时，Pb-Bi 合金对析氢动力学的影响却不大。

Lam L T 等[21,22]研究了多种金属的析氢性能，认为铋能够减少氧气、氢气析出速率的机理是铋可以提高氧气在负极板上的再复合效率。同时也研究了多种金属对电池析氢的影响，结果显示 Cd、Zn、Sn 对负极板的析氢性能影响较小，Ni、Se 反而会加剧析氢现象，但是 Ag、Bi、Zn 同时作用，可以显著地抑制析氢反应。

Zhao L 等[23,24]将 Bi$_2$O$_3$、Ga$_2$O$_3$ 和 In$_2$O$_3$ 利用简单的合成方法加入到活性炭中，结果表明添加这三种析氢抑制剂能够提高活性炭的析氢过电位，从而减少氢气的析出。此外，将添加析氢抑制剂的活性炭材料按照一定的量加入到铅酸电池负极中，能够大大延长电池的寿命，且析氢抑制剂的添加量也对循环性能有较大的影响。如图 3-15 所示，添加 0.01wt% Ga$_2$O$_3$ 或 0.02 wt% Bi$_2$O$_3$ 时，电池具有较长的循环寿命。

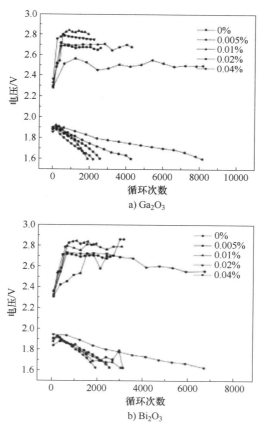

图 3-15 添加不同量 Ga$_2$O$_3$ 与 Bi$_2$O$_3$ 后电池的循环性能图

Tong P 等[25]利用活性炭材料表面吸附的特性，将 Pb（Ⅱ）作为吸附物吸附在活性炭的表面，成功制备了 Pb@C 材料。材料物理表征结果显示，Pb（Ⅱ）均匀分散在炭材料基体的表面。此外，电化学测试结果显示，与原始炭材料相比，Pb@C 材料不仅具有更高的比容量，并且具有更高的析氢过电位。将 Pb@C 材料用于制备铅炭电池，结果表明 Pb@C 材料与负极金属铅具有很好的相容性，且电池在高倍率部分荷电态（HRPSoC）状态下的循环性能也有很大的提高，说明 Pb@C 材料在铅炭电池中具有很高的潜在应用价值。

赵文超等[26]的研究表明，在 H_2SO_4 电解液中加入某些可溶性的硫酸盐会提高 $PbSO_4$ 的溶解度，有利于高倍率充电的进行。由于 Sn^{2+}/Sn 比 $PbSO_4/Pb$ 的电势更正，在充电时 Sn^{2+} 优先于 $PbSO_4$ 还原为 Pb 的过程，先还原为 Sn 原子。Sn 覆盖于 $PbSO_4$ 上会提高负极活性物质的导电性，使 $PbSO_4$ 还原更容易。而且，Sn 上的析出过电势比在 Pb 上要高，所以在负极活性物质加入 Sn 会降低析氢速率，提高充电效率。

3.2.3 催化阀

阀控密封电池的最主要特点是"氧复合"。电池充电过程中正极产生的氧气，通过玻璃纤维隔板扩散到达负极，与负极海绵状铅反应生成氧化铅，从而达到氧气在电池内部复合而不失水，其原理如图 3-16 所示。但是阀控密封电池的氧复合也带来了一些负面影响，诸如增加负极去极化、析氢电位降低、正极电位升高，析氧增加、正极板栅腐蚀、易热失控等。负极添加炭材料后，析氢过电位进一步降低，析氢反应加剧。当电池处于恒压充电时，负极电位的降低，导致正极电位的升高，又使板栅腐蚀和析氧反应加剧。

给电池安装催化栓，可以解决或缓解上述问题。催化栓将吸收单体电池顶部空间内的游离氧，并将它与始终存在于电池内的大量氢气再复合。这种方法大幅度减少了从电池排出的气体，最重要的是它可防止氧气到达负极板，减缓了因正极板的腐蚀反应而造成的负极板自放电反应。催化栓的工作原理如图 3-17 所示。

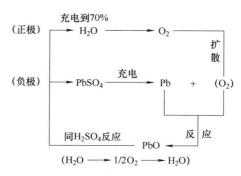

图 3-16 阀控密封电池的氧复合原理

美国 PS（Philadelphia Scientific）公司是最早研发和生产催化栓的公司。他们对使用催化栓和未使用催化栓的电池性能做了大量测试研究，认为催化栓，可以起到以下作用[27]：

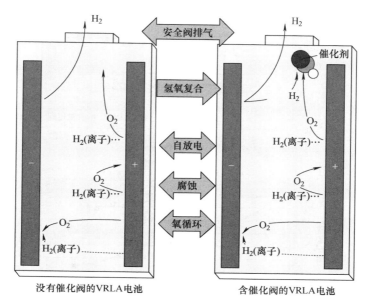

没有催化阀的VRLA电池　　含催化阀的VRLA电池

图 3-17　催化栓的工作原理

1）将浮充电流降低多达 50%；
2）将电池析气减少多达 80%；
3）减少因电解液干涸导致的电池失效；
4）将电池失水降至最低程度；
5）由于正极板腐蚀速率降低，电池的浮充使用寿命得以延长；
6）当电池在高达 30℃ 的温度下工作时，将达到其全部的设计寿命；
7）通过防止负极板发生去极化，从而维持电池全部的容量；
8）减少电池发生热失控的可能性。

Liu T S 等对比了使用催化栓与未使用催化栓的铅炭电池在浮充状态下的性能，如图 3-18 所示。采用催化栓后，电池在同等浮充条件下，浮充电流减小了一半，浮充寿命延长一倍以上。浮充循环 10 次（高温下浮充 10 个月）后，使用催化栓的铅炭电池失水量仅为普通铅炭电池的 30%。

一般将催化栓安装在电池的安全阀中，其基本结构包含栓体、疏水膜、滤气片和催化剂，如图 3-19 所示。

栓体：外壳用高温工程塑料制成，耐高温（最高可达 260℃），耐酸。

疏水膜：允许电池内的气体进入催化腔，并将复合成的水蒸气返回电池，同时还起到防止酸液在催化栓外喷溅的作用。疏水膜也可以调整气体扩散的速率，从而使催化栓的温度不会超过 93℃。

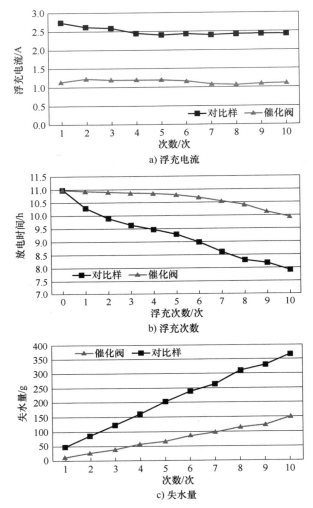

图 3-18 使用催化栓与未使用催化栓的铅炭电池性能对比

毒气过滤：具有双重功效的过滤材料防护层，保护活性材料免受 VRLA 电池内有毒气体的毒化。

催化材料：贵金属催化剂分散在颗粒状载体上，将氢气和氧气再复合成水蒸气。

3.2.4　合理的充电制度

合适的充电制度对于抑制铅炭电池的析氢失水十分重要。根据铅炭电池的正负极电势，调整电池的充电截止电压，使铅炭负极的电极电势保持在较高的值，可抑制析氢，延长铅炭电池的使用寿命。

　　朱俊生等[28]以 6-DZM-12 型电池为原型，在负极加入 0.5% 的活性炭，组装成"2 负 1 正"的模拟电池，研究了正、负极的析氧和析氢特性，如图 3-20 所示。熟正极板相对于 Hg/Hg_2SO_4 参比电极的开路电势约为 1.14V，熟负极板相对于 Hg/Hg_2SO_4 参比电极的开路电势约为 −1.04V，当用其组成"2 正 1 负"电池时，电池的开路电压约为 2.18V。当相对于 Hg/Hg_2SO_4 参比电极，铅炭电池正极电势充到 1.23V、负极电势充到 −1.22V 时，正、负极板的析气量比较少，此时对应的铅炭电池

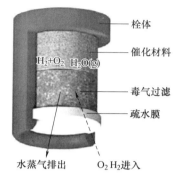

栓体
催化材料
H_2+O_2　$H_2O(g)$
毒气过滤
疏水膜
水蒸气排出　　　O_2 H_2 进入

图 3-19　催化栓的结构示意图

的充电电压为 2.45V。充电电压高于 2.45V，容易析出较多的氢气和氧气。

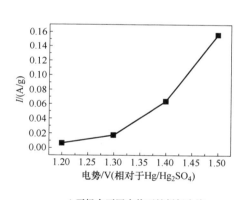

a) 正极在不同电势下的析氧电流

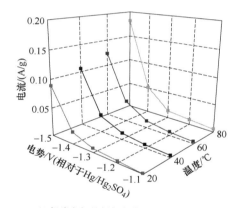

b) 铅炭负极的析氢电流-电势-温度曲线

图 3-20　模拟电池的特性

　　对模拟电池使用 2C 电流充电 1min，对充电电压—时间进行分析，如图 3-21 所示。当充电进行到 50s（对应充电电压 2.45V）后，充电电压增加速率迅速增大，说明电池可能发生了副反应（析氢或析氧反应）。为进一步说明这一问题，对图 3-21c 的曲线进行微分，得到图 3-21d。电池充电 0~27s（对应充电电压低于 2.31V），充电电压增加速率的变化值小于 0，说明充电电压增加速率在减小，电池在进行正常的充电反应；电池充电 27~47s（对应充电电压 2.31~2.41V），充电电压增加速率的变化值先达到一个极大值然后减小到 0，对应电池的充电平台；电池充电 47~60s，充电电压增加速率的变化值又开始增大，尤其是 51s 后增加明显变快（对应充电电压 2.45V），说明电池活性物质已完成充电，保持充电电流，电压会快速升高，导致析氢或析氧加快。

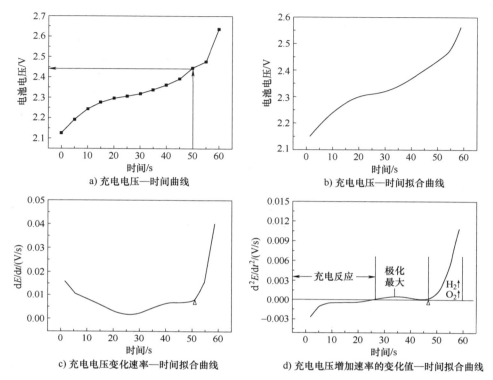

a) 充电电压—时间曲线

b) 充电电压—时间拟合曲线

c) 充电电压变化速率—时间拟合曲线

d) 充电电压增加速率的变化值—时间拟合曲线

图 3-21　铅炭模拟电池的充电电压—时间曲线、充电电压—时间拟合曲线、充电电压变化速率—时间拟合曲线、充电电压增加速率的变化值—时间拟合曲线

　　因此，朱俊生等认为，为了防止析氢，铅炭负极的充电势不宜比 -1.25V 更负（相对于 Hg/Hg_2SO_4），工作环境温度不宜高于 40℃；铅炭电池正极适宜的充电电势应在 1.25V 以下（相对于 Hg/Hg_2SO_4）；铅炭电池 2C 电流充电，截止电压宜控制在 2.45V 以下。

　　杨惠强等[29]研究了电动自行车用铅炭电池 12V、12Ah 在不同充放电截止电压下的正负极电势，由于动力电池的设计与储能电池不同，如酸密度较高、合金成本不同，故而充电限压值较高，但其研究方法对储能用铅炭电池充电制度的研究具有一定的借鉴意义。

　　在不同充电电压条件下，如图 3-22 所示，正负极电极电位极化和析气情况有明显差异，对电池的循环寿命有很大的影响。通过对实验数据的分析，优选出了充电限制电压为 2.67V/单体，在这样的限制电压下，电池的循环寿命最长，极化最小，失水也相对较少。电池的循环达 32350 次，放电稳定，每次循环失水仅 0.20mg。

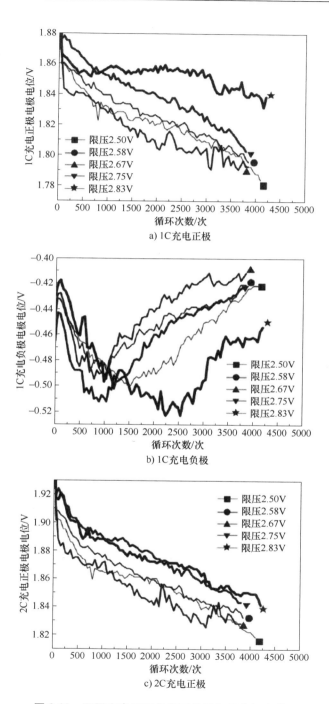

a) 1C充电正极

b) 1C充电负极

c) 2C充电正极

图 3-22　不同充电限压条件下的正负极电极电势

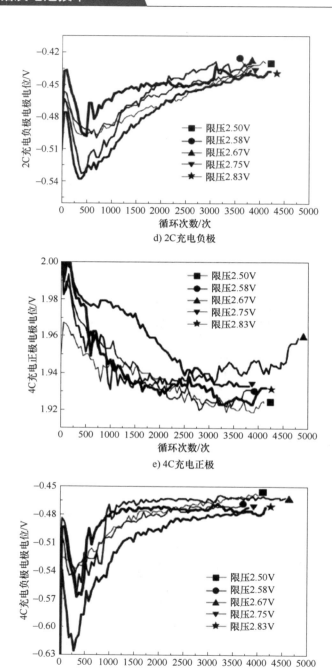

d) 2C充电负极

e) 4C充电正极

f) 4C充电负极

图 3-22　不同充电限压条件下的正负极电极电势（续）

　　浙江南都电源动力股份有限公司对储能铅炭电池的充电进行了大量的测试研究。如图 3-23 所示，按照部分荷电态（PSoC）循环，在循环初期，以 2.35Vpc 或 2.30Vpc 作为充电限压值，对电池的容量保持率和充电末期电流的影响不大。充电末期电流的大小即代表电池副反应（正极析氧和负极析氢）的多少。但是随着循环的进行，以 2.30Vpc 作为充电限压值，每次循环都处于略微欠充状态，即充入电量小于放出的电量，因此电池的容量开始缓慢下降。如果把充电限压值提高到 2.35Vpc，使电池的充入电量维持在放出电量的 102% 左右，此时电池的容量保持率趋于稳定，但是充电末期电流则快速增大，从 0.3A 增大到高于 3A，这使得电池失水加剧，不利于长期循环。随后，将电池限压重新调为 2.30Vpc，末期电流可以控制在 1~2A，但由于欠充的缘故，电池的容量衰减较快。

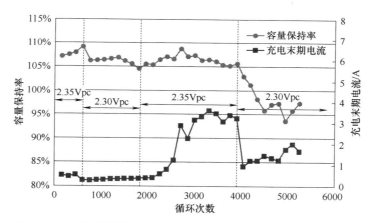

图 3-23　铅炭电池以不同充电限压的 PSoC 循环和充电末期电流的变化曲线

　　可见，合理的充电限压值对于铅炭电池获得长的循环寿命至关重要。在实际使用时，既要考虑循环过程中适当的过充（充入电量高于放电电量），又要保证充电末期电流控制在较小的水平。

参 考 文 献

[1]　Lam L T, Louey R. Development of ultra-battery for hybrid-electric vehicle applications [J]. Journal of Power Sources, 2006, 158 (2): 1140-1148.

[2]　Characterization of active carbons and understanding their hydrogen gassing properties in lead acid battery negative plates [Z]. ALABC research project 1012L report.

[3]　刘志豪. 碳材料和聚苯胺对超级电池负极性能的影响 [D]. 哈尔滨：哈尔滨工业大学，2014.

[4]　Gou J. Modeling and analysis of lead-acid batteries with hybrid lead and carbon negative electrodes [D]. Pennsylvania：The Pennsylvania State University, 2012.

［5］ Prosini P P, Pozio A, Botti S, et al. Electrochemical studies of hydrogen evolution, storage and oxidation on carbon nanotube electrodes ［J］. Journal of power sources, 2003, 118（1）: 265-269.

［6］ Dubey P K, Sinha A S K, Talapatra S, et al. Hydrogen generation by water electrolysis using carbon nanotube anode ［J］. international journal of hydrogen energy, 2010, 35（9）: 3945-3950.

［7］ Okido M, Depo J K, Capuano G A. The Mechanism of Hydrogen Evolution Reactionon a Modified Raney Nickel Composite-Coated Electrode by AC Impedance ［J］. Journal of the Electrochemical Society, 1993, 140（1）: 127-133.

［8］ Zhang B, Wen Z, Ci S, et al. Synthesizing nitrogen-doped activated carbon and probing its active sites for oxygen reduction reaction in microbial fuel cells ［J］. ACS applied materials & interfaces, 2014, 6（10）: 7464-7470.

［9］ Rosalbino F, Delsante S, Borzone G, et al. Electrocatalytic behaviour of Co-Ni-R（R＝Rare earth metal）crystalline alloys as electrode materials for hydrogen evolution reaction in alkaline medium ［J］. International Journal of Hydrogen Energy, 2008, 33（22）: 6696-6703.

［10］ Abbaspour A, Mirahmadi E. Electrocatalytic hydrogen evolution reaction on carbon paste electrode modified with Ni ferrite nanoparticles ［J］. Fuel, 2013, 104: 575-582.

［11］ Moseley P T, Nelson R F, Hollenkamp A F. The role of carbon in valve-regulated lead-acid battery technology ［J］. Journal of power sources, 2006, 157（1）: 3-10.

［12］ Bichat M P, Raymundo-Piñero E, Béguin F. High voltage supercapacitor built with seaweed carbons in neutral aqueous electrolyte ［J］. Carbon, 2010, 48（15）: 4351-4361.

［13］ Hong B, Yu X, Jiang L, et al. Hydrogen evolution inhibition with diethylenetriamine modification of activated carbon for a lead-acid battery ［J］. RSC Advances, 2014, 4（63）: 33574-33577.

［14］ Wang L, et al. Effect of activated carbon surface functional groups on nano-lead electrodeposition and hydrogen evolution and its applications in lead-carbon batteries ［J］. Electrochimica Acta, 2015（186）: 654-663.

［15］ Wang F, Hu C, Wang K L, et al. Phosphorus-Doped Activated Carbon as a Promising Additive for High Performance Lead Carbon Batteries ［J］. RSC Adv, 2017（7）, 417-437.

［16］ Conway B E, Jerkiewicz G. Relation of energies and coverages of underpotential and overpotential deposited H at Pt and other metals to the 'volcano curve' for cathodic H_2 evolution kinetics ［J］. Electrochimica Acta, 2000, 45（25）: 4075-4083.

［17］ 龙璐, 施利勇, 邹献平, 等. 掺杂 SnO_2 对超级电池中炭电极的影响 ［J］. 蓄电池, 2014, 51（5）: 195-198.

［18］ 胡新春, 张慧, 陈飞, 等. 硫酸体系超级电容器碳负极材料的研究 ［J］. 电池工业, 2011, 16（3）: 131-134.

［19］ Xiang J Y, Ding P, Zhang H, et al. Beneficial effects of activated carbon additives on the performance of negative lead-acid battery electrode for high-rate partial-state-of-charge operation［J］. Journal of Power Sources, 2013（241）: 150-158.

［20］ Rice D M. Effects of bismuth on the electrochemical performance of lead/acid batteries［J］. Journal of Power Sources, 1989（28）: 69-83.

［21］ Lam L T, Douglas J D, Pillig R, et al. Minor elements in lead materials used for lead/acid batteries［J］. Journal of Power Sources, 1994（48）: 219-232

［22］ Lam L T, Ceylan H, Haigh N P, et al. Influence of residual elements in lead on oxygen and hydrogen-gassing rates of lead-acid batteries［J］. Journal of Power Sources. 2010, 195（14）: 4494-4512.

［23］ Zhao L, Chen B, Wu J, et al. Study of electrochemically active carbon, Ga_2O_3 and Bi_2O_3 as negative additives for valve-regulated lead-acid batteries working under high-rate, partial-state-of-charge conditions［J］. Journal of Power Sources, 2014（248）: 1-5.

［24］ Zhao L, Chen B, Wang D. Effects of electrochemically active carbon and indium（III）oxide in negative plates on cycle performance of valve-regulated lead-acid batteries during high-rate partial-state-of-charge operation［J］. Journal of Power Sources, 2013（231）: 34-38.

［25］ Tong P, Zhao R, Zhang R, et al. Characterization of lead（II）-containing activated carbon and its excellent performance of extending lead-acid battery cycle life for high-rate partial-state-of-charge operation［J］. Journal of Power Sources, 2015（286）: 91-102.

［26］ 赵文超, 刘孝伟, 周龙瑞, 等. 硫酸亚锡在电动自行车 VRLA 电池中的应用［J］. 电池工业, 2004, 9（1）: 11-14.

［27］ 美国 Philadelphia Scientific 公司官方网站. https://www. phlsci. com/

［28］ 朱俊生, 王殿龙, 陈飞, 等. 铅炭电池析氢与负极电势关系的研究［J］. 蓄电池, 2013, 50（3）: 103-106.

［29］ 杨惠强, 马换玉, 陈飞, 等. 铅炭蓄电池充电电压的研究［J］. 蓄电池, 2014, 3（51）: 104-107.

第4章

铅炭电池的制造工艺

4.1 铅炭电池的制造

4.1.1 铅炭电池的主要原材料

1. 铅

铅，化学符号为 Pb，是淡青白色的重金属，密度为 $11.34g/cm^3$，质软易于切开，在 327.3℃时熔化，400~500℃逸出大量铅蒸气，凝固时体积收缩 3.5%。在空气中迅速氧化而在其表面形成一层氧化铅。铅酸电池和铅炭电池活性物质用铅均为电解粗铅而得到的电解铅，纯度可达 99.99%。

2. 合金

铅锑合金，化学符号为 Pb-Sb，是传统开口电池的板栅合金材料，缺点是氢气（H_2）在 Sb 上的析出过电位低，即 H_2 易析出，很难做成密封电池。一些低锑合金也用作密封电池的板栅，但循环性能不理想。

铅钙锡铝，化学符号为 Pb-Ca-Sn-Al，优点是：不易析氢，适合做密封电池的板栅材料。缺点：不适合深放电循环。Ca 的作用：提高导电性；Sn 的作用：提高机械强度及浇铸性能，但价格昂贵；Al 的作用：保护 Ca，使其不被烧损。通过调整合金中元素的比例，或引入新的元素，可以改善铅钙合金的深放电循环性能，使其适用于储能场景。

3. 氧化铅

氧化铅，化学符号为 PbO，是土黄色的铅的氧化物，密度为 $9.67g/cm^3$，与稀硫酸易发生化学反应，生成硫酸铅和水，并放出大量的热。固化后生极板的土黄色即为含有大量 PbO 的缘故。

4. 二氧化铅

二氧化铅，化学符号为 PbO_2，主要有 $\alpha\text{-}PbO_2$ 和 $\beta\text{-}PbO_2$ 两种晶型。二氧化

铅是红褐色的铅的二氧化物，密度为 $9.37g/cm^3$。化成后熟极板正板的颜色即为含有大量 PbO_2（85% 以上）所致。

5. 硫酸铅

硫酸铅，化学符号为 $PbSO_4$，密度为 $6.32g/cm^3$，不溶于酸和水，若生成致密而粗大的硫酸铅晶体，则发生不可逆的"硫酸盐化"，导致电池失效。

6. 碱式硫酸铅

三碱式硫酸铅，化学符号为 $3PbO \cdot PbSO_4 \cdot H_2O$，简写为 3BS；四碱式硫酸铅，化学符号为 $4PbO \cdot PbSO_4$，简写为 4BS。两者为和膏及固化时极板的主要成分，4BS 主要在合膏温度过高（高于 65℃）及固化温度高（超过 70℃）时生成。4BS 不易转化成活性物质，对电池初始容量不利，但能提高电池循环寿命。

7. 硫酸

硫酸，化学符号为 H_2SO_4，密度（15℃时）为 $1.8384g/cm^3$，是无色透明的油状液体。铅酸蓄电池常用的硫酸密度为 $1.04 \sim 1.40g/cm^3$（25℃），稀释硫酸时一定要将少量硫酸放到水中再搅拌，以便热量的散发。

8. 隔板

酸存在的情况下，隔板仍保持 10% 左右的孔不被淹没，作为氧气传输的通道。它的优点有：孔率高、孔径适中、抗拉强度好、电阻率低等。开口式电池一般采用聚乙烯（PE）、聚氯乙烯（PVC）等作为隔板。阀控式密封电池则采用吸附式玻璃纤维隔板（AGM），除了孔隙率、拉伸强度、电阻率以外，还对隔板的压缩和回弹性能有所要求。

9. 添加剂

除炭材料以外，铅膏中的添加剂还包括短纤维和负极膨胀剂。

（1）短纤维

短纤维根据使用材料不同，一般分为聚脂纤维（涤纶材料）、PP 纤维（丙纶材料）和聚丙烯腈纤维（腈纶材料），不同的材料具有不同的性质，在合膏中使用的短纤维除直径、长度外，在 70℃ 酸中的耐酸性以及在酸中的分散性（是否沉降）对极板的性能都有影响。

短纤维在正负铅膏中都要使用，主要作用是：增加活性物质的机械强度，防止脱落，从而提高循环性能。少量增加有助于硫酸向电极内部扩散，可以提高正极板孔率，提高初容量，但多加入对初容量不利。

（2）负极膨胀剂

未经循环使用的铅负极，具有高度发达的比表面积，又有 50% 的孔隙率。这种状态的活性物质具有很高的表面能量。在热力学上，这种高能量体系是不稳定的，有向能量减小方向自发变化的趋势。表现为负极板紧结、变硬、少空隙。

负极膨胀剂的功能：防止在循环过程中负极活性物质表面积收缩。这些物质可吸附在电极表面上，通过降低表面张力使体系的能量减小，活性物质的真实表面积则不收缩；去钝化作用，即影响负极在放电过程中形成的硫酸铅结构；膨胀剂对氢气在铅负极上析出有一定的阻化作用。常用膨胀剂有硫酸钡、炭黑和木素。

硫酸钡的作用：①放电时为硫酸铅的结晶中心，这样不会产生形成硫酸铅晶核必需的过饱和度，不会生成致密的硫酸铅；②由于生成多孔疏松的硫酸铅层，有效地抑制了负极的钝化；③防止铅表面收缩。

炭黑的作用：①改善活性物质导电性；②提高活性物质的孔隙率；③在金属铅和硫酸铅结晶过程中调节表面活性物质或有机膨胀剂的分布，从而改善电极的充电接受能力。

有机膨胀剂（如木素、腐殖酸等）的作用：①在充电时防止负极活性物质表面积收缩；②在放电时对负极的钝化有抑制作用，特别是低温大电流放电时。

4.1.2 铅炭电池的主要零部件

1）板栅：由铅合金经过模具铸造形成栅格状的物体，用于支撑活性物质、传导电流。

2）极板：板栅上涂膏后称为极板，它提供电化学反应的活性物质，也是电化学反应的场所。根据所涂铅膏性质的不同，分为正极板和负极板。

3）隔板：储存电解液；作为氧气复合的气体通道；防止活性物质脱落；防止正负极之间短路。

4）槽盖：槽体盛装极群，槽体的厚度及材料直接影响到电池是否鼓胀变形。盖体用于安全极柱、安全阀等，并与槽体以胶封或热封的形式实现密封。

5）极柱：直接焊接在汇流排上，用以连接连接条，形成串联或并联回路，传导电流。

6）安全阀：安全阀安装在电池盖上，由阀体和安全阀片共同组成，使电池保持一定内压，提高密封反应效率；过充电或高电流充电时，安全阀打开排出气体，防止电池变形甚至发生爆炸；防止外界空气进入电池；防止电解液挥发。

4.1.3 铅炭电池的制造流程

铅炭电池属于铅酸电池的一种，其制造过程基本与传统铅酸电池相同，包括铅粉制造、极板制造、电池组装、电池化成等部分（见图4-1）。

1. 铅粉制造

铅粉是制造正负极活性物质的主要原材料，质量合格、性能稳定的铅粉是电池质量的重要保证。铅蓄电池中使用的铅粉，并非是粉末状的纯铅颗粒，而是表

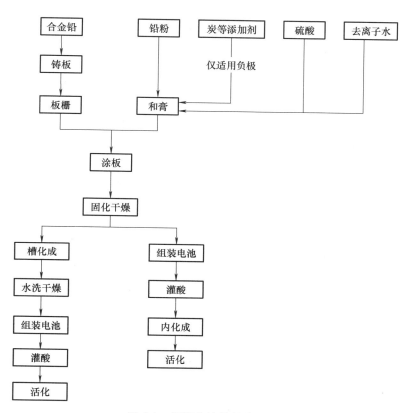

图 4-1　铅炭电池的制造流程

面覆盖一层氧化铅的金属铅的双相体颗粒状粉末物。铅粉的颜色，由颗粒中氧化铅含量、颗粒结构和尺寸大小等因素来决定，随着氧化度的增加，粉末由黑色逐渐变为黄绿色或灰黄色。

　　制造铅粉一般采用球磨和气相氧化两种方法。

　　球磨法是首先将铅锭铸成铅球或铅块，然后装入球磨机进行研磨，并鼓风氧化成铅粉，又称为哈丁式、风选式或筛选式研磨法。国内目前主要采用风选式或筛选式研磨法制造铅粉。主要设备是球磨机，铅粉机的性能、结构及设计的合理性，以及生产过程中环境温度、湿度等直接影响到铅粉的性能和质量。制得的铅粉呈片状结构，氧化度比较低。

　　气相氧化法是将铅块在反应锅内熔化后，在气相氧化室内把熔融铅液搅拌成铅的小雾滴并使之与空气充分氧化而制取氧化铅粉末的一种方法，又称巴顿制粉法。目前在欧美各国使用比较多，优点是产量大、能耗小。铅粉呈现圆形颗粒状，氧化度较高。

铅粉的关键技术指标包括氧化度、视密度、吸酸值、杂质等。

氧化度：铅粉中氧化铅重量占铅粉重量的百分比叫做氧化度。铅粉的氧化度必须严格控制。氧化度过高的铅粉会使生极板产生裂纹、脱皮、酥松等现象，造成电池寿命缩短。氧化度过低的铅粉，不但影响到和膏时的吸酸量和吸水量的变化，而且和膏时铅膏松散，粘附性差，不易涂片，化成时间长，电池初期容量低，影响极板与电池的质量。

视密度：铅粉自然堆积起来单位体积的重量叫做视密度。视密度是铅粉氧化度、颗粒尺寸、颗粒结构等多种因素的综合性能。铅粉视密度大，表示铅粉颗粒粗，和膏时不易氧化，并且铅膏视密度也会相应增大，用此铅膏涂板，会造成极板孔率减少，极板容量低。铅粉视密度过小，则氧化度高，用来和膏时，会使氧化度更高，做成电池可能初始容量高，但电池寿命短。因此铅粉氧化度和视密度两者应配合适当，才能保证电池质量。

吸酸值：每克铅粉吸收酸的毫克数为铅粉的吸酸值，它反映了铅粉与硫酸反应能力大小的程度，一般来说，铅粉的氧化度越高、颗粒越细、视密度越低，铅粉的吸酸值较高。

杂质：铅粉中的某些杂质会使电池自放电增大，严重的造成极板活性物质脱落，大大缩短电池的寿命。

2. 板栅铸造

铅蓄电池中板栅的作用主要表现在两个方面：一为集电作用，即通过边框及筋条，尤其是纵向筋条，起传导和汇集电流并使电流分布均匀的作用；二为支撑作用，即通过边框及筋条，特别是横向筋条，对活性物质（铅膏）起支撑的作用。

由于板栅有以上的作用，因此，蓄电池板栅应具备以下条件：

1）板栅的结构能使活性物质结合牢固；

2）电阻要小，以便加强导电能力；

3）板栅的结构应使电流均匀分布；

4）板栅的结构不妨碍活性物质的膨胀、收缩，不然容易使活性物质脱落和发生龟裂与极板翘曲；

5）板栅的组分与晶粒结构应耐腐蚀。

普遍使用的制造方法是重力浇铸，把熔融的液态合金浇入处于一定温度下的模腔，在重力的作用下充满整个模腔，冷却后得到铸件。熔铅锅一般设定在500℃左右（过低会影响流动性能，过高会影响浇铸性能并增加铅蒸汽的挥发）。铅液从熔铅锅抽上来后，进入铅勺，用煤气灼烧铅勺给铅液加热，然后铅液流入模具。

板栅模具由两个半模组成，活动的叫动模，不动的叫定模，动模和定模的上半部分是上模，下半部分是下模，一般下模的温度比上模高一点，目的是延缓下模的凝固时间。模内按板栅筋条设计要求开好槽沟，有排气道，一般还有加热管和冷却水管，用来调节模具的温度。

为了使铸造好的板栅完整地从模具中脱离出来，防止粘在模具上面，铸造前要在模具表面喷上脱模剂。脱模剂还有隔热作用，即起到保温作用，防止铅液因过早冷却而出现断筋等铸造缺陷，同时因减慢合金表面层的结晶速度，使其内外层均匀凝结，改善了晶粒结构，提高了耐腐蚀性能。脱模剂还能使排气更顺畅，减少断筋和气孔。喷模操作过程中要求做到模具各处均匀，喷模的厚薄能微量的调节板栅的厚度。

板栅从模具脱离下来后要把浇铸口外多余的部分切掉，同时进行刮掉毛刺等修整工作。对外观、重量和厚度等进行首检，合格后才能开始生产。

刚铸出的板栅较软，难以涂板，必须进行"时效"硬化，即存放一段时间后使用，为缩短时间，也可以在一定高温下存放。因为放置过程中，固溶体因溶解度减小而析出细小弥散的第二相，使之强化。铅钙合金具有非常明显的时效强化效应，其强化只与含钙量有关，钙含量为 0.1% 的合金时效后具有最大的硬度及强度值。

总之，要制造质量优良的板栅，必须具备以下 4 个条件：①合理的铸模结构；②正确的工艺；③良好的合金材料；④正确的喷模技术。

3. 和膏

将铅粉与添加剂在和膏机中混合均匀，加入水和一定浓度的硫酸溶液，再用搅拌机拌均匀，混合成膏状的过程称为和膏。和膏时加水的过程一定要快，防止金属铅大量氧化。铅粉中的铅应在固化过程中完成氧化，以保证极板良好的性能和机械强度。快速加酸是不允许的，否则会导致铅膏温度急剧升高，影响铅膏的相组成。

和膏用的铅膏要求在加压时很容易变形，容易填充到板栅栅格内；铅膏的水分应保持足够的时间，以使固化过程中游离铅尽量氧化；在固化及干燥过程中，应保持均匀的、较小的体积收缩，且不出现局部的过度收缩和明显的裂纹；在化成后产生均匀一致的、符合特定要求的活性物质表观密度，以满足对蓄电池性能和寿命的要求。

铅炭电池的和膏工序与关键控制点将在 4.2 节详细描述。

4. 涂板

涂板是把和膏后的铅膏和板栅粘压在一起而制成极板的过程。该过程是一种挤压成形，用手动刮板或机器把一定量的铅膏均匀地压在板栅格子内的过程。现代化的工厂均采用带式涂板机填涂。涂板初期要对所涂好的极板进行称重，确定填涂板栅上的铅膏重量符合要求。特别对 VRLA 蓄电池，为防止各道工序的不均匀导致最后浮充电压的不均匀，在涂板时必须严格控制每片极板的重量，定时进行检测。

涂膏后的极板经辊压后直接进入表面干燥炉进行表面干燥，表面干燥的目的是使极板表面薄层快速干燥，当极板密排时不相互粘连，又能保证极板中的含水量维持一定值，此值不能低于9%，太低将影响极板的固化，表面干燥后的极板密排在铁架上，除去边框四周等多余的铅膏后转入固化工序。

5. 固化

涂好的极板要在控制相对湿度、温度和时间的条件下，使其失水后形成可塑性物质，进而凝结成微孔均匀的固态物质，此过程称为固化。固化的过程是各种碱式硫酸铅的变化和再结晶过程，从而提高了极板的强度。

在使用过热的蒸汽或温度大于70℃时固化，活性物质开始由原来的 $3PbO \cdot PbSO_4 \cdot H_2O(3BS)$ 转化为粗糙的 $4PbO \cdot PbSO_4(4BS)$，在结晶转变过程中，伴随着极板的颜色由淡黄色转变成桔黄色，在80℃条件下，活性物质的主要成分为4BS。4BS比3BS产生更强、更长的针状晶体，而且相互交错，构成活性物质的骨架结构，可以增大极板强度，延长蓄电池的循环使用寿命。4BS和3BS按一定比例构成，可以克服铅钙、低锑合金引起的早期容量损失。4BS可以满足现代化机械高速涂板的需要，但是4BS铅膏的初期容量较低。生极板强度增加的另外一个原因是由于在极板表面逐渐形成碳酸盐薄层。

在固化的过程中，可以使铅膏中的残余游离铅进一步氧化成氧化铅，同时形成碱式硫酸铅，提高了活性物质的容量。当铅膏中水分含量减少到7%~8%时，铅自发氧化和氧化产生的热反应速度较快，此时会产生大量的热量，反过来贡献到极板的干燥过程。铅的氧化需要空气中的氧，而氧气要溶解在水分子中并扩散到铅表面，才能起反应。铅膏中水分太多，这个扩散过程显著减慢，所以氧化速度反而减少，水分太少则氧化速度也很少。生极板中的游离铅含量只有降到最低水平，才能既提高活性物质的质量又能提高生极板的机械强度，从而改善极板的电性能。

固化能使板栅表面腐蚀成氧化铅，从而增加板栅筋条与活性物质之间的连接牢度。板栅表面腐蚀情况是固化过程中十分重要的指标之一。它关系到极板乃至于整个电池的性能，特别是与电池的使用寿命有直接关系。固化要在一定的湿度下进行，并且需要较长的固化时间才能使板栅表面腐蚀达到理想状态。

6. 化成

铅炭电池在生产过程中，极板的化成方式主要有槽化成和内化成两种方式。槽化成工序，又称外化成，是将熟极板装配成电池后进行活化。内化成工序，又称电池化成，是把生极板直接装配成电池后进行活化。这两种方法各有利弊，对比如表4-1所示。

表 4-1　槽化成与内化成的优劣对比

项目	内化成	槽化成
工艺性	工艺相对简单，占地面积小，省工序，成本低	工艺相对复杂，多一道工序，占地面积大
化成电液密度	$1.2 \sim 1.27 \mathrm{g/cm^3}$	$1.05 \sim 1.1 \mathrm{g/cm^3}$
化成电液量控制	电液量控制准确比较困难，电液过多过少都影响电池的液密与容量	控制很容易
极板存储	生负极板无存储问题	熟负极板含炭，存储过程易吸水氧化
电池性能	极板化成比较难彻底	极板化成彻底，其活性物质能有90%的转化率
污染情况	化成析出酸雾少，易控制	化成析出酸雾多，污染严重
电池初期容量	电池初期容量一般较低	电池初期容量一般较高
成本	低	高

　　传统蓄电池采用槽化成，但槽化成对环境的污染较大，已不能适应时代的需要，同时内化成相对成本较低廉，随着市场竞争的激烈，内化成的优点已引起许多厂家的重视。由于各个厂家电池设计上存在的差异，很难采用统一的工艺，不同厂家需经过大量的实验，才能摸索出适合本企业的内化成工艺。

　　总体而言，铅炭电池的正极板、板栅、隔板和电解液等与传统铅酸电池相同，生产工艺和设备可基本沿用。铅炭电池的关键工艺与核心制造技术在于两各方面，一是炭材料在负极的均匀分散，涉及和膏与涂板工序；二是需要开发特殊的化成充电制度，以保证炭材料表面不会析出大量气体造成极板鼓包（槽化成）或电池失水（内化成）。

4.2　和膏工序与关键控制点

4.2.1　和膏的要求与控制点

　　和膏过程结束时，铅膏的相组成主要是：Pb、PbO、$3PbO \cdot PbSO_4 \cdot H_2O$（3BS）、$PbO \cdot PbSO_4$（1BS）、$Pb(OH)_2 \cdot H_2O$。在一定情况下，$3PbO \cdot PbSO_4 \cdot H_2O$ 会转化为 $4PbO \cdot PbSO_4$（4BS）。铅膏中的相组成对极板的容量和循环寿命影响很大，特别是正极。1BS、3BS、4BS 使用上述三种成分制成的极板的寿命依次延长。

1. 铅粉

铅粉中含有 α-PbO 和 β-PbO 两种氧化铅，α-PbO 是四方晶型的氧化物，优先生成 3PbO·PbSO$_4$·H$_2$O（3BS），在循环中有较好的容量，而 β-PbO 有助于 4PbO·PbSO$_4$（4BS）的形成，具有较好的循环寿命。一般铅粉的氧化度在 60%～80% 之间较为合适，氧化度太低，所得铅膏容易松散不粘，不好涂板，涂后的极板也容易发生起皮和脱落；氧化度太高，一般铅粉颗粒较细，制出的铅膏虽然比较粘，但干燥后易开裂，降低寿命。

2. 铅膏的含酸量和含水量

铅膏中的硫酸含量直接影响铅膏相组成，间接影响化成后正极板中 β-PbO$_2$ 和 α-PbO$_2$ 的比率，从而影响其容量和寿命。如果加入硫酸太多，生成一种碱式硫酸铅，1BS 会使铅膏结构松散，失去可塑性。

铅膏配方中用水量和硫酸量对铅膏的影响：①增加水量能提高活性物质的孔隙度；②增加硫酸量也可以提高活性物质的孔隙度但降低活性物质强度；③增加水量和酸量能降低铅膏视密度；④随着酸量的增加，铅膏凝固的速度加快；⑤铅膏粘度随水量增加而减小，在一定范围内随加入酸量的增加而增大。

3. 和膏温度

和膏温度对铅膏组成有重大影响。即使所用铅粉全部为 α-PbO，在 80℃ 和膏的条件下，经过 40～50min 可以生成 4PbO·PbSO$_4$（4BS）。

4. 铅膏视密度

铅膏配方确定后，铅膏的性能指标主要是控制铅膏的视密度。因为极板的容量是由活性物质的数量和利用率决定的，铅膏视密度低时，在一定体积内涂填的活性物质就要少些，但活性物质孔隙率高，硫酸易于扩散，放电时活性物质的厚度深，从而利用率高。对于正极板而言，太低的铅膏视密度会导致活性物质在循环过程中容易软化脱落，铅膏和板栅粘附性较差，所以对正极有一个最小的极限视密度。负极铅膏的视密度要求不高，但为了多涂填活性物质，视密度应比正极铅膏稍大一些。

铅膏视密度并不取决于铅膏物相的比例，而是取决于固相与液相的比例（见图 4-2）。铅膏视密度的改变对固化后铅膏的成分以及电池容量的影响很小，但会显著影响电池的循环寿命。随着铅膏视密度的增加，尤其是对于硫酸/铅粉比值较低的铅膏，电池寿命得以延长。

铅膏针入度是表征铅膏硬度的指标，它用来控制铅膏涂板的工艺性。针入度太高，则极板很容易掉膏、粘膏，极板的铅膏也易变形；若针入度太低，则极板不易涂满，而且涂板时极板易受压而变形，同时针入度过高还会造成极板孔率过高，从而降低极板的寿命。

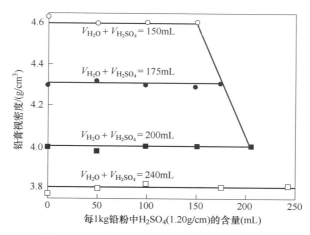

图 4-2 液体总量一定时，铅膏视密度与每千克铅粉的关系[1]

5. 铅膏均匀性

铅膏的均匀与否取决于和膏工艺、和膏机设计及其技术参数，这对铅炭电池负极是个十分重要的指标，尤其是和膏初始材料的分散度，对最终铅膏的均匀性至关重要。可以通过对极板断面的微观形貌和成分表征来评价铅膏的均匀性。图 4-3 是铅炭负极板断面的金相样品和显微照片。

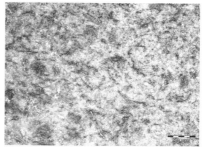

图 4-3 铅炭负极板断面的金相样品（左）和显微照片（右）（彩图见书后插页）

4.2.2 炭材料的分散

由于炭材料密度一般在 $0.2 \sim 0.3 \mathrm{g/cm^3}$，而比表面积较大，一般却在 $500 \sim 1000 \mathrm{m^2/g}$，铅密度为 $11.34 \mathrm{g/cm^3}$，比表面积只有 $0.5 \mathrm{m^2/g}$ 左右，两者的物性差异较大。按照传统的铅酸电池和膏工艺，往往不能有效把炭材料均匀分散在铅膏中。

对于高表面活性的炭材料，采用预分散技术，以高速分散机预先将炭材料在水溶液中进行分散，形成悬浊液，然后在和膏的过程中，分多次缓慢加入，可有效实现低密度、高比表面积炭材料与高密度、低比表面积铅粉的均匀分散。图 4-4 是采用预分散技术得到的铅炭负极板的截面背散射电子照片，其中浅灰色区域对应的是铅，而深灰色区域对应的是炭，炭材料均匀分散在极板中。为了使炭材料在水中分散后具有一定的稳定性，可以加入适量的木素。木素溶于水，具有较大的表面张力，可避免炭材料在水中的快速沉降。此外，木素本身就是铅酸电池负极的常用添加剂，因此在预分散过程中加入木素，并不会额外引入新的物质，但是需要严格计算整个和膏过程中木素的总添加量。图 4-5 和图 4-6 分别是纳米级动态分离式研磨设备和高速分散设备，均可以用于炭材料的预分散。

图 4-4　铅炭负极板的截面背散射电子照片（浅灰色——铅，深灰色——炭）

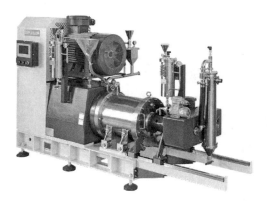

图 4-5　纳米级动态分离式研磨机（广东派勒智能）

除了预先分散形成水性浆料的方法以外，对炭材料进行预处理，提高铅和炭的相容性，也可以实现炭材料在铅膏中的均匀分散。陈建、相佳媛等[3] 提出了一种铅石墨烯复合材料，将铅颗粒通过电化学沉积的方法覆盖在石墨烯微片表面，这种铅石墨烯复合材料可以与铅粉均匀混合，增大铅粉与炭材料的接触界面，充分发挥铅活性物质与石墨烯的协同作用，缓冲瞬间大电流，抑制负极表面

图 4-6　高速分散机（合肥科晶材料技术有限公司）

的硫酸盐化，大大提高负极充电接受能力，从而显著改善电池的 HRPSoC 循环性能。与直接在负极铅膏中加炭材料相比，可实现炭材料在负极铅膏中的均匀分散，稳定铅膏结构，防止铅膏脱落。

4.2.3　和膏设备

　　正负极铅膏虽然都用铅粉、硫酸和水等原材料混和而成，不同的是负极铅膏中要加入负极添加剂（悬浮液），正、负极铅膏必须分开和膏（最好不用同一台和膏机）。若使用同一台和膏机，必须先和正膏再和负膏，而且保证前次和完负膏后完全清洗干净。因为负极的添加剂中的硫酸钡虽然对负极有利，但对正极而言却会引起铅膏的软化、掉膏和脱落。

　　比较早期的和膏设备有 Z 型、碾式和双轴连续式，结构简单，操作方便，造价低。开放式结构的和膏设备，和膏时粉尘大，工人劳动强度大，对环境污染重。目前，应用广泛的是浆叶式和膏机，密闭式结构的和膏设备，粉尘排放低于国家标准，改善了工作条件。其运行平稳可靠，自动化程度高，操作方便，定量准确，铅膏搅拌均匀，性能良好，生产效率高。当铅膏和搅拌浆以 9~11r/min 的速度相向旋转时，可获得性能良好的铅膏。

　　图 4-7 是由德国 Mschinenfabrik Gustav Eirich 公司生产的带有真空冷却系统的和膏机，主要包括铅粉存储单元、全自动称量和输送系统、反应器和膏斗。其自动称重和输送系统适用于所有铅膏组分，包括干粉或悬浮液形式的添加剂等。该和膏机配套自动控制软件，对各个和膏步骤进行自动控制，包括铅膏各组分的称

量、投料，以及控制混合时间等。同时，也可以实现对铅膏温度和稠度变化的连续控制。

为了制备符合要求的铅膏，连续温控显得非常重要。目前，主流的三类冷却系统为抽风冷却、抽真空冷却和水冷加层冷却。

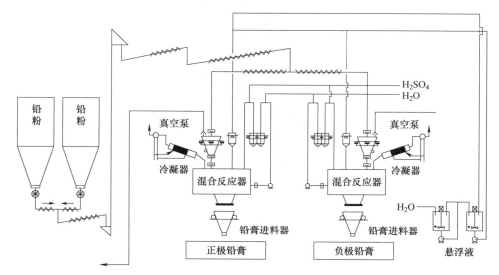

图 4-7 和膏设备示意图

4.3 化成工序与关键控制点

4.3.1 铅炭电池的化成过程

1. 正极的化成过程

正极板的化成分为两个阶段，如图 4-8[4] 所示。第一阶段，碱式硫酸铅氧化形成 PbO_2，带有化学计量系统的通用反应方程式如图中所示。参数 θ 为参与电化学反应（B）的 Pb^{2+} 数量，Pb^{2+} 参与反应（C）形成 PbO_2；（$1-\theta$）代表剩余的 Pb^{2+}，它们参与反应生成 $PbSO_4$（反应 D）。

系数 m 代表碱式硫酸铅中的 "PbO 分子"。如果铅膏仅由 PbO 组成，则 $m=\infty$。PbO 和 $PbSO_4$ 对应的 m 值分别为 0 和 1。如果铅膏中只有 $PbSO_4$，则 $m=0$，对应的反应系数是 0 和 1。对于 3BS 铅膏，则 $m=3$。电化学和化学反应在已化成的 PbO_2 和未化成的铅膏之间的反应层中进行。

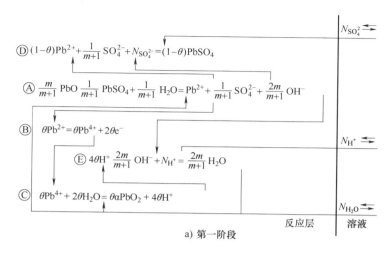

a) 第一阶段

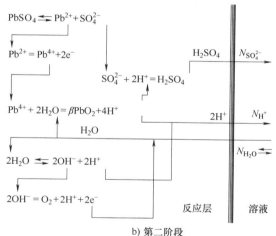

b) 第二阶段

图 4-8　正极板化成过程所发生的反应[4]

从图中还可看出，为了保持反应持续进行，在反应层和外部溶液之间需要 H^+ 离子和 SO_4^{2-} 离子，以及 H_2O 的交换。水交换非常快，并不是限制因素。反应的进行取决于铅膏成分、电流密度、电解液 pH 值等，H^+ 离子流和 SO_4^{2-} 离子流可能进入或离开反应层。极板化成反应将向 H^+ 和 SO_4^{2-} 离子流移动速度最高的方向推进。

板栅是固化极板中唯一的电子导体。铅膏是具有高阻抗的半导体，而 PbO_2 则具有电子导电能力。因此，化成反应从板栅筋条开始，此处形成的 PbO_2 再向其他部位生长。最终在内部和表面都形成具有电化学活性的二氧化铅。

由于固化铅膏和化成反应产物的颜色不同，铅的氧化物和碱式硫酸铅为白色或黄色，而 PbO_2 为深褐色或黑色，故而可以很容易地了解整个极板的化成反应速度。

在化成第一阶段，这种颜色差异使得很容易区分极板中的已化成部分和未化成部分。

2. 负极的化成过程

化成期间负极铅膏的成分变化如图 4-9 所示，反应过程也可分为两个阶段。第一阶段的反应涉及碱式硫酸铅的水化和溶解反应，形成 Pb^{2+}、SO_4^{2-} 和 OH^-。部分 Pb^{2+} 被还原成 Pb，剩余部分与 SO_4^{2-} 反应形成 $PbSO_4$。OH^- 被来自外部溶液的 H^+ 中和，生成 H_2O。

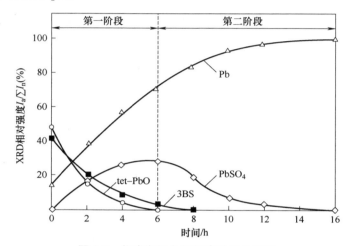

图 4-9　化成期间负极铅膏的成分变化

如图 4-10 所示，化成第一阶段的反应式中，系数 m 代表碱式硫酸铅中的 "PbO 分子"。如果铅膏仅由 PbO 组成，则 $m = \infty$。PbO 和 $PbSO_4$ 对应的 m 值分别为 0 和 1。如果铅膏中只有 $PbSO_4$，则 $m = 0$，对应的反应系数是 0 和 1。对于 3BS 铅膏，则 $m = 3$。

为了保持基本电中性，反应层必须与外部电解液交换 H^+ 离子和 SO_4^{2-} 离子，只有这样，反应才能进行。而反应的第二阶段，不仅生成 Pb，还生成了 H_2SO_4，极板内部的 H_2SO_4 将向外部溶液扩散。

不同化成阶段，铅晶体在不同 pH 环境下生长。化成第一阶段，反应层的溶液 pH 为中性或弱碱性，生成的铅结构为 "初生结构"。化成第二阶段，形成 H_2SO_4，Pb 在 H_2SO_4 溶液中形成 Pb^{2+} 离子，铅晶体生长于酸性溶液中，形成的结构为 "次生结构"。"初生结构" 和 "次生结构" 的铅晶体形态差异较大。

4.3.2　负极化成的结构变化

添加不同炭材料的铅炭负极的成分和结构不尽相同。浙江南都电源动力股份有限公司的相佳媛、丁平等[3]研究了添加活性炭、炭黑、石墨烯的不同铅

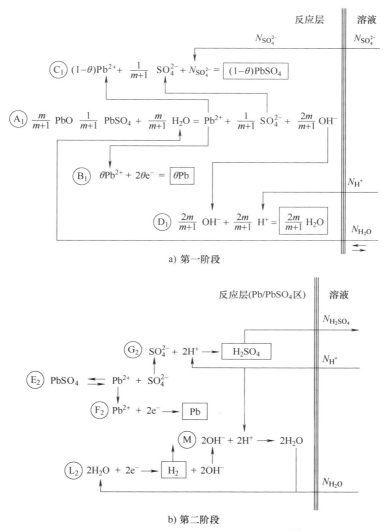

a) 第一阶段

b) 第二阶段

图 4-10　负极板化成过程所发生的反应[4]

炭负极在化成前后的成分及微观结构变化,并与普通铅酸电池负极进行了对比。如表 4-2 所示,在极板固化后(即化成前),4 种极板的成分均为 α-PbO、三碱式硫酸铅(3BS)和一碱式硫酸铅(1BS),其中 3BS 的含量相差不大,占比为 43%~53%。但是 1BS 和 α-PbO 的含量则明显不同,普通铅酸电池负极生板中 1BS 的含量仅为 2%,而添加 0.5% 石墨烯后,1BS 的含量增加至 7.81%,添加 1% 活性炭或 1% 炭黑的负极生板中,1BS 的含量更是升高至 18.59% 和 17.80%。相应地,添加 1% 活性炭或 1% 炭黑的负极生板中 α-PbO 的含量较低,不足 40%。而普通铅酸电池负极生板的 α-PbO 含量为 45%。

表 4-2 不同铅炭负极在固化后的特性参数

编号	炭材料类型和添加比例（wt%）	比表面积/（m²/g）	孔隙率/（%）	孔径/μm	真密度/（g/cm³）	XRD 测定的物相组成 PbO+3BS+1BS = 100%
1	活性炭 1%	3.59	45.9	0.29~0.31	7.39~7.57	α-PbO 38.13%，3BS 43.28%，1BS 18.59%
2	炭黑 1%	3.14	47.0	0.24~0.28	7.47~7.85	α-PbO 29.95%，3BS 52.25%，1BS 17.80%
3	石墨烯 0.5%	2.17	46.5	0.28~0.34	7.30~7.90	α-PbO 40.95%，3BS 51.24%，1BS 7.81%
4	对照	2.00	43.6	0.27~0.28	7.72~7.86	α-PbO 45%，3BS 53%，1BS 2%

　　化成后负极的成分发生了较大的变化，如表 4-3 所示，在普通铅酸电池负极熟板和添加 1% 活性炭的熟板中，主要成分为活性 Pb 和极少量的 α-PbO。添加石墨烯的负极熟板中 α-PbO 的含量有所上升，而添加炭黑的负极熟板中，不仅 α-PbO 的含量增加，还存在 29.04% 的 PbSO₄。产生这一差异的主要原因在于碳材料的吸水吸酸特性。极板化成后一般经过水洗，去除极板内的硫酸，炭黑的存在使得负极的水洗不够彻底，残留的硫酸在保存过程中，与 Pb 发生反应，生成

了 PbSO$_4$。同时，由于炭黑易吸潮，故而在熟板的存放过程中吸收空气中的水分，水与极板中的活性铅反应生成 α-PbO。经研究表明，这部分的 α-PbO 和 Pb-SO$_4$ 可以在后续电池的充放电过程中可逆转化，并不会对容量产生负面影响。

化成前后，铅炭负极活性物质的比表面积、孔隙率、孔径以及真密度等参数也显示在表 4-2 和表 4-3 中。

表 4-3　不同铅炭负极在化成后的特性参数

编号	炭材料类型和添加比例（wt%）	比表面积/（m²/g）	孔隙率（%）	孔径/μm	真密度/（g/cm³）	XRD 测定的物相组成 Pb+α-PbO+PbSO$_4$=100%
1	活性炭 1%	4.49	48.4	2.57~3.02	7.65~7.93	1.91% 98.09% ■Pb □α-PbO ■PbSO$_4$
2	炭黑 1%	2.02	49.8	0.90~0.94	5.89~7.93	18.17% 29.04% 52.79% ■Pb □α-PbO ■PbSO$_4$
3	石墨烯 0.5%	0.87	51.6	3.01~5.01	7.83~8.86	9.78% 90.22% ■Pb □α-PbO ■PbSO$_4$
4	对照	0.43	52.6	2.03~2.20	9.22~9.65	1.10% 98.90% ■Pb □α-PbO ■PbSO$_4$

此外，化成前后的极板 SEM 图如表 4-4 和表 4-5 所示。从微观形貌上看，铅炭负极在化成后的颗粒度有所增大，孔隙更丰富。不同极板之间的差异并不明显。

表 4-4　不同铅炭负极在固化后的 SEM 图

编号	炭材料类型和添加比例（wt%）	SEM 1000x	SEM 5000x
1	活性炭 1%		
2	炭黑 1%		
3	石墨烯 0.5%		
4	对照		

表 4-5　不同铅炭负极在化成后的 SEM 图

编号	炭材料类型 和添加比例 （wt%）	SEM 1000x	SEM 5000x
1	活性炭 1%		
2	炭黑 1%		
3	石墨烯 0.5%		
4	对照		

4.3.3 化成工艺参数

1）化成电流。化成电流决定了电化学反应速率以及正、负极板所发生的电化学反应速率。化成电流设计得当，既能使极板性能最佳，同时也可缩短化成时间，并使水分分解降至最低，保障化成效率。

2）温度。化成温度不应超过50℃。设计化成制度时应考虑温度限制。如果化成期间的温度低于60℃，则正极铅膏中会形成 α-PbO₂，电池初始容量较低，而活性物质更坚固稳定，电池循环寿命长。如果化成温度高于60℃，正极铅膏中 β-PbO₂ 含量大幅高于 α-PbO₂ 含量，电池循环会受到负面影响。由于膨胀剂在高温下会分解，高温也会影响负极板的化成效果和循环稳定性。此外，温度高于60℃时，水分解电压降低，化成反应速率下降。而且，高温加速了正极板栅的腐蚀。

3）电池电压。化成电压应控制在较低水平以减少氢气和氧气析出。化成电压的设定要依据化成温度、板栅合金类型、硫酸浓度、负极中炭的含量而定。通常，可接受的化成电压上限为 2.60~2.65Vpc。

4）通过极板的电量。理论上，1kg PbO 转化为 Pb 或 PbO₂ 需要241Ah 的电量。实际生产中，化成 1kg PbO 需要 1.5~2.2 倍的理论电量，即 360~530Ah/kg PbO。化成所需电量根据极板厚度、固化铅膏成分、颗粒尺寸，以及化成电流和电压。

5）硫酸浓度。硫酸浓度影响极板浸酸和化成期间的硫酸盐化反应，并因此影响活性物质结构和成分。

4.3.4 铅炭电池的化成制度

如果采用极小的电流对铅蓄电池充电两周以上，则化成可以接近其理论容量（241Ah/kg，PbO）。然而，电池生产厂家考虑生产效率等因素，不会允许这么长的化成时间。一般在 15~30h，甚至更短时间完成化成。这样一来，每 kg 铅膏的充电量就增加了 1.7~2.5 倍。正负极板发生的电化学反应速率取决于电流密度，增大化成电流伴随着反应热效率和释放出的焦耳热增加。这使得电池温度上升，电池温度是一个重要的工艺参数，应保持一定值。

1. 恒流化成制度

恒流充电是最简单的化成程序，整个化成期间采用恒流充电，而不考虑电解液温度和电池电压。图 4-11 展示了 12V、20Ah 阀控式密封电池在化成期间的电压、温度和析气速率变化情况[5]。采用 2.2A 恒流化成充电 36h，即充入 79.2Ah

电量（3.96 倍额定容量）。化成过程前 6h，正负极板中的 PbO 和碱式硫酸铅与电解液中的酸发生反应生产 $PbSO_4$，正极转换为 PbO_2，负极转换为 Pb，相较于不导电的 $PbSO_4$，PbO_2 为半导体，Pb 为金属。因此正负极的活性物质的导电性明显提升，电池极化减少，气体析出速率低，化成效率高。在该阶段，电池电压先是下降然后缓慢增加，某些情况下，温度上升到一定值之后不变。化成过程的前 24h，充入电量为额定容量的 2.64 倍。然后电池电压快速升高，温度快速上升。同时析气速率也快速增加。这引起正极板强烈析氧，负极板强烈析氢。析出气体将正极活性物质和负极活性物质孔隙中的电解液挤出，电池活性物质与电解液的接触面积下降，引起电阻增大，电池极化增加，进而导致气体析出增加，化成效率降低。

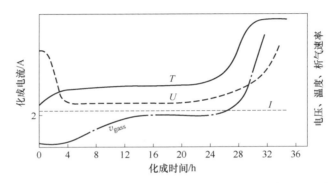

图 4-11　12V、20Ah 电池以恒流 2.2A 化成期间的电压、温度和析气速率的变化情况[5]

如图 4-12 是容量为 1Ah 的铅炭电池模型电池化成过程的电位变化过程，可以看到化成过程中的前 1h，负极电位上升，这时板栅表面形成一层接触铅，铅骨架和 Pb、$PbSO_4$ 晶带开始生长，并覆盖极板表面。当极板表面被 Pb、$PbSO_4$ 带覆盖后，铅骨架生长方向改成向固化铅膏的内部。当这个生长过程深入到极板中心时，充满 Pb 和 $PbSO_4$ 晶带孔中的电解液的电阻上升，该过程对应着负极电位的缓慢下降。最终当 PbO、三碱式硫酸铅还原为 Pb 骨架和形成 $PbSO_4$ 晶体时，该 $PbSO_4$ 晶体再依次被还原为 Pb，极板电位持续下降，当低于 H_2 析出电位时，水开始分解。当化成进行到一定阶段，负极电位会急剧下降，并且由于负极炭材料的引入，析气进一步加剧，产生的大量气体可能会导致活性物质脱离，发生"鼓泡"现象（见图 4-13）。

2. 多阶段化成制度

研究化成制度就是为了降低多余的能量消耗，使得电池温度、电压等值在合适的范围内，以保证电池具有高性能，同时尽可能地缩短化成时间，提高化成效

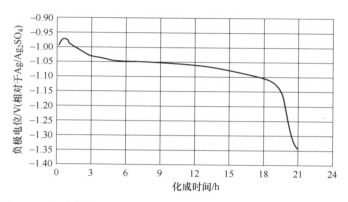

图 4-12　1Ah 铅炭电池模型电池化成过程的电位变化过程（化成电流 0.1C）

图 4-13　以恒流化成后的 1Ah 铅板负极板

率。设定化成电流时，应根据电解液温度和气体析出速率，考虑不同阶段发生的具体反应，特别是铅炭电池负极，过多的析气会对负极结构造成灾难性影响。负极板比正极化成更快，一般铅酸电池根据正极化成状态监控化成进度，但铅炭电池由于炭材料的引入，导致负极析气的增加，在监控正极的同时需要观察负极状态。

美国的 J. A. Mas 通过实验，得出蓄电池可接受充电电流如下式：

$$i = I_0 e^{-\alpha t} \tag{4-1}$$

式中，i 为可接受充电电流；I_0 为起始最大电流；α 为表示接受率的常数。

将公式描绘成电流曲线（见图 4-14），可接受充电电流随着充电时间呈指数下降。这条曲线就是著名的马斯曲线，又被称为铅酸蓄电池最佳充电曲线，它对铅炭电池同样适用。

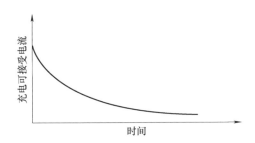

图 4-14　蓄电池最佳充电曲线（马斯曲线）

但实际电池化成刚开始时，由于正负板栅表面的腐蚀层硫酸盐化，电阻较高，电流经过时容易产生较大的极化，电池电压会大于水的分解电压，使得氢气、氧气过早产生。因此在化成初期采用一个较小的电流，然后随着反应进行，正、负极活性物质生成后，电池内阻降低，极化减小，可以逐步增加电流，当反应到一定程度以后，到达水分解电位，析气量增加，需要逐步减小充电电流。多阶段恒流化成工艺根据这一思路，包括多个电流增大和减小的阶段（见图 4-15），该工艺在能量消耗和电池性能方面最佳，但化成时间相对较长[7]。

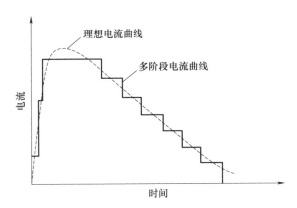

图 4-15　多阶段恒电流化成制度

3. 脉冲化成制度

在化成进行一段时间后，正、负极电势开始升高，伴随着 $PbSO_4$ 在正、负极上分别转化为 PbO_2 和 Pb，H_2O 也开始发生分解。在这个过程中，极板内部生成的 H_2SO_4 扩散至外部溶液，H_2O 进入正极内部，补充消耗的 H_2O。而此时正负极内部生产大量的氧气和氢气，气体充满了孔隙后分别从正负极板内部析出。这导致气体占据了相当一部分孔隙，导致发生电化学反应的表面积减小，H_2SO_4 和 H_2O 扩散受到影响，电池极化加剧，化成过程中发热更加明显，化成的速率明显减慢。

为了改善这种情况，研究人员在充电过程中对脉冲化成技术进行了尝试和实践研究。在充电过程中加入放电负脉冲，或加入一定静置时间也可以减弱极化。但脉冲过程中加入的脉冲放电步骤可能需要充入额外的容量来抵消脉冲放电释放出的部分电量，导致化成时间加长、能量效率降低。但如果脉冲设置合适，减弱极化使充电效率提升，减少的充入电量大于脉冲放出电量，从而降低总充入电量。也可以考虑增加脉冲充电的电流值，使得平均充电电流提升，从而降低总化成时间。班涛伟等[7]在化成过程中引入正负脉冲技术，在正脉冲化成时，瞬间给予负脉冲去除极化，从而降低化成时的温升，减少失水，提高化成效率（见图4-16）。

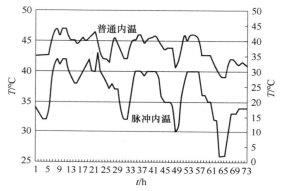

图4-16 不同化成方式下电池内部温度[7]

Diniz F B 等人[8]研究了脉冲充电时间、脉冲占空比、脉冲电流等参数对正极活性物质转化率和 β-PbO$_2$/α-PbO$_2$ 比例的影响（见表4-6）。相比传统的恒流化成，脉冲化成可以提高正极中的 β-PbO$_2$ 含量，从而提升电池初容量。较高的脉冲占空比、较低的脉冲频率使化成效率更高，对高4BS含量的极板效果更明显。

表4-6 不同脉冲参数化成正极活性物质 XRD 分析结果[8]

设备	时间/h	脉冲长度/ms	电流/A	β-PbO$_2$/α-PbO$_2$	4BS（%）	PbO$_2$（%）
Profile 1∶1						
1	10	4	4.32	3.3	26	44
2	20	4	2.16	2.1	5	75
3	10	400	4.32	1.9	12	54
4	20	400	2.16	2.0	4	71
5	10	4000	4.32	2.9	17	53
6	20	4000	2.16	2.4	3	63

（续）

设备	时间/h	脉冲长度/ms	电流/A	β-PbO$_2$/α-PbO$_2$	4BS（%）	PbO$_2$（%）
Profile 1∶3						
7	10	4	2.88	2.6	19	50
8	20	4	1.44	2.3	9	66
9	10	400	2.88	4.3	11	52
10	20	400	1.44	3.1	3	74
11	10	4000	2.88	3.2	11	58
12	20	4000	1.44	2.1	3	70
Profile 3∶1						
13	10	4	8.64	6.8	12	46
14	20	4	4.32	2.1	5	67
15	10	400	8.64	3.4	13	51
16	20	400	4.32	1.8	5	67
17	10	4000	8.64	2.1	12	57
18	20	4000	4.32	2.5	8	64

4.4　连续制造技术

4.4.1　连续和膏技术

　　传统和膏工艺是非连续的，铅膏需要在和膏机中搅拌分散 20~50min 后转移到一个中转存储罐中用于涂板，然后再进行下一锅铅膏的生产。这种非连续的方式存在生产效率低、温度控制困难、混合搅拌不均匀、铅膏一致性差等缺点。

　　日本三菱重工公司开发了卧式双轴搅拌设备（见图 4-17），可对高粘度物料提供高强度剪切，得到较好的混合效果，还能使搅拌叶片之间以及叶片与罐体之间达到较好的自清洁。

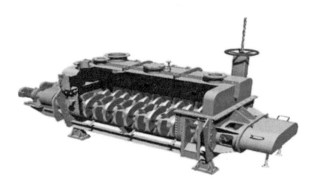

图 4-17　三菱重工卧式双轴搅拌设备

瑞士 LIST 公司在连续捏合技术上也作出开拓性贡献，开发出逆向旋转混捏机（Opposite Rotating Processor，ORP）和同向旋转混捏机（Co-Rotating Processor，CRP）两种双轴卧式混捏机，如图 4-18 所示，它们具有工作容积大、传热面大等特点。这两种双轴设备都能够以连续或间歇方式来搅拌。搅拌双轴上装有多个 U 形的叶棱片，双轴旋转过程中，叶棱片相互啮合所产生的动态轮廓线确保了在搅拌槽中没有死角，保证搅拌效果同时达到自除垢作用[9]。

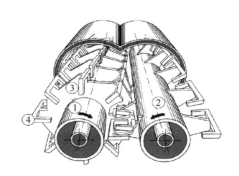
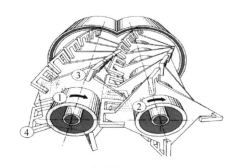

a）逆向旋转混捏机ORP　　　　　　　　　b）同向旋转混捏机CRP

图 4-18　ORP 和 CRP 工作原理[9]

1—主搅拌　2—清理轴　3—搅拌桨　4—捏合杆

苏州大学的张炎等人[10]根据铅酸蓄电池和膏特性，设计了一种双螺旋连续和膏搅拌轴（见图 4-19），理论铅膏出料量可达 2.32t/h，同时设计了搅拌轴中空冷却结构，较好地解决和膏过程因冷却温度不均所造成产品质量不一致的问题。

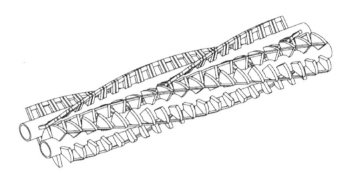

图 4-19 双螺旋连续和膏搅拌轴[10]

4.4.2 连续板栅制造技术

为解决传统重力浇铸生产板栅时能耗高、铅污染风险高、生产效率低的问题,从 20 世纪 80 年代开始,国际铅酸蓄电池行业开始进行板栅连续制造的研究。连续板栅生产一般包括两个过程:铅带的生产和板栅的成型。

铅带生产主要有连铸连轧和直接连铸两种方式。连铸连轧是首先铸造出 10mm 以上的铅板,然后经过数道辊轧轧制,最终得到厚度 1mm 或以下的铅带(见图 4-20)。采用连铸连轧工艺获得的合金中,气孔等缺陷大幅减少,合金变得更加致密,合金晶粒尺寸和结构发生了变化,抗拉强度和耐腐蚀性能得以提升(见图 4-21 和图 4-22)。

图 4-20 连铸连轧示意图

直接连铸是将铅合金直接在一个大滚筒上浇铸成厚度 1mm 或更薄的铅带,这种生产方式一次成型,效率高,但铅液只能通过上表面冷却,而且冷却速度快,生成的晶胞多贯穿整个铅带,制成的板栅容易因为晶界腐蚀而发生断裂,因此这种方式生产的铅带一般用于负极。近年来,通过优化合金成分和改善工艺过程,该技术也可以用于正极板栅的生产。图 4-23 是采用加拿大 Cominco 公司的连铸设备制造的铅钙合金铅带的金相照片。此外,直接连铸的铅带表面类似桔子

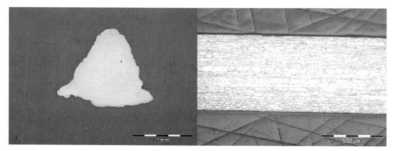

重力浇铸 连铸连轧

图 4-21 铅钙锡合金不同生产工艺的金相图

重力浇铸 连铸连轧

图 4-22 动力稀土合金不同生产工艺的金相图

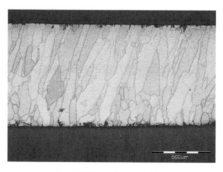

图 4-23 Cominco 公司连铸设备生产的铅钙合金铅带的金相

皮，与连铸连轧铅带相比更粗糙，与铅膏结合力较好（见图 4-24）。

从铅带到板栅分为拉网与冲压两种工艺。拉网板栅连续生产工艺，是采用扩展方法，对铅带进行切口加工，然后对切口的铅带进行扩展拉伸，形成一种棱形的网栅结构（见图 4-25）。这种生产方式成本低、生产效率高，没有边角料产

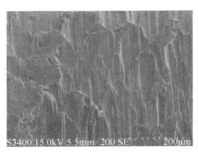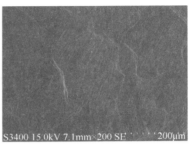

图 4-24　直接连铸和连铸连轧铅带的 SEM 照片（左图为直接连铸铅带，右图为连铸连轧铅带）

生，能耗大幅降低。但菱形网孔的几何结构取决扩展过程，汇集电池的筋条没有朝向极耳，因此拉网板栅的电阻高于传统铸造板栅，而且优化空间有限[11]。由于过程中铅带被反复拉伸，板栅金相结构容量出现应力及损伤，作为正极使用时容易出现腐蚀（见图 4-26）。随着生产工艺的改进和合金成分的优化，拉网板栅的腐蚀得到大幅抑制，近年来逐渐在汽车起动电池生产中应用。

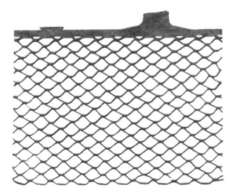

图 4-25　一种拉网板栅　　　　　　　图 4-26　拉网板栅腐蚀的金相照片

　　冲压板栅连续生产工艺，是采用模具对铅带进行冲切，直接生产出板栅。这种方式生产效率高，产能可达 30~60m/min。与拉网生产过程一样，不再过多依赖操作人员的个人技能，适合于板栅型号相对单一的生产情况。而且板栅结构设计自由度较大，可以根据电流压降分布情况进行优化设计，在相同用铅量的情况下，采用该技术制造的板栅制作的电池内阻更小。如图 4-27 是瓦尔塔一款用冲压板栅生产的电池。但在冲压铅带生产板栅的过程中，产生大量的边负料，需要回炉，这一比例达 70%或更高，因此能耗较大。

　　为进一步提升生产效率，降低能耗，研究人员开发出连续滚筒铸造板栅工艺，可以实现板栅的一步连续直接成型。图 4-28 是韩国 KMT 公司制作的一个连铸滚筒。和重力浇铸类似，滚筒表面加工了复杂的板栅型腔。熔化的铅合金注入滚筒表面的浇铸模具中，滚筒内部有一套冷却装置使板栅快速冷却凝固，滚筒转运铸造成型的板栅从滚筒表面分离，连续不断被生产出来。这种生产方式，直接一步生产出板栅，生产效率高，而且过程中没有边角料产生，能耗也大幅降低。但目前这套工艺只能用于生产薄型板栅，限制了其应用。

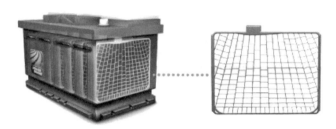

图 4-27　瓦尔塔冲压电池示意图

图 4-28　韩国 KMT 公司的连铸滚筒

参 考 文 献

［1］　Pavlov D，Papazov G. Dependence of the properties of the lead-acid battery positive plate paste on the processes occurring during its production［J］. Journal of Applied Electrochemistry，1976（6）：339.

［2］　Vogel H J. Modern technology for the preparation of battery paste［J］. Journal of Power Sources，1994（48）：71.

［3］　陈建，相佳媛，丁平，等. 一种含有铅石墨烯复合材料的铅炭电池负极板：201210372173.7［P］. 2012-9-29.

［4］　Pavlov D，Papazov G. Zone Processes at the Formation of the Lead Acid Battery Positive Plate ［J］. Journal of the Electrochemical Society，1980（127）：2104.

［5］　Pavlov D，Iliev V. An investigation of the structure of the active mass of the negative plate of lead—acid batteries ［J］. Journal of Power Sources，1981-1982，7（2）：153-164.

［6］　ALABC Project 1315-STD1. Development and Test of an Advanced VRLA Battery with Carbon-modified Negative Active Mass for Energy Recovery Applications in Port Cranes and Elevators ［C］. Third Semi-annual Progress Report，2015.

［7］　班涛伟，李金辉. 正负脉冲化成技术研究［J］. 蓄电池，2016，53（5）.

［8］　Flamarion B Diniz，Lucila Ester P Borges，Benício de B Neto. A comparative study of pulsed current formation for positive plates of automotive lead acid batteries ［J］. Journal of Power Sources，2002，109（1）：184-188.

［9］　陈志平，章序文，林兴华. 搅拌与混合设备设计选用手册 ［M］. 北京：化学工业出版社，2004.

［10］　张炎. 铅酸蓄电池双螺旋连续和膏技术的研究 ［D］. 苏州：苏州大学，2014.

［11］　德切柯·巴普洛夫. 铅酸蓄电池科学与技术 ［M］. 段喜春，苑松，译. 北京：机械工业出版社，2015.

第5章
铅炭电池在储能应用中的特性及经济性分析

5

5.1　铅炭电池的性能特点

5.1.1　储能的应用场景与模拟测试方法

　　储能的价值贯穿电力系统的发电、输配电和用电环节。储能技术包括机械储能（如抽水蓄能、飞轮储能、压缩空气储能等）、热储能（如熔盐蓄热储能）和化学储能（如电池储能、电化学电容器储能），其中电池储能具有灵活方便等特点，同时减少了传输装置及传输损失，代表了化学储能的主要研究方向。电池储能可应用于电力系统的各个环节，如可再生能源并网、分布式发电与微网、发电侧调峰/调频、配网侧的电力辅助服务、用户侧的分布式储能，以及重要部门和设施的应急备用电源（见图5-1）。

　　电池储能系统的性能需求取决于广泛的市场应用，其额定功率、额定能量、功率与能量比、放电时间等方面各不相同。图5-2显示了各种储能应用的额定功率和额定能量范围。例如，对于调频应用，可能不需要持久的储能容量，分钟级足够，但它必须具有较长的循环寿命，因为系统可能每天都会遇到频繁的放电事件。尽管储能系统的荷电状态（SoC）通常不会大范围变化，高放电速率或高电流密度非常重要。相比之下，能源管理的应用，比如，削峰填谷需要高达MWh甚至是GWh级别的系统，该系统在特定的功率下能够放电长达几个小时或更长时间。对于此类应用，充放能量效率高、深循环寿命长、运营维护成本低是其主要需求。与对重量和体积有严格要求的车辆应用不同，固定型应用并不严格要求高能量密度。此外，电网侧应用和可再生能源应用经常需要来自储能系统的快速响应，使电网在大约1s以内达到满功率输出。

　　储能的实际应用场景千变万化，典型应用工况主要有以下4种：调峰调频、负荷跟踪、削峰填谷以及光伏系统中的能量时移。《IEC61427-2可再生能源储能

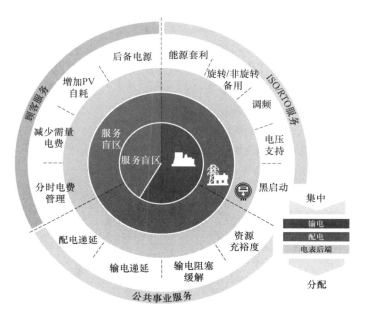

图 5-1　电池储能可应用于电力系统的各个环节

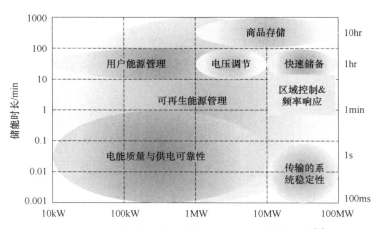

图 5-2　不同储能应用场景的功率和放电性能要求[1]

用蓄电池和蓄电池组　一般要求和试验方法　第 2 部分：光伏并网应用》[2]是基于储能市场的发展需求，从储能系统运营者角度出发而对电池制定的一套标准。该标准以实际典型的并网应用场景为参照，重点关注电池及系统在频率调整、负载跟踪、削峰填谷、光伏能量时移 4 大储能应用场景下的耐久性测试。该标准从储能系统层面考虑，适用于各类储能体系，各类储能电池都可以按标准中规定的系统测试模式，合理配置后进行测试。

1. 频率调整（frequency-regulation）

如图 5-3 所示，储能系统在 1000kW 和 500kW 两个功率下以 12min 为一个周期进行长期恒功率循环测试，以模拟储能系统在调频模式的充放电性能。具体如下：

Step ⅰ：discharge with 500kW，2min

Step ⅱ：discharge with 1000kW，1min

Step ⅲ：charge with 500kW，2min

Step ⅳ：charge with 1000kW，1min

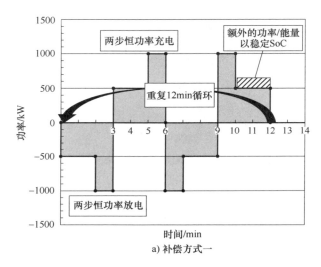

a) 补偿方式一

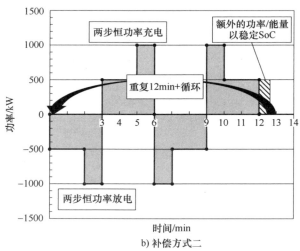

b) 补偿方式二

图 5-3　调频工况模拟测试

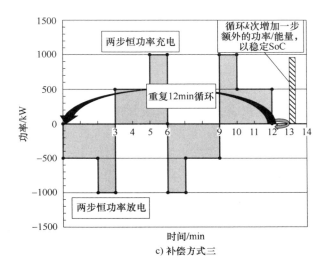

c) 补偿方式三

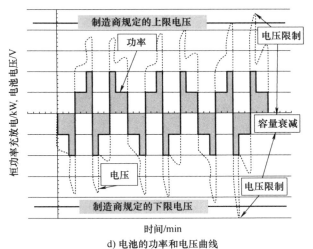

d) 电池的功率和电压曲线

图 5-3　调频工况模拟测试（续）

Step v：discharge with 1000kW，1min

Step vi：discharge with 500kW，2min

Step vii：charge with 1000kW，1min

Step viii：charge with 500kW，2min

　　无论是何种电池，都存在一定程度的充放电极化（即充电电压高于放电电压），由于充电和放电的功率和时间相同，每次循环，电池中充入的容量都少于放电容量，久而久之，电池系统的放电电压将低于厂家规定的最低放电电压（见图 5-3d）。也就是说，电池系统的荷电状态（SoC）低于厂家规定的 SoC 下限。

为了使电池系统的 SoC 保持在一定范围内，IEC61427-2 标准规定了三种不同的容量补偿方式。第一种是增大 Step viii 的充电功率，保持充电时间不变（见图 5-3a）；第二种是延长 Step viii 的充电时间，保持充电功率不变（见图 5-3b）；第三种是每经过若干次 12min 循环后，额外增加一步恒功率充电（见图 5-3c）。

调频模式要求储能系统可以快速进行充放电，以响应不断变化的电网需求。因此，该类储能电池要求具有较高的大电流充放电循环性能，可以长期进行高倍率部分荷电状态（HRPSoC）循环。

2. 负荷跟踪（load-following）

如图 5-4 所示，储能系统在 360kW 和 180kW 两个功率下以 48min 为一个周期进行长期恒功率循环测试，以模拟储能系统在负荷跟踪模式下的充放电性能。该模式对储能系统的要求与调频类似，倍率要求略低。具体如下：

Step i：discharge with 180kW，8min

Step ii：discharge with 360kW，4min

Step iii：charge with 180kW，8min

Step iv：charge with 360kW，4min

Step v：discharge with 360kW，4min

Step vi：discharge with 180kW，8min

Step vii：charge with 360kW，4min

Step viii：charge with 180kW，8min

同样地，为了使电池系统的 SoC 保持在一定范围内，标准规定了三种不同的

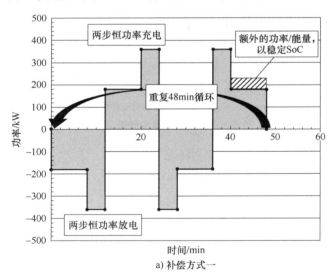

a) 补偿方式一

图 5-4　负荷跟踪工况模拟测试

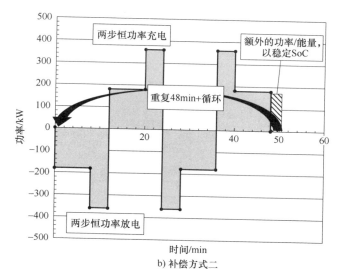

b) 补偿方式二

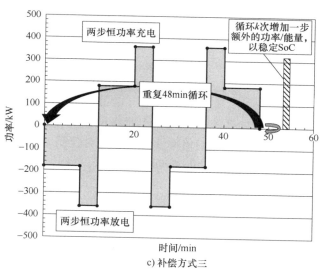

c) 补偿方式三

图 5-4　负荷跟踪工况模拟测试（续）

容量补偿方式，如图 5-4a、b、c 所示。

3. 削峰填谷（peak-shaving）

如图 5-5 所示，储能系统以每 24h 为一个周期，进行 2 次 500kW 3h 恒功率放电，模拟储能系统在日间用电高峰的放电行为，随后以 500kW 持续充电 12h，模拟夜间用电低谷时的充电行为。具体如下：

Step i：discharge with 500kW，180min

Step ii：rest，180min

Step iii：discharge with 500kW，180min

Step iv：rest，60min

Step v：charge with 500kW，12h

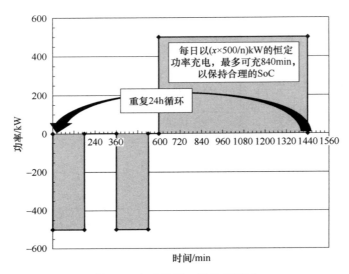

图 5-5　削峰填谷工况模拟测试

削峰填谷模式下，储能系统需要进行小时级的慢充慢放，充放电深度较高，对电池循环要求较高，但对电池的倍率性能要求相对较低。

4. 光伏能量时移（PV time-shift service）

如图 5-6 所示，储能系统以 24h 为一个周期，分别以 3kW/30kW 和 1.5kW/15kW 两种功率充电 4h 和 2h，静置 1h 后，以一个恒定功率放电至终止电压或放电时间超过 10h，然后静置等待下一次充电，以模拟储能系统在光伏应用的能量时移模式下的性能。具体如下：

Step i：charge with 3kW or 30kW，240min

Step ii：charge with 1.5kW or 15kW，120min

Step iii：rest，60min

Step iv：discharge with 3kW or 30kW，to the end-of-discharge voltage or discharge time exceeds 600min

Step v：rest until next charge

美国 Sandia 国家实验室开展电化学储能的应用研究，认为千变万化的储能场景都可以模拟成两种类型的循环工况：一种为高倍率浅循环模式（High-rate shallow cycling）；另一种为低倍率深循环模式（Low-rate deep discharge cycling），

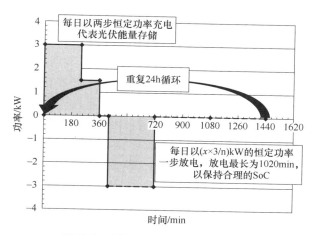

图 5-6　光伏能量时移工况模拟测试

如图 5-7 所示[3]。高倍率浅循环的模式下，电池的放电深度小于 20%，一个循环周期为几分钟到几十分钟，寿命要求大于 5000 次，甚至上万次。该模式对应于调频、负荷跟踪等储能场景（见图 5-8a）。低倍率深循环的模式下，电池的放电深度超过 50%，一般在 50%～80% 之间，一个循环周期为几个小时，循环次数要求 1000～2000 次。该模式对应于削峰填谷、能量时移等储能场景（见图 5-8b）。

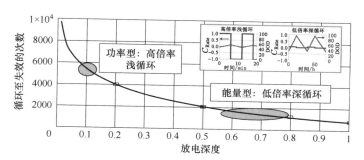

图 5-7　Sandia 实验室的两种储能模拟循环工况[3]

5.1.2　铅炭电池的 PSoC 循环性能

美国 Sandia 国家实验室对 East Penn 公司和 Furukawa 公司生产的 Ultrabattery® 铅炭电池分别进行了高倍率浅循环（PSoC utility cycling）和低倍率深循环（PV Hybrid cycle-life test）模拟工况测试[3]。Ultrabattery® 铅炭电池组为 1 并 12 串，测试照片如图 5-9 所示。

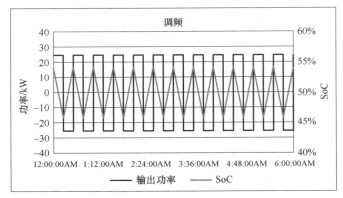

a) 高倍率浅循环(调频)

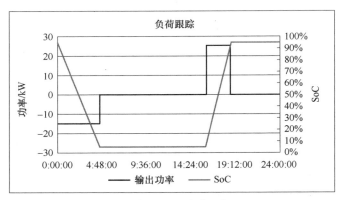

b) 低倍率深循环(负荷跟踪)

图 5-8　两种模拟循环工况

East Penn公司

Furukawa公司

图 5-9　Ultrabattery® 铅炭电池组在 Sanida 实验室的测试照片

高倍率浅循环模式：放电深度为 5%DoD，起始 SoC 为 50%，充放电倍率约为 1C，如图 5-10 所示。East Penn 公司的 Ultrabattery® 铅炭电池共计循环超过 20000 次，剩余容量仍保持在额定容量的 90%，前 7000 次循环的充放电电流为 400A，之后电流调整为 300A，期间未对电池做任何恢复性充电。Furukawa 公司生产的 Ultrabattery® 铅炭电池在相同的模式下循环 5000 次，容量低于额定容量的 80%，其中前 1000 次循环的充放电电流为 400A，之后电流调整为 300A。据 Sandia 实验室的报告显示，循环后期电池温度快速上升，出现热失控的迹象。

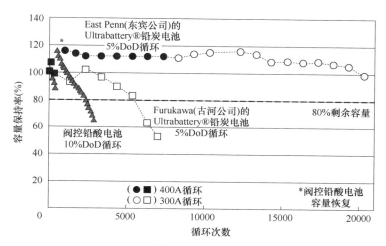

图 5-10 **Ultrabattery® 铅炭电池组的高倍率浅循环性能**

作为对照，普通的阀控式密封铅酸电池（VRLA battery）也进行了相应的测试，放电深度为 10%DoD。普通铅酸电池仅循环不足 1000 次，容量便快速衰减。对电池进行恢复性充电后，继续循环 1000 余次，容量再次低于额定容量的 80%。

低倍率深循环模式：放电深度接近 60%DoD，SoC 区间约为 35%~95%，充放电倍率约 0.1C，每 40 次循环进行补充电和容量判定，如图 5-11 所示。Furukawa 公司的 Ultrabattery® 铅炭电池经过 560 周循环，容量仍然接近额定容量的 100%，如果按照实际一天循环一次计算，相当于电池使用 1 年半后，容量几乎未衰减。在该类循环模式下，电池的寿命受倍率的影响很大，将充放电电流从 10 小时率减小至 12 小时率后，循环稳定性显著提高。

East Penn 公司的产品在这种模式下的循环性能稍逊一筹，超过 300 周后，容量衰减加快，即便把充放电倍率减小到 12 小时率，也不能阻止电池性能的衰减。而普通 VRLA 电池则完全不能适应这种应用场景，即便每 30 次循环就进行补充电，甚至每 7 次循环就补充电，电池循环仍然不足 50 周。

浙江南都电源动力股份有限公司从 2012 年起，对其生产的 REX-C 铅炭电池产品（见图 5-12）开展了大量的循环性能测试。南都公司的研究人员与中国电

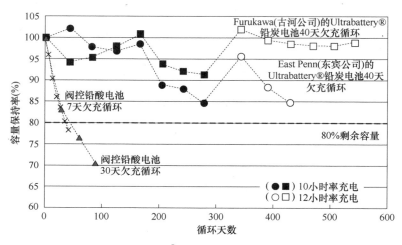

图 5-11 Ultrabattery®铅炭电池组的低倍率深循环性能

力科学研究院有限公司共同开发了一种中等倍率下的 PSoC 循环模式，并对 REX-C500 电池进行了长期的循环耐久力测试，放电倍率为 $0.5C_2$，充电倍率为 $0.2C_2$，SoC 区间为 30% ~ 80%，具体如下：

（i）电池以 $0.5C_2$ 放电 1.4h 至 30% SoC；

（ii）电池以 $0.2C_2$ 充电（限压 2.35Vpc），至充放 50%的 C_2 容量；

（iii）电池以 $0.5C_2$ 放电 1h；

（iv）重复第 ii 步和第 iii 步 150 次；

（v）充满电后进行 C_{10} 容量测试；

（vi）重复第 i 步至第 v 步至 C_{10}

图 5-12 南都电源公司的 REX-C 系列铅炭电池

容量小于 80%或第 iii 步放电电压小于 1.80Vpc。

图 5-13 为南都电源 REX-C 铅炭电池与普通 REX 铅酸电池在该模式下的循环性能对比，普通 REX 电池仅循环了 1050 次，REX-C 铅炭电池循环将近 6000 次，寿命比普通 REX 电池延长了 5~6 倍。

对经过 3300 次循环（30% ~ 80% SoC）的 REX-C 铅炭电池进行了电极电位分析，放电电流为 $0.5C_2$，截止电压为 1.0V，结果如图 5-14a 所示。放电末期负极电位衰减，这说明电池性仍然受限于负极。图 5-14b 为负极活性物质的 SEM

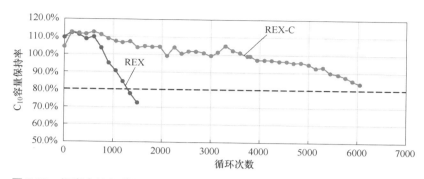

图 5-13　铅炭电池与普通铅酸电池 PSoC 循环性能对比图（SoC：30%～80%）

照片，可以观察到粗大致密的硫酸铅颗粒。这表明，在负极添加炭后，尽管 PSoC 循环寿命可以延长 5～6 倍，但是电池最终的失效原因仍然在于负极不可逆的硫酸盐化。因此，未来的研究重点仍需集中在负极，继续深入研究抑制负极硫酸盐化的解决措施，以进一步提高电池循环寿命。

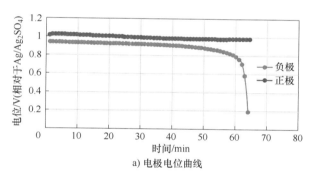

a) 电极电位曲线

b) 负极的SEM照片

图 5-14　在 30%～80% SoC 模式下循环 3300 次的铅炭电池

153

　　浙江南都电源动力股份有限公司还开展了另一种中等倍率下的 PSoC 循环，充放电倍率均为 $0.2C_{10}$，SoC 区间为 40%～80%，具体如下：

i）电池以 $0.2C_{10}$ 放电 1h 至 80% SoC；

ii）电池以 $0.197C_{10}$ 放电 2h；

iii）电池 $0.2C_{10}$ 充电 2h（限压 2.30Vpc）；

iv）重复第 ii 步和第 iii 步 100 次；

v）充满电后进行 C_{10} 容量测试；

vi）重复第 i 步至第 v 步至 C_{10} 容量小于 80% 或第 iii 步放电电压小于 1.80Vpc。

图 5-15 为 REX-C 铅炭电池与普通 REX 铅酸电池在该模式下的循环性能对比，普通 REX 电池仅循环了 2000 次，REX-C 铅炭电池已经循环了 5200 次，电池状态依然良好，循环寿命是普通铅酸电池的 3 倍以上。铅炭电池在中等倍率深循环条件下优异的 PSoC 循环寿命，使其在光伏系统的能量时移和用户侧的削峰填谷工况下具有广泛的应用前景，其性能与锂离子电池相近，而成本却可以大幅降低。

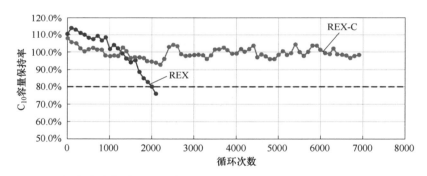

图 5-15　铅炭电池与普通铅酸电池 PSoC 循环性能对比图（SoC：40%～80%）

　　2016～2019 年，浙江南都电源动力股份有限公司承担了国际先进电池联合会（ALABC，后改名为创新电池联盟 BCI）的项目，按照 IEC61427-2 标准中 6.2 条款，对铅炭电池在调频工况下特性进行了相关测试[4]。测试选取了储能电站中常用的 REX-C1000（2V、1000Ah）铅炭电池，10 只串联进行。具体测试程序如下：

Step i：discharge with 139Wpc，2min

Step ii：discharge with 278Wpc，1min

Step iii：charge with 139Wpc，2min

Step iv：charge with 278Wpc，1min

Step v：discharge with 278Wpc，1min

Step vi：discharge with 139kW，2min

Step vii：charge with 278kW，1min

Step viii：charge with 139kW，2min

由于充电和放电的功率和时间相同，每次循环电池中充入的容量都少于放电容量，电池电压逐渐降低，当电池 Step ii 放电电压降低到 1.98Vpc，表明电池 SoC 过低，此时 Step viii 改为 "charge with 278kW，2min"，循环 10 次进行补偿充电保证长期循环顺利进行。按此模式连续进行 1~4 个月调频循环，然后充足电后进行一次容量判定（见图 5-16），进行 3 年 9 个大循环，电池容量仍在 100% 以上。

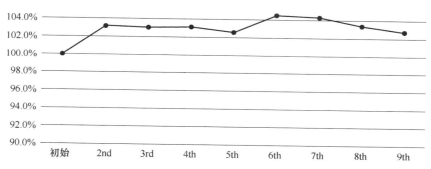

图 5-16　IEC61427-2/6.2 调频循环过程中电池容量变化情况

图 5-17 为电池连续进行 90 天调频循环的情况，可以看到，电池连续进行约 40 天调频循环后，电池进行补偿时电压出现波动，开始出现极化现象。在容判补充电后，极化现象又消失。

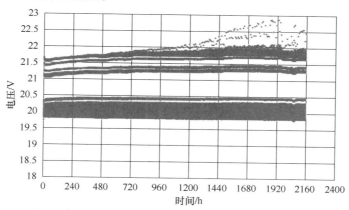

图 5-17　铅炭电池 IEC61427-2/6.2 调频循环 90 天情况

从循环过程中的正负极电极电位曲线（见图 5-18）可以看出，循环过程中正极电位相对比较稳定，充电过程最高电位与放电最低电位之间的差异基本在160mV，负极电位循环最高电位与最低电位之间的差异，由循环初期的40mV左右逐渐加大至约180mV，极化问题主要由负极引起。

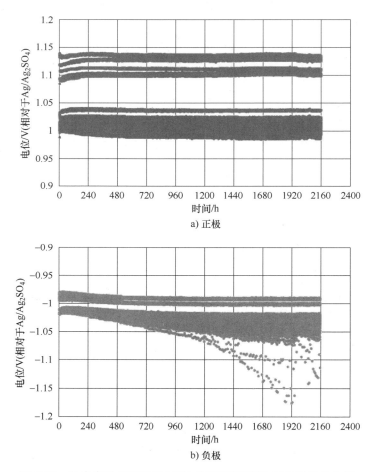

a) 正极

b) 负极

图 5-18　铅炭电池 IEC61427-2/6.2 调频循环 90 天电极电位曲线

5.1.3　铅炭电池的功率性能

1. 充电接受能力

由于负极炭材料的引入，铅炭电池的充电接受能力提升显著。《GB/T 22473.1—2021 储能用蓄电池　第1部分：光伏离网应用技术条件》标准对电池充电接受能力的测试方法作了规定，具体如下：首先将电池充满电，静置 1～5h 后，以 $0.1C_{10}$ 放电 5h 至 50% SoC。将电池放置在 0℃ 环境下至少 20～25h。然后以

2. 40Vpc 恒压充电，记录充电第 10min 时的电流 I_{10min}，以 I_{10min}/I_{10} 来表征电池的充电接受能力。对于排气式电池，I_{10min}/I_{10} 的比值要求不小于 3.0，对于阀控式密封电池，I_{10min}/I_{10} 的比值要求不小于 2.0。

　　浙江南都电源动力股份有限公司参照该方法对其生产的 REX-C 200Ah 铅炭电池进行了测试，如图 5-19 所示。第一代铅炭电池充电接受能力几乎是普通铅酸电池的 1.5 倍，而使用结构优化炭材料的第二代铅炭电池充电接受能力则进一步提升。

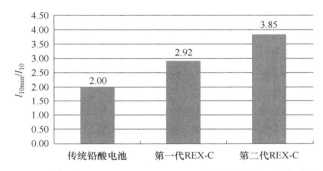

图 5-19　南都电源公司 REX-C 200Ah 铅炭电池的充电接受能力

　　Furukawa 公司则是采用了另一种方法评估铅炭电池的充电接受能力[5]。在较高荷电态（70%~90% SoC）下对电池进行大电流充电，记录电池到达规定限制电压的时间。恒流充电的时间越长，代表充电接受能力越好。以其生产的 JIS N-55 铅炭电池为例，起始 SoC 为 90%，充电电流为 100A，限压 14.5V。图 5-20 展示了 Furukawa 公司生产的第一代、第二代 Ultrabattery® 铅炭电池与普通增强型富液电池（EFB）的充电接受能力对比，铅炭电池的充电时间可以延长 2~3s，且 SoC 越低，电池的充电接受能力越好（见图 5-21）。

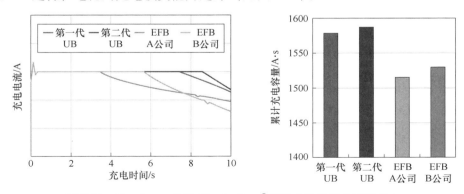

图 5-20　**Furukawa** 公司 **Ultrabattery**® 铅炭电池的充电接受能力

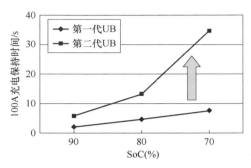

图 5-21　不同 SoC 下 Ultrabattery® 铅炭电池的充电接受能力[5]

2. 大电流放电能力

对于"内混式"铅炭电池，负极加炭并不能提高电池的大电流放电能力。这是由于当电池处于满电或较高荷电态时，电池负极主要为导电性能优异的海绵状铅（电导率 $4.5×10^6$ S/m），而炭材料的导电性能不如铅，即便导电性能较好的石墨，电导率也仅为 $0.125×10^6$ S/m。所以在负极混入一定比例的炭材料，并不能提高负极在高荷电态时的电导能力，从这个角度而言，负极加炭对电池的大电流放电能力并没有积极影响。

另一种观点认为，尽管负极加炭并不能提高极板的电导率，但是炭材料的引入，改善了负极的孔隙结构，使 H^+ 和 HSO_4^- 在极板中的扩散迁移变得容易，因而可从一定程度上改善电池的大电流放电性能。美国 Cabot 公司的 Atanassova P 和保加利亚电化学与能源系统研究所（IEES）的学者们研究了高比表面的炭黑与木素在负极对电池功率性能的影响[6]。PBX51 是 Cabot 公司生产的一种具有高表面活性的炭黑，比表面积为 $1300 \sim 1550 m^2/g$，吸油值（OAN）为 $140 \sim 200$。在负极添加 PBX51，对电池的充电性能有显著的提升作用，但是对于低温大电流放电的改善作用却不明显。

此外，Atanassova P 等人认为，由于高表面活性的炭黑易吸附木素，从而使负极活性物质中游离分散的木素含量减少，为了保证负极具有较高的孔隙率和活性，高比表面的炭黑必须搭配更多的木素一起作为负极添加剂。图 5-22 对比了 PBX51 与不同含量木素的共同添加，对电池冷起动性能（CCA）、动态充电接受能力（DCA）和 17%DoD 循环寿命的影响。以图中红色的两个方案为例，PBX51+0.2% VSA 的方案，与仅添加 0.2% VSA 的方案比，CCA 略有下降，DCA 显著提升，17.5%DoD 循环性能也有所改善。如果把 VSA 的含量从 0.2%增加到 0.4%，即 PBX51+0.4% VSA 的方案，尽管 DCA 略有减小，但 17.5%DoD 循环性能则得到了较大提升。

还有一种观点认为，高比表面的炭材料，如活性炭、炭黑等，加入到负极铅

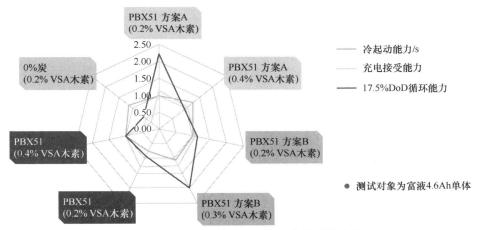

图 5-22　炭黑与木素对冷起动性能、动态充电接受能力和 17.5%DoD
循环寿命的影响[6]（彩图见书后插页）

膏中，可提供较多的炭/硫酸界面双电层电容，当电池进行大电流放电时，微电
容可以吸附部分电荷，起到缓冲大电流冲击的作用。但这种电容效应只能维持较
短的时间。Xiang J 等人设计实验验证了这种电容吸附效应，他们记录了小电流
满充电的普通负极板和铅炭负极板的开路电极电位变化趋势，如图 5-23 所示，
普通铅负极的电位很快趋于稳定（−0.962V 相对于 Ag/Ag_2SO_4），而添加 2 wt%
活性炭的负极电位在开路后，经过 50s 的时间才趋于稳定。铅炭负极电位缓慢的
稳定过程意味着开路后电极上仍然有反应发生。Xiang J 等认为，在这 50s 时间
内，继续发生着 $PbSO_4$ 到 Pb 的转变，而活性炭表面的双电层电容中吸附的电荷
为该反应提供了电子。

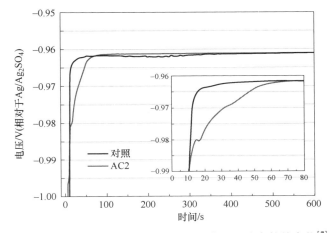

图 5-23　铅负极和铅炭负极在 0.1C 充电后开路电势的变化[7]

5.1.4 铅炭电池在储能场景下的失效模式

铅炭电池的失效与一般铅酸电池类似，主要模式有正板栅腐蚀、活性物质软化、电解液干涸、负极硫酸盐化、热失控、微短路以及电池漏液等。不同的使用场景、不同的电池设计和制造过程会造成电池不同形式的失效[8,9]。

1. 正极板栅腐蚀

（1）原理

金属铅可以与硫酸发生反应，如式（5-1）所示，只有电势低于−0.3V（相对于 SHE）金属铅才能够处于稳定状态。然而，在阀控式密封电池中，正极电势可以达到 1.69V 以上，正极板上的金属铅是热力学不稳定的，合金板栅氧化腐蚀在实际过程中是不可避免的。

$$Pb+HSO_4^- -2e \Leftrightarrow PbSO_4+H^+ \quad E^\theta = -0.3V（相对于 SHE） \tag{5-1}$$

腐蚀过程如图 5-24 所示，在充电过程中，电解液中的氧原子通过扩散达到板栅表面，与板栅铅合金发生电化学反应，金属铅被氧化为 Pb^{2+} 或者 Pb^{4+}，形成一层致密的 PbO_n（$1<n<2$）氧化膜。由于这层致密的氧化膜的存在，阻碍了电解液与板栅合金的直接接触，使得氧化膜覆盖下的合金处于钝化状态，大大降低了腐蚀速率。然而，随着氧化反应进行，这个氧化膜中的物质最终转化为 α-PbO_2。因为 α-PbO_2 体积大于 PbO_n，导致氧化膜出现裂缝，电解液中的氧原子可以通过这些裂缝与氧化膜下的铅合金继续发生反应。

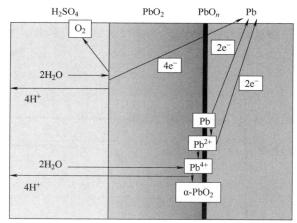

腐蚀反应：
　　$Pb + 2H_2O \rightarrow \alpha$-$PbO_2 + 4H^+ + 4e^-$
析氧反应：
　　$2H_2O \rightarrow O_2 + 4H^+ + 4e^-$

图 5-24　板栅合金腐蚀机理示意图[10]

（2）影响因素

正极板栅腐蚀多出现在长期浮充或充电电压较高的应用场景。板栅合金成分是影响正极板栅腐蚀速率最为关键的因素之一。铅炭电池多数采用 Pb-Ca-Sn-Al 合金正极板栅，其最主要优点是具有较高的析氢过电位，抑制气体析出，具有较好的免维护性能。Pb-Ca-Sn-Al 合金板栅耐腐蚀性能，与合金中的 Sn/Ca 比例密切相关。当 Sn/Ca 质量比较小时，Ca 会生成金属间化合物 Pb_3Ca，合金晶粒尺寸较小，腐蚀严重。当 Sn/Ca 质量比大于 9 时，合金中形成稳定的（PbSn）$_3$Ca 或 Sn_3Ca 沉淀，合金晶粒尺寸增大，耐腐蚀性能提高，如图 5-25 所示。除了板栅合金成分外，板栅设计、铸造工艺、杂质含量、电解液浓度、环境温度和浮充电压等也都是影响铅炭电池正极板栅腐蚀的重要因素。

（3）现象

正极板栅腐蚀一方面降低了板栅机械强度，引起板栅断裂，活性物质脱落；另一方面引起腐蚀层增大，晶界腐蚀加剧，增加了电池欧姆内阻，最终导致电池容量下降。腐蚀后的正极板栅及合金如图 5-26 所示。从电池测试来看，表现为电池容量迅速下降，充电电压快速升高，电池内阻增大。

2. 正极活性物质软化

（1）原理

正极活性物质软化是指活性物质之间以及活性物质与板栅之间失去结合力。D. Pavlov 等[10]认为，正极活性物质是一个具有质子和电子传输功能的凝胶-晶体体系，正极活性物质结构的最小单元为 PbO_2 颗粒，

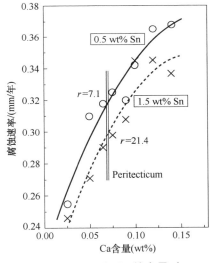

图 5-25　Ca 和 Sn 的含量对
铅钙合金腐蚀速率影响[11]

这种 PbO_2 颗粒是由 $\alpha\text{-}PbO_2$、$\beta\text{-}PbO_2$ 的晶体和凝胶-水化 $PbO_2\text{-}PbO$（OH）$_2$ 构成的。无定型的凝胶处于亚稳态，随着充放电循环的进行，PbO_2 颗粒中的无定形态逐渐晶形化，结晶度较高、结合力较差的 $\beta\text{-}PbO_2$ 晶体增多，水化聚合物链数目减少，凝胶区电阻增加，晶粒间的电接触恶化，同时，充电时形成的 PbO_2 带电胶粒又互相排斥，晶粒间接触减少，结合力下降，最终导致正极活性物质的软化脱落。

（2）影响因素

正极活性物质软化主要出现在深循环使用工况下，多次深度的充放电，使得支撑活性物质的骨架结构坍塌，活性物质晶粒细化。铅膏中 $\alpha/\beta\text{-}PbO_2$ 的比率，

a) 相片　　　　　　　　　　　　　b) 金相谱图

图 5-26　正极板栅合金腐蚀

对正极活性物质压力、温度以及充放电策略（过充、过放、大电流充电）都会影响正极活性物质软化。

（3）现象

正极活性物质软化失效的一种情况是铅膏从板栅中脱落，电池容量损失，如图 5-27 所示[12]。另一种情况，正极铅膏活性物质颗粒细化，失去硬度，成泥浆状。表现在电池中，电池容量下降。

3. 负极硫酸盐化

（1）原理

当电池处于长时间深放电、欠充状态、开路或者小倍率放电状态时，电池负极中的 $PbSO_4$ 晶体无法完全转化，剩余 $PbSO_4$ 晶体将成为新的 $PbSO_4$ 沉积的晶核，通过溶解-沉积逐渐长大，形成颗粒粗大、溶解度小、化学活性差的 $PbSO_4$ 晶体，不再参与

图 5-27　正极活性物质脱落[12]

化学反应，即不可逆硫酸盐化[13]（如图 5-28 所示）。不可逆硫酸盐化使得电池活性物质减少，并且容易在负极板表层富集，形成致密层，阻碍电解液进入，导致极板内部活性物质无法参与反应，引起电池容量损失，最终导致电池失效。

尽管炭材料引入到铅炭电池负极，可以有效抑制负极发生硫酸盐化，但在长期的欠充使用环境下，硫酸盐化只能被延缓，不能从根本上消除。

（2）影响因素

负极硫酸盐化一般出现在长期放置、长期小电流充电以及部分荷电态充放电的工况下。除了和电池本身特性（如负极炭材料的分散和稳定性、膨胀剂的添加量及协同等）、电解液密度、电池开闭阀压等因素外，主要受电池充放电制度

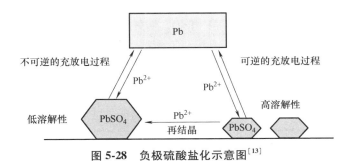

图 5-28　负极硫酸盐化示意图[13]

的影响。长期欠充、小倍率放电、深放电、部分荷电态高倍率充放电都会引起负极硫酸盐化。

（3）现象

负极硫酸盐化主要表现为负极活性物质形成颗粒粗大的、电化学活性低的 $PbSO_4$ 晶体。表现为电池充电电压上升过快，放电时电压下降过快，电池容量不足。解剖满充电的电池，发现负极极板划痕无金属光泽，铅膏与隔板粘连。从负极的 SEM 照片中观察到粗大 $PbSO_4$ 晶体，如图 5-29 所示。

图 5-29　负极表面的硫酸盐化

4. 电解液干涸

（1）原理

从电化学反应电位表可知，氧气和氢气析出标准平衡电位分别为 1.23V 和 0V（相对于 SHE），而蓄电池的正负极反应平衡电位分别为 1.69V 和-0.3V（相对于 SHE），这意味着在电池充电的过程中必然伴随着析氧和析氢反应，引起电池水损耗。幸运的是，在铅极板上，析氧和析氢反应具有较大的过电位，使得电池的充放电反应先于析氧和析氢反应发生。一般来说，充入电量约 70% 时，正极开始发生析氧反应，而当充入电量约 90% 时，负极开始出现析氢反应。阀控

163

式密封（VRLA）电池的设计将正极析出的氧气通过 AGM 隔板达到负极，与负极活性物发生氧复合反应，生成的 $PbSO_4$ 在充电时生成铅，如图 5-30 所示。氧复合循环一方面通过与负极复合消耗掉了大量的氧气；另一方面，由于铅跟氧气发生反应，电位向正方向偏移，析氢反应推迟出现，如图 5-31 所示[14]。另外，负极活性物质过量，可使电池的析氢速度降到极小。

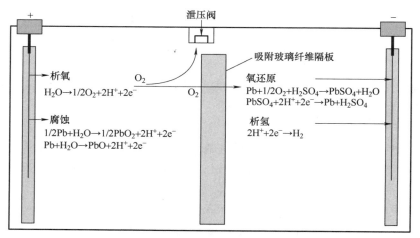

图 5-30　阀控式密封（VRLA）电池的正负极反应[14]

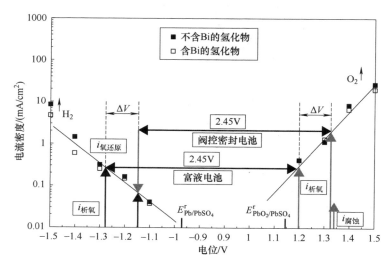

图 5-31　阀控式密封（VRLA）电池的正负极电位变化[14]

阀控式密封铅炭电池对水损耗十分敏感，电池失水会引起 AGM 隔膜饱和度降低，引起电池内阻增大。图 5-32 为 AGM 隔膜饱和度对电阻的影响[15]。由图 5-32 可知，当电池水损耗使得 AGM 隔膜饱和度小于 80% 时，电池隔膜电阻会显著增大，从而导致电池容量减小，寿命终止。此外，大量的水损耗也会引起电解液浓度增大，从而加速合金板栅的腐蚀、正极活性物质的软化以及负极硫酸盐化。

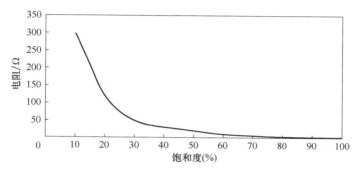

图 5-32 AGM 隔膜饱和度对电阻的影响[15]

（2）影响因素

造成铅炭电池水损耗的因素较多，电池的外壳破损、排气阀开阀压力过小、氧复合反应不完全、电解液杂质含量过高、浮充电压过高，都是导致电池电解液干涸的常见原因。同时，电池正极板栅腐蚀和电池自放电过程也会消耗电解液中的水，引起电解液的干涸。

（3）现象

铅炭电池电解液干涸失效表现在电池性能上主要为开路电压偏高，内阻偏大，容量不足。通过解剖分析，通常电池含酸量较小，甚至呈干涸状态，酸密度偏高。

5. 热失控

（1）原理

热失控是指电池在充电时，电流和温度发生一种积累性的相互促进的作用，并逐步损坏蓄电池的现象。阀控式密封电池（VRLA）采用密封贫液紧装配设计，散热性较差，大量热量积累在电池内部，引起电池温度迅速升高。温度升高又使电池失水加剧，隔膜饱和度下降，从而加剧电池氧复合反应，引起浮充电流增大。氧复合反应的加剧产生大量的焦耳热反过来又促使蓄电池内部温度进一步升高，从而形成恶性循环，引起 VRLA 电池热失控。VRLA 电池热失控会引起电池温度升高，外壳膨胀变形，最终导致电池失效。图 5-33 为恒流充电时，氧复合过程及水分解过程产生的热量。

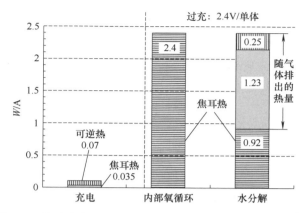

图 5-33　恒流充电，氧复合过程及水分解过程产生的热量[16]

（2）影响因素

电池浮充电压、环境温度、隔膜饱和度以及电池结构都是影响电池热失控重要因素。在众多因素中，电压（过充）是导致蓄电池热失控最为关键的因素，而环境温度增大也会加剧电池热失控的风险。

（3）现象

铅炭电池热失控失效表现为浮充电流迅速增大，温度升高，电池外壳鼓胀。解剖失效电池，电池隔膜内出现黑点或黄斑，酸密度增大，正极活性物质软化。

6. 负极汇流排腐蚀

（1）原理

负极汇流排表面通过腐蚀形成呈粉末状的硫酸盐层，引起汇流排机械强度的降低，在应力的作用下发生断裂，从而导致电池失效（见图 5-34）。

负极汇流排腐蚀是阀控式密封电池特有的失效方式，是电化学腐蚀与化学腐蚀共同作用的结果。负极汇流排不同部位的反应分布如图 5-35 所示[17]。由于贫液和氧气复合的特性，大量氧气聚集在极群上部，而负极汇流排表层电位随着离开液面距离的增大而向正方向移动，负极极耳距离极群 1～3cm 处，电位由 $-1.3 \sim -1.1V$（相对于 Hg/Hg_2SO_4）向正移为 $-0.8 \sim -0.6V$（相对于 Hg/Hg_2SO_4）

图 5-34　负极汇流排腐蚀

Hg_2SO_4），高于 $PbSO_4/Pb$ 的平衡电位（$-0.9V$，相对于 Hg/Hg_2SO_4），负极汇流

排失去阴极保护。同时，汇流排上吸附电解液膜的 pH 值，离极群越远，pH 值越高，在汇流排顶部造成碱性环境，化学腐蚀反应加速。在长时间的浮充使用过程中会发生腐蚀，腐蚀严重时会导致汇流排断裂，造成电池汇流排腐蚀失效。

　　同时，由于焊接温度、冷凝速度以及表面杂质的影响，焊接过程中会改变汇流合金金相结构，导致汇流排合金中 Sn 的偏析，引起强烈的晶间腐蚀，加剧汇流排腐蚀[18]。

　　此外，由于焊接不均匀，导致极耳与汇流排不能完全熔融而形成虚焊，在极耳与汇流排交界处形成缝隙，由于缝隙内外存在着氧浓度差从而形成氧浓差电池，发生局部缝隙腐蚀[19]。

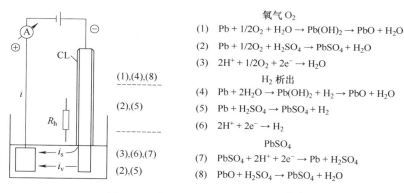

氧气 O_2
(1)　$Pb + 1/2O_2 + H_2O \rightarrow Pb(OH)_2 \rightarrow PbO + H_2O$
(2)　$Pb + 1/2O_2 + H_2SO_4 \rightarrow PbSO_4 + H_2O$
(3)　$2H^+ + 1/2O_2 + 2e^- \rightarrow H_2O$
H_2 析出
(4)　$Pb + 2H_2O \rightarrow Pb(OH)_2 + H_2 \rightarrow PbO + H_2O$
(5)　$Pb + H_2SO_4 \rightarrow PbSO_4 + H_2$
(6)　$2H^+ + 2e^- \rightarrow H_2$
$PbSO_4$
(7)　$PbSO_4 + 2H^+ + 2e^- \rightarrow Pb + H_2SO_4$
(8)　$PbO + H_2SO_4 \rightarrow PbSO_4 + H_2O$

图 5-35　负极汇流排不同部位反应[17]

　　（2）影响因素

　　负极汇流排腐蚀主要出现在浮充型使用场景。影响负极汇流排腐蚀的内因主要有汇流排合金成分、焊接工艺、汇流排与极群的距离、负极汇流排处的 pH 环境以及电池内氧气环境。

　　（3）现象

　　负极汇流排腐蚀主要表现为电池开路电压偏低、内阻偏高、浮充电压出现不停跳动，小电流放电容量影响不大，大电流放电容量急剧下降。解剖失效电池，可以发现汇流排表层存在白色粉末状硫酸铅，严重时汇流排完全粉化断裂。

　　7. 微短路

　　（1）原理

　　微短路通常是由于电池深放电导致的。在稀酸中，$PbSO_4$ 倾向于形成较大的颗粒，沉积于隔板的孔隙内部。在充电时，这些 $PbSO_4$ 转换成枝状金属铅，导致穿刺短路。此类短路主要与电池的装配及隔板性质密切相关，一般来说，隔板越薄，隔板孔径越大，则蓄电池内部发生穿刺短路的风险越大。

（2）影响因素

微短路失效主要影响因素包括隔板厚度、隔板孔率、电解液添加剂以及放电制度。其中隔板性能是最关键的影响因素。

（3）现象

微短路的铅炭电池通常开路电压和浮充电压略微偏低、容量偏低、自放电较大，大电流放电时，电压迅速下降。

8. 电池漏液

（1）原理

电池漏液主要包括：极柱漏液、槽盖漏液以及阀口漏液三种形式。

极柱漏液：密封胶与极柱金属铅粘接失效，硫酸腐蚀极柱表面直到电池极柱连接端；或者密封胶与槽盖结合界面的粘接失效，硫酸通过界面到达电池外部。

槽盖漏液：电池槽与电池盖之间通过热熔粘接的方式或者密封胶的方式将电池槽和盖粘接到一起，热熔粘接界面或者胶水粘接界面失效后，内部硫酸泄漏或渗漏到电池外部。

阀口漏液：由于电池设计有内部气压安全保护的装置，电池内部的高压酸蒸汽会与气体一起通过减压阀排出，低浓度硫酸会残留在阀口。

（2）影响因素

阀口漏液、极柱漏液和槽盖漏液都会引起电池内部硫酸含量减少，腐蚀正负极连接条，造成接触不良，如果硫酸与铁架接触，将会与电池内部形成通路，产生火花甚至火灾。

（3）现象

漏液失效多表现在电池外部存在酸漏出、容量降低、连接条或者铁架存在腐蚀，严重时漏出的酸液会使得电池形成通路，产生火花并引起燃烧。

针对铅炭电池在储能场景下的具体用途和使用环境，通过合理的电池设计，科学严格的制造工艺控制，指导用户正确地运行维护等，可以有效地提高铅炭电池在寿命周期内的可靠性，防止电池提前失效。

5.2　《GB/T 36280—2018 电力储能用铅炭电池》国家标准解读

5.2.1　编制背景

随着我国能源结构的调整和世界可再生能源发展趋势的影响，能源（尤其是电能）已经从产能、节能扩展到储能。我国智能电网建设快速开展，电力储能成为智能电网、可再生能源接入、分布式发电、微电网等发展必不可少的技术支撑。

铅炭电池作为电力储能重要的组成部分，急需相关技术标准进行规范和质量把关。2015 年前后，铅炭电池已经开始在储能领域示范应用，但国内没有一项专门针对电力储能用铅炭电池相关的国家标准，如何定义、评价电力储能用铅炭电池处于一种真空状态，标准编制的速度滞后于储能产业发展的速度。在此背景下，根据国家标准委 2015 年第二批国家标准制修订计划（国标委综合〔2015〕52 号）要求，由中国电力企业联合会标准化中心组织、中国电力科学研究院有限公司、浙江南都电源动力股份有限公司等单位开展了国家标准《电力储能用铅炭电池》的编制工作。

5.2.2　编制过程

2016 年 1 月，在北京召开了标准编制工作启动会。确立工作的总体目标，成立编制工作小组，制定标准编制大纲和工作计划。

2016 年 4 月，在杭州召开大纲审查会。标准主编单位在充分调研国内外储能系统相关标准和电池技术发展的基础上，组织配合单位研讨本标准编写框架。

2016 年 6 月，在南京召开第一次编制组工作会议。会议邀请了相关专家，明确了重点讨论电池的层级划分及定义。

2016 年 12 月，在扬州召开第二次编制组工作会议。会议重点讨论了相关名词术语以及各个层级电池测试内容。

2017 年 7 月，在曲阜召开第三次工作组会议。会议详细讨论了有争论的各个层级电池的技术指标以及测试方法。编制组对标准初稿内容意见达成一致，形成标准征求意见稿。

2017 年 8 月，编制组通过中国电力企业联合会正式向各有关单位发出关于征求国家标准《电力储能用铅炭电池》意见的函，并在中电联的网站上挂网，广泛征求意见。

2017 年 9 月，在长兴召开第四次工作组会议。编制组根据各单位反馈意见，进行了认真研究，逐条讨论，给出了相应的处理意见。经过多次编制组内会议讨论，编制完成了《征求意见汇总处理表》，对征集到的意见的处理结果进行了逐条说明。同时编制组在《征求意见汇总处理表》意见的基础上，修改并编制完成了《电力储能用铅炭电池》送审稿。

2017 年 10 月，在杭州召开了《电力储能用铅炭电池》送审稿审查会。会议专家结合标准前期意见汇总及处理情况，对标准送审稿进行了逐条细致的审查，最终同意标准送审稿通过审查，并要求标准编制组尽快完善标准内容，形成标准报批稿。

2017 年 11 月，标准编制组根据《电力储能用铅炭电池》送审稿审查会专家审查意见对送审稿正文及条文说明进行了认真地修改和校核，编制完成了《电力储能用铅炭电池》报批稿。

5.2.3　主要特点和重要内容

本标准与固定性阀控式密封电池等其他行业标准相比，具有鲜明的储能应用特色，编制思维更贴近储能应用实际需求，对电池单体、电池簇、电池系统都提出了明确要求，呈现的有效信息充足，拒绝模糊地带，可以满足当前行业发展阶段对储能电池的测试评价需求[20]。

本标准对保障当前阶段储能电池的应用质量与安全将起到关键作用，主要具备以下 8 个方面的鲜明特色：

1）明确定义了铅炭电池：标准赋予了铅炭电池明确的定义，即正极为二氧化铅、负极为铅炭复合电极、电解液为硫酸溶液的蓄电池，将铅炭电池与一般铅酸电池区分开来。

2）按照电力系统实际运行的瓦时容量标注电池技术规格，而不是传统的安时容量：标准定义了电池单体、电池簇两个层级，进一步定义了额定充放电功率/能量等术语及相应的符号，突出了电力储能应用需要明确的电池功率、能量等关键信息，对规格信息的标示统一了要求，明确用于电力储能的铅炭电池需要标示出标称电压、额定充放电功率、额定充放电能量等关键的技术规格信息。

3）以功率-能量作为测试评价条件，放弃传统的电流-容量测试评价条件：标准提出的技术指标要求反映了在功率法评价体系下电池面向应用条件的真实技术水平，解决了传统电池行业中测试评价条件与实际应用条件脱节的问题。

4）对充电和放电性能分别提出技术要求：对于充电性能和放电性能存在差异的产品，通过该标准要求充分展现全面的技术信息，解决信息不对称问题。

5）以额定功率循环和额定功率-恒压循环两种耐久性试验体现实际储能工况：额定功率循环耐久力试验是电池在规定的条件下按照充放电程序，以恒定的 4 小时率额定功率充放电至设置的充、放电终止电压的运行模式，每 100 次循环以 8h 恒压充电模式对电池进行一次补充电。该试验方法对电网调峰、功率平滑、爬坡率控制、调频等场景具有典型代表性。

额定功率-恒压循环耐久力试验是电池在规定的条件下按照充放电程序，以恒定的 4 小时率额定功率充放电至设置的充、放电终止电压，并以恒压充电的运行模式。每次循环时都会进行 8h 恒压充电，每 100 次循环对电池进行一次恒压完全充电，总充电时间为 24h。该试验方法对微网储能、用户侧的削峰填谷、光伏储能、IDC 储能等具备恒压充电或备电的场景具有代表性。

6）提出对电池簇电压和温度一致性的要求：规定了电池簇开路和放电时的电池端电压差值要求，应分别不大于 30mV（2V）、100mV（12V） 和

200mV（2V）、600mV（12V），同时也规定了电池簇充放电过程中电池正、负极柱温差不应大于 10℃。这两项技术要求是电池簇延长使用寿命最基本的保证。

7）规定了电池管理系统的监控和告警保护功能要求：与以往铅酸电池的标准不同，本标准从电池系统的层面出发，规定了电池管理系统监控功能应正常显示所需的检测信息，同时具备告警保护功能，以保证铅炭电池系统运行的安全可靠性。

8）解决电池有效信息不足、信息不对称的问题：以详实的数据记录表的形式记录电池技术规格信息以及试验过程中重要的过程数据和结果数据，使技术性能指标之间不再孤立，避免出现片面和误导的情形。

5.3　各类电池储能的经济性分析

5.3.1　电池储能技术

对于电化学储能的大规模应用而言，成本、寿命、规模、效率和安全是最为关键的 5 项指标，其中安全这一指标包括了储能系统的可靠性、牢固性、灵活性和环境友好性。

应用较多的电池储能技术包括铅酸电池、铅炭电池、锂离子电池、液流电池和熔融盐电池。当前，并没有一种储能技术能够完全符合规模储能的要求。锂离子电池具有高的功率密度和能量密度，在数码产品和电动汽车中有较广泛的应用，但是锂离子电池成本高、对温度敏感、安全隐患大，在大规模储能系统中使用仍然有许多问题需要解决。熔融盐电池的可规模化程度高，几乎不存在自放电，但是安全性差。液流电池也适合规模化应用，循环寿命长，但是能量密度低，成本高，如果反应容器泄漏也将存在严重的安全隐患。而铅炭电池成本较低，可规模化程度高，安全可靠，循环寿命尤其是 PSoC 循环寿命与铅酸电池相比显著提升，与其他二次电池相比，体现出较理想的综合性能。各类电池储能技术的性能指标如表 5-1 所示。

表 5-1　各类电池储能技术的性能指标

类型	开路电压/V	比能量/（Wh/kg）	工作温度/℃	备电时间/h	循环寿命	能量效率（%）
铅酸电池	2.1	25~40	−40~60	8~10	500~1000	75~85
锂离子电池（LFP）	3.2	140~180	−20~60	0.5~4	6000~8000	90~95

（续）

类型	开路电压/V	比能量/ （Wh/kg）	工作温度/℃	备电时间/h	循环寿命	能量效率 （%）
钠硫电池	2.1	150~240	300~350	4~8	3000~5000	75~90
钒液流电池	1.4	10~20	10~40	4~12	6000~10000	65~80
铅炭电池	2.1	25~40	-40~60	6~8	3000~5000	80~90

5.3.2 锂离子电池

1. 锂离子电池原理与性能特点

锂离子电池是以含锂的化合物作正极，在充放电过程中，通过锂离子在电池正负极之间的往返脱出和嵌入实现充放电的一种二次电池。锂离子电池实际上是锂离子的一种浓差电池，当对电池进行充电时，电池的正极上有锂离子生成，生成的锂离子经过电解液运动到负极，并嵌入到负极材料的微孔中，放电时，嵌在负极材料中的锂离子脱出，运动回正极，如图 5-36 所示。

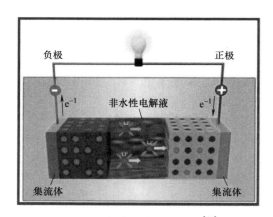

图 5-36 锂离子电池原理图[21]

自从 1991 年日本索尼公司首次实现工业化制造至今，根据正负极材料和电解质的不同，锂离子电池已经发展出了包括钴酸锂电池、锰酸锂电池、磷酸铁锂电池、钛酸锂电池、三元材料锂电池、聚合物锂电池等在内的多种电池体系。锂离子电池由于能量密度高、寿命长、自放电小、无记忆效应等优点，已广泛应用在数码便携产品中，并且正逐步进入新能源电动车、储能电站等应用领域。

钴酸锂电池产业化最成熟，产品的能量密度最高，已广泛地应用在手机、笔记本电脑等小型移动设备上。松下、索尼、三星 SDI、LG 化学、时代新能源（ATL）、力神、比克等多家企业，几乎控制了全球的钴酸锂电池行业，其中日本企业占据了高端市场，中国企业占据了低端市场。出于安全、成本的考虑，钴酸锂电池不适合做大功率和大容量的应用。

锰酸锂电池有低成本、高性能的优势，产品安全性较钴酸锂电池好。日本企业在锰酸锂电池领域开发应用最早，技术最为领先。由于能量密度不高，中国大多数企业没有选择在此领域投入，国内只有苏州星恒等少数企业坚持发展该技术。近年来电动两轮车用锂电池的产量增幅较大，锰酸锂掺混少量三元成为比较主流的技术路线。

磷酸铁锂电池具有长寿命、低成本以及高安全性等优势，是电力储能系统的热门候选技术之一。由于产品生产工艺相对容易实现，磷酸铁锂电池在我国获得了高速的发展，代表性企业包括宁德时代新能源（CATL）、比亚迪（BYD）、国轩高科、亿纬锂能等。

三元锂离子电池分为镍钴锰三元电池和镍钴铝三元电池，后者由于安全性差以及加工环境要求苛刻，大规模生产的产品较少。业内的三元锂电池以镍钴锰三元电池为主，该电池综合了镍酸锂的高容量、锰酸锂的低成本和钴酸锂的电化学稳定性，具有容量高、功率性能好等优势，已在新能源汽车行业广泛使用。国内三元锂电的头部企业包括宁德时代新能源、中航锂电、比亚迪等，但他们均采用磷酸铁锂电池用于储能系统。

2. 锂离子电池用于电力储能所面临的挑战

（1）安全性

锂离子电池的安全问题是制约其向大型化、高能化方向发展的主要障碍。锂离子电池单体能量密度高，使用的电解液由有机溶剂和锂盐组成，正负极间仅靠微米级的聚合物隔膜阻隔。在滥用（如过充、过热和短路等）或者电池内部微短路情况下，部分正极材料（如三元材料稳定性差）易释放出氧气，与电解液溶剂反应，放出大量的热和气体，引发电池热失控，严重时甚至会造成起火或爆炸。磷酸铁锂电池在安全性能上有得天独厚的优势，主要原因是其聚阴离子结构非常稳定，即使出现以上情况，也不会分解产生氧气，不会引起电解液的剧烈反应或燃烧。图 5-37 是不同类型锂离子电池的热稳定性示意图[22]，三元材料热分解温度低于 200℃，且分解时产生氧气，易燃烧起火，铁锂材料分解温度为 250℃，且分解时不产生氧气。

2018 年 7 月 2 日下午 4 点，韩国全罗南道灵岩郡金井面火城山灵岩风力发电园区内 ESS 储能设备区发生重大火灾，源头为电池室。据调查结果显示，电气室因某电池的不明原因爆炸着火，由此而引发积压在一起的 3500 多块电池接连着火，随后发生连锁爆炸和重大火灾。该储能设备由 12MWh 电池和 4MW

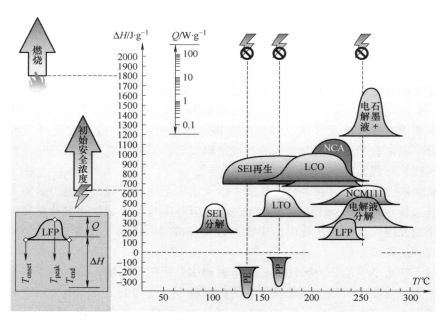

图 5-37　不同类型锂离子电池的热稳定性[22]（彩图见书后插页）

PCS（储能变流器）组成，由大名 GEC 招标，某电池公司以总承包方式承接工程，于 2015 年安装，其中储能电池采用了该公司生产的锂电池。经确认，发生事故 5 天前，即 6 月 28 日，灵岩风力方发现电池显示偏差信号后申请该公司进行检查。火灾当天，负责维护保养的合作公司到场对电池进行检查并更换模块零部件，更换电池控制系统（BMS）后，准备重新连接电池和 PCS 的瞬间响起爆炸声，同时开始着火，烧毁了电池模块和所有装备。据消防署推算，本次事故经济损失达到 46 亿韩元，投入 20 多辆消防车和 100 多名消防人员，历经 3 个多小时才成功扑灭。图 5-38 为灵岩储能设备火灾场景。

图 5-38　灵岩储能设备火灾场景

自 2017 年以来，韩国锂电储能行业发生了 23 起严重火灾事故，涉及到电池制造商 LG 化学有 12 起，三星 SDI 有 8 起，其他厂商有 3 起。其中有 14 起在充电后发生，6 起在充放电过程中发生，3 起是在安装和施工途中发生火灾。事故调查结果的原因主要为 5 个方面：电池系统缺陷、电击保护系统不良、运营操作环境管理不善、安装疏忽、储能系统集成控制（EMS、PCS）保护系统管理不善。对于电池系统缺陷，调查结果显示，部分电池包出现了极片切断不良、活性物质涂层不良等制造缺陷，调查人员表示通过超 180 次的火灾重复试验证明，这种不良不会产生火灾，但可能会成为引起火灾的"间接"要素，如果长期使用仍然会很危险。

值得关注的是，并不只有三元锂电储能才存在安全风险。2021 年 4 月，北京某直流光储充一体化电站突发火灾。该项目包括 1.4MWh 屋顶光伏和 94 个车位的单枪 150kW 大功率直流快速充电桩，以及 25MWh 磷酸铁储能锂电池，其中 12.5MWh 用于外部电动车充电，12.5MWh 用于室内供电。此次储能电站事故引发了国内社会对储能电站安全问题的广泛关注。中国电力科学研究院有限公司储能与电工新技术研究所发布了对该事故的分析报告，提出了可能引发爆炸的 8 个诱因，包括储能电池安全质量、电池管理系统和气象环境因素等。报告认为，"电站北区在毫无征兆的情况下突发爆炸"符合锂离子电池的安全事故诱发机制，即电池在内外部激源的影响下，超出其安全技术承受能力，电池遭遇极端滥用条件，突发热失控。可见，即便是本征特性较为安全的磷酸铁锂电池，规模化组成系统后，仍然面临极大的安全性挑战。

（2）资源再生

另一个需要被考虑的因素是电极材料的可获得性。全球锂资源匮乏，目前全球锂的储量是 1340 万~2840 万 t，对于新能源汽车而言，也许当前储量可以满足日益剧增的电池需求，但是作为大规模的储能系统而言，锂的储量仍然是个不容忽视的问题。

自 2020 年第四季度以来，动力电池产能加快扩张，头部动力电池企业的产能释放引发产业链供需缺口，继而引发原材料价格持续上涨，尤其是碳酸锂和六氟磷酸锂价格的成倍增加，也造成了锂电储能成本的大幅增涨。

锂离子电池回收利用被认为是解决锂及其他贵金属元素资源短缺的重要途径。目前锂电池回收利用的领域主要分为两方面：一是对符合能量衰减程度的电池进行梯次利用，在储能、分布式光伏发电、低速电动车等领域发挥再利用价值；二是对无梯次利用价值的电池进行拆解，回收其中的镍、钴、锰、锂等材料。

5.3.3　熔融盐电池

1. 熔融盐电池原理

熔融盐电池是采用电池本身的加热系统把不导电的固体状态盐类电解质加热

熔融，使电解质呈离子型导体而进入工作状态的一类电池。二次熔融盐电池一般采用固体陶瓷作为正负极间的隔膜并起到电解质的作用；工作时，电池负极的碱金属或碱土金属材料放出电子产生金属离子，透过陶瓷隔膜与正极物质反应。目前已经具备商业化运营条件的熔融盐电池体系的二次电池主要有钠硫电池和Zebra电池两种，都被认为是很具有发展潜力的化学储能技术。

钠硫电池是一种以金属钠为负极、硫为正极、陶瓷管为电解质隔膜的二次熔融盐电池，具有能量密度高、功率特性好、循环寿命长等优势，其原理图如图5-39所示。全球已经有超过100个MW级以上的应用案例。日本在钠硫电池技术方面遥遥领先于其他国家和地区，NGK是当前全球范围内唯一能提供钠硫电池工业化产品的厂商。近来中国正积极开展钠硫电池的研发和产业化探索工作。

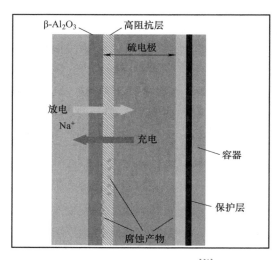

图5-39　钠硫电池原理图[21]

Zebra电池是一种以金属钠为负极、氯化镍为正极、陶瓷管为电解质隔膜的二次熔融盐电池，具有能量密度高、比功率高、充放电速度快、安全性能好等特点，长期以来被认为是较为理想的汽车动力电池之一，其原理图如图5-40所示。目前，已经开发了20kWh到120kWh大小不等的多种车用Zebra电池。此外，Zebra电池在舰船方面也有应用前景。目前，世界上的Zebra电池技术主要掌握在瑞士FZ Sonick和美国GE两家公司，中国和日本都几乎没有对Zebra电池进行研究。

2. 熔融盐电池的性能特点

熔融盐电池以熔融盐作为电解质，利用自动激活机构点燃热源，使电解质熔化而激活电池，熔融盐电解质电导率高，故熔融盐电池具有非常高的比功率；其

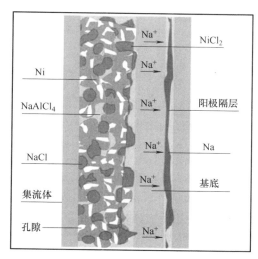

图 5-40　Zebra 电池原理图[21]（彩图见书后插页）

次，其阳极原子量小、化学性质活泼，具有很高的比能量；此外，熔融盐电池使用环境温度宽，储存时间长，激活迅速可靠，结构紧凑，工艺简单，造价低廉，不需要维护，是非常理想的军用电源。

由于需要激活机构点燃热源使电解质熔融，需要配备保温材料保温以及给激活机构预留足够的空间，熔融盐电池系统的实际比能量会受到一定的限制。

5.3.4　液流电池

液流电池是一种电极活性物质存在于电解液中的新型化学电源，电化学反应在惰性电极上发生。一个典型的液流电池单体的结构包括：①正、负电极；②隔膜和电极围成的电极室；③电解液罐、泵和管路系统。多个电池单体用双极板串接等方式组成电堆，电堆配入控制系统组成蓄电系统。

液流电池存在很多的细分类型和不同的体系，目前全球研究较为深入的液流电池体系有 4 种，分别为全钒液流电池、锌溴液流电池、铁铬液流电池和多硫化钠/溴液流电池，并都有商业化示范运行的案例。

全钒氧化还原液流电池（Vanadium Redox Battery，VRB），简称钒电池，具有长寿命、大容量、能频繁充放电等优势，其原理图如图 5-41 所示。目前，全球范围内能够提供工业化钒电池产品的企业主要包括日本住友电工、中国北京普能（收购加拿大 VRB）、澳大利亚 V-Fuel、中国大连融科。20 世纪 90 年代起，日本、澳大利亚、美国等地已经有了一些示范运行的钒电池项目，近两年来，随着全球对储能技术的关注，钒电池在中国、美国等地又陆续获得一些项目机会。

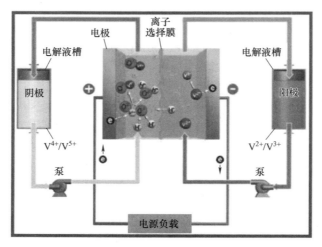

图 5-41　全钒液流电池的原理图[21]（彩图见书后插页）

　　锌溴液流电池的反应活性物质为溴化锌，充电时锌沉积在负极上，而在正极生成的溴会马上把电解液中的溴络合剂络合成油状物质。目前，全球锌溴电池还处于产业化发展的初期阶段，研发主要集中于美国和澳大利亚。美国的 ZBB 公司和 Premium Power 公司作为著名锌溴电池厂商，已开发出具有不同规格的产品（10~500kW）。

　　铁铬液流电池是以 $CrCl_2$ 和 $FeCl_3$ 的酸性水溶液（一般为盐酸溶液）为电池负、正极电解液及电池电化学反应活性物质，采用离子交换膜作为隔膜的一类电池。铁铬液流电池系统虽然具有电解液原材料价格便宜的特点，但存在负极析氢严重、正极析氯难以管理、系统循环寿命短等问题。20 世纪 80 年代日本先后研发出 1kW、10kW、60kW 甚至 MW 级电堆，但 20 世纪 90 年代后期研发基本停止。

　　液流电池具有以下优点：可用于大规模蓄电，储罐没有尺寸限制；系统设计非常灵活，选址不受地域限制；安全，可深度放电而不损坏电池，自放电低；在系统处于关闭模式时无自放电；无爆炸或起火危险；有较大的充放电速率，长寿命；高可靠性，维护简单，运营成本低；无排放，噪声小；起动快，充放电切换只需 0.02s。

　　液流电池也面临着正极/负极/电解液交叉污染、离子交换膜价格昂贵、效率低、比能量低等不足，需进一步研究攻克。

5.3.5　成本模型与经济性分析

　　电池成本是制约储能商业化进程的重要因素。这里的电池成本包含两层含义：一是储能电池的一次购置成本；二是电池在整个寿命期间的储电成本。后者可综合体现电池购置成本、循环寿命以及转换效率。

杨裕生院士在《规模储能装置经济效益的判据》一文中简化了经济性分析的边界条件，首次建立了简单的模型用于分析储能系统的经济性[23]。模型中考虑了储能电价、电池效率、初始投资、运行成本、放电深度和循环寿命等因素，计算公式为

$$Y_{\text{YCC}} = \frac{R_{\text{total}}}{C_{\text{total}}} = \frac{R_{\text{out}} - \dfrac{R_{\text{in}}}{\eta}}{\dfrac{C}{\text{DoD} \times L} + C_0} \tag{5-2}$$

$$P_{\text{m}} = (Y_{\text{YCC}} - 1) \times 100\% \tag{5-3}$$

式中，Y_{YCC} 为储能经济型的判据因子，若 $Y_{\text{YCC}} > 1$，说明该技术是可以盈利的；R_{out} 为储能电站向电网卖电的价格；R_{in} 为储能电站从电网买电的价格；C 为储能项目初始投资；C_0 为运营成本；L 为循环寿命；DoD 为相应的放电深度；P_{m} 为项目收益率。

Y_{YCC} 模型是一种简化模型，对于分析储能的经济性具有一定的参考意义。另一种常用的储能成本分析模型如下：

$$\text{LCOSE}\left(\frac{\yen}{\text{kWh}}\right) = \frac{\text{Cost}}{\text{Cycles} \times \text{Efficiency}} = \frac{\left(\dfrac{\yen}{\text{kWh}}\right)}{\# \times \eta} \tag{5-4}$$

式中，LCOSE 指综合度电成本；Cost 指电池系统的一次性购置成本和生命周期内的运维成本；Cycles 指电池换算成 100%DoD 的循环次数；η 代表能量效率；# 代表循环次数。

根据式（5-4），可以分别计算铅酸电池、锂离子电池、钠硫电池、全钒液流电池和铅炭电池的储电成本，如表 5-2 所示。带 * 号的数值表示考虑铅酸电池和铅炭电池具有 30% 的回收残值，表中所列电池价格不具有完全代表性，仅供参考。尽管铅酸电池的购置成本最低，但是由于其循环寿命有限，因此储电成本为 0.78 元/kWh，考虑铅的可回收性后，其储电成本约为 0.55 元/kWh，与锂离子电池相当。全钒液流电池的循环寿命优异，但是一次性投入也较大，效率较低，综合计算后储电成本约为 1.25 元/kWh。锂离子电池近几年由于原材料价格大幅下调和装备制造能力的提升，电池价格降幅较大，又因其循环寿命长，因此综合储电成本为 0.2 元/kWh。铅炭电池的循环寿命以 6000 次计（60%DoD），在考虑 30% 回收残值的情况下，每储一度电的成本仅为 0.13 元。可见，在现有的电池储能技术中，锂离子电池和铅炭电池具有较好的经济性，可以实现大规模的商业化应用。

表 5-2　电池的储电成本计算

电池类型	DoD×循环寿命	寿命期间放出的总电量	能量效率（%）	电池系统价格/（¥/Wh）	储电成本/（¥/kWh）
铅酸电池	1×800	800C	80	0.4	0.78（0.55*）
锂离子电池（LFP）	0.8×8000	6400C	92	1.2	0.2
全钒液流电池	1×10000	10000C	80	10	1.25
铅炭电池	0.6×6000	3600C	90	0.6	0.19（0.13*）

参 考 文 献

[1] IEC61427-2. 可再生能源储能用蓄电池和蓄电池组 一般要求和试验方法 第2部分：光伏并网应用 [S].

[2] Summer Ferreira, Wes Baca, Tom Hund, et al. Life Cycle Testing and Evaluation of Energy Storage Devices [C]. Sandia National Lab., Albuquerque, NM, United States, September 28, 2012.

[3] Giess H, Xiang J, Ding P. ALABC Project 1618 STFRLL, Generation of root-factor knowledge so to enhance the operation of VRLA/AGM batteries during Frequency-Regulation and Load-Following endurance tests according to IEC 61427-2 for On-Grid EES applications. Final Report. Proceedings of advanced lead-acid battery consortium [C]. Research Triangle Park, NC, USA, 2019.

[4] Yuichi Akasaka, Jun Furukawa, Satoshi Shibata, et al. Next generation Ultrabattery for micro-HEV [C]. 16th Asian Battery Conference, Bangkok, Thailand, September 2015.

[5] Paolina Atanassova, Aurelien Du Pasquier, Andriy Korchev, et al. New carbon additives for high dynamic charge acceptance-low water loss lead acid batteries [C]. 15th European Lead Acid Battery Conference and Exhibition, Valletta, Malta, September 2016.

[6] Xiang Jiayuan, Ding Ping, Zhang Hao, et al. Beneficial effects of activated carbon additives on the performance of negative lead-acid battery electrode for high-rate partial-state-of-charge operation [J]. Journal of Power Sources, 2013（241）：150-158.

[7] 钟国彬，苏伟，王超，等. 铅酸蓄电池寿命评估及延寿技术 [M]. 北京：中国电力出版社，2018.

[8] Geoffrey J May, Alistair Davidson, Boris Monahov. Lead batteries for utility energy storage A review [J]. Journal of Energy Storage, 2018（151）：145-157.

[9] Ruetschi P. Aging mechanisms and service life of lead-acid batteries [J]. Journal of Power Sources, 2004, 127（1-2）：33-44.

[10] Pavlov D. Lead-Acid Batteries Science and Technology [M]. Amsterdam：Elsevier, 2011.

[11] Yan J H, Li W S, Zhan Q Y. Failure mechanism of valve-regulated lead-acid batteries under

high-power cycling［J］. Journal of Power Sources, 2004, 133（1）: 135-140.

［12］ Pavlov D, Rogachev T, Nikolov P, et al. Mechanism of action of electrochemically active carbons on the processes that take place at the negative plates of lead-acid batteries［J］. Journal of Power Sources, 2009, 191（1）: 58-75.

［13］ Berndt D. Valve-regulated lead-acid batteries［J］. Journal of Power Sources, 2001（95）: 2-12.

［14］ Culpin B. Thermal runaway in valve-regulated lead-acid cells and the effect of separator structure［J］. Journal of Power Sources, 2004（133）: 79-86.

［15］ Berndt D. Valve-regulated lead-acid batteries［J］. Journal of Power Sources, 2001（100）: 29-46.

［16］ Pavlov D, Dimitrov M, Petkova G, et al. The effect of selenium on the electrochemical behavior and corrosion of Pb-Sn alloys used in lead-acid batteries［J］. Journal of the Electrochemical Society, 1995, 142（9）: 2919-2927.

［17］ 孙玉生, 刘玉辉, 舒达, 等. 浮充型阀控铅酸蓄电池失效模式探讨［J］. 电池工业, 2003, 8（2）: 56-59.

［18］ 谭新雨, 黄文辉, 袁镇. VRLA 电池失效模式探讨［J］. 蓄电池, 2005（2）: 56-59.

［19］ GB/T 36280—2018. 电力储能用铅炭电池［S］.

［20］ Yang Zhenguo, Zhang Jianlu, Michael C W, et al. Electrochemical Energy Storage for Green Grid［J］. Chemical Reviews, 2011（111）: 3577-3613.

［21］ Feng Xuning, Ouyang Minggao, Liu Xiang, et al. Thermal runaway mechanism of lithium ion battery for electric vehicles: A review［J］. Energy Storage Materials, 2018（10）: 246-267.

［22］ Soloveichik G L. Battery technologies for large-scale stationary Energy Storage［J］. Annual Review of chemical and Biomolecular Enginecring, 2011（2）: 503-527.

［23］ 杨裕生, 程杰, 曹高萍. 规模储能装置经济效益的判据［J］. 电池, 2011, 41（1）: 19-21.

181

第6章

铅炭电池储能系统集成技术

6

6.1　热管理技术

6.1.1　铅炭电池的产热

　　铅炭电池在充放电过程中产生的热量包含了焦耳效应产生的热和可逆热效应产生的热，前者取决于电流流动引起的电位降，即负载电流的大小和电池的实际设计（内阻值），后者则取决于活性物质转化量的多少。

　　铅炭电池与铅酸电池类似，放电时可逆热为负值，即电池从外界环境中吸收热量，充电时可逆热为正值，即电池向外界放热。铅炭电池可逆热效应非常微弱，仅仅是其转换能量的3.5%[1]，通常被焦耳效应所掩盖。只有当电池以很小的倍率放电时，才能观察到电池有微小的冷却。

　　焦耳效应是指电流经过导电组件和电解液的欧姆电阻时产生的热，这其中也包含了由于反应阻碍而产生的不可逆热，它表现在电极表面和电解液间的电位降，当反应逆向进行时，这部分热量不能得到补偿。

1. 铅炭电池放电过程中的产热

　　铅炭电池放电过程的热效应可以参考同类铅酸电池的情况。以12V、18Ah的阀控式密封铅酸电池为例，表6-1计算了不同放电电流下的产热情况，表中的放电参数、焦耳效应 Q_j、可逆热效应 Q_{rev} 和产生的总热量 Q_{total} 是对电池的放电曲线（V相对于Ah）进行图形积分得到的。

　　低倍率放电时产热数值不高，因为焦耳效应和可逆热效应或多或少是相互抵消的，但是随着放电电流的增大，产热量的增加越来越明显。在高倍率放电时，尽管时间很短，但产生的热量很大。图6-1用柱状图直观地示意了电池在放电过程中的可逆热效应、焦耳效应和总热量。可逆热效应占放电能量的百分比总是接近的，因为它与转变的活性物质的数量相关。随着放电电流的增大，焦耳效应所产生的热量越来越大，并且对总产热量的贡献逐渐加大。

表 6-1　12V、18Ah 阀控式密封铅酸电池放电时的产热量[1]

参数	放电电流	I_{20}	$I_{20}\times3.4$	$I_{20}\times10$	$I_{20}\times20$	$I_{20}\times60$	$I_{20}\times100$
	放电时间	20h	4.96h	1.12h	27min	6.6min	2.2min
1	放电电流/A	0.9	3.06	9	18	54	90
2	放出能量/Wh	40.8	33.9	22.5	17.9	12	6.5
3	Q_{j}/Wh	−1.11	−1.71	−1.79	−2.07	−2.06	−1.61
	相当于放电能量（%）	2.7	5	8	11.5	17	25
4	Q_{rev}/Wh	1.8	1.2	0.81	0.61	0.45	0.25
	相当于放电能量（%）	4.3	3.5	3.6	3.4	3.7	3.8
5	Q_{total}/Wh	0.7	−0.53	−0.98	−1.45	−1.60	−1.36
	额定容量 100Ah	3.9	−2.94	−5.4	−8.05	−8.9	−7.6
	相当于放电能量（%）	−1.6	1.6	4.3	8.1	13.24	20.9
6	$Q_{total}/\Delta t$/W（平均）	0.03	−0.11	−0.87	−3.12	−14.7	−36.2

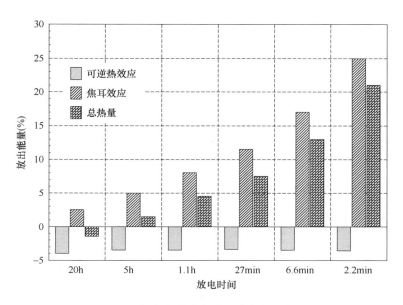

图 6-1　铅炭电池放电过程的产热示意图

2. 铅炭电池充电过程中的产热

铅炭电池在充电或过充电时产生的热量主要由副反应决定，如排气式铅炭电池中的水分解和阀控式电池内部的氧循环。图 6-2 展示了各种反应所产生的热量。充电过程中，大部分电能 $[(\Delta G/nF)i=E^0 i]$ 用于电化学反应，用黑点区表示。产生的热量用 $(E-E_{cal})i$ 表示。因为 E_{cal} 低于 E^0，可逆热效应（阴影线区 Q_{rev}/nF）会产生另外一部分热。因此，产生的热量相当于 $0.24i$，单位为 W；而 E 和 E_{cal} 的单位为 V，i 的单位为 A。

对于水分解，E_{cal} 大于 E^0，所以在充电期间可逆热效应产生的热减少，这意味着与平衡电压所产生的热相比，更多的热被析出的气体混合物带走，过充电期间产生的热量也因此减少了 20%。另一方面，与充电反应相比，水分解反应的 E^0 与实际电池电压之间的差异较大，图 6-2 的实例中产生的热量相当于 $(2.25-1.48)i=0.77i$（W），可以达到充电反应产生热量的 3 倍。

内部氧循环的情况比较特殊，相应的热力学数据是 $E^0=0$ 和 $E_{cal}=0$，所以用于此反应的所有电能全部转变成热量，图 6-2 中用交叉影线区域表示，在这些条件下，产生的热量分别是水分解和充电反应的 3 倍和 9 倍。铅炭电池由于负极炭的存在，在充电末期的析氢副反应较多，使氧复合加剧，因此阀控式的铅炭电池在充电末期的产热是尤其需要关注的。

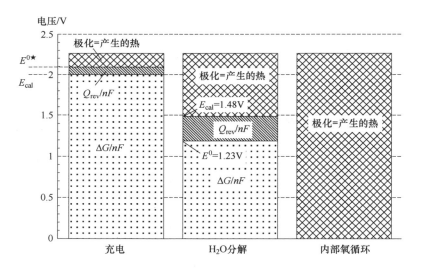

图 6-2 用 **2.25V**（单体电池）进行充电或过充电期间产生的热量用等效电压乘以电流计算产生的热量

注：★取决于酸密度（$E^0=d+0.84$）。其中，$d=1.24g/cm^3$，即 $E^0=2.08V$

表 6-2 给出了额定容量为 400Ah 的铅酸电池在充电期间产生的热量示例，对于铅炭电池的产热量，基本可以参考表内的数据。

表 6-2　额定容量为 **400Ah** 的铅酸电池充电期间产生的热量[1]

序号	热效应	Wh	kJ	kJ（容量为 100Ah 的电池所产生的热量）
1	焦耳效应	75	270	68
2	可逆热效应	21.5	77	19
3	水分解	2.76	9.9	2.5
4	内部氧循环	64.8	233	58
5	产生的总热量	164	590	147

6.1.2　铅炭电池系统的热管理

铅炭电池的系统热管理，总的来说，就是要根据电池运行的要求，以及电池工作期间所要经受住的内、外热负荷状况，采用一种或多种热管理技术，实现电池内、外部的热交换，保证铅炭电池系统在运行工作期间的温度都保持在合理的范围内。

铅炭电池储能系统可采用的热管理技术包括：①以空气为介质的热管理，简称空冷；②以液体为介质的热管理，简称液冷；③基于热管的热管理，简称热管冷却；④基于相变材料的热管理，简称相变冷却。表 6-3[2] 从散热效率、散热速度、温降、温差、技术复杂度、耐用性、成本等方面对上述 4 种典型热管理技术进行了对比。

表 6-3　典型热管理技术的对比[2]

对比项	空冷	液冷	热管冷却	相变冷却
散热效率	中	高	高	高
散热速度	中	较高	高	较高
温降	中	较高	高	高
温差	较高	低	低	低
技术复杂度	中	较高	较高	中
耐用性	好	中	好	好
成本	低	较高	高	较高

空冷利用空气对流带走电池的热量，具有结构简单、轻便、可靠性高、寿命长及成本低等优点，但由于空气的比热容和导热系统都很低，空冷系统的散热速度和散热效率都不高，这使得空冷比较适合用于电池产热率较低的场合。空冷技

术的研究主要关注于优化空气流量、电池布局和流道等。Fan 等[3] 通过 CFD 仿真分析研究不同电池间距和空气流量对电池组温度分布的影响，其仿真结果显示在流量保持不变的情况下，最高电池温度随着间距的增大而增大，温度分布反而更加均匀。空气流向也是影响电池温度分布的一个重要因素。若空气始终往一个方向流动，必然使得在空气进出口的电池之间有较大的温差。Mahamud 和 Park[4] 提出了一种空气流动方向反复变换的冷却方式，仿真结果显示，这种方式能够让电池温差下降约 72%。

液冷以液体为冷却介质，通过对流换热将电池产生的热量带走。可用作冷却介质的常见液体有水、乙二醇水溶液、纯乙二醇、空调制冷剂和硅油等。液体冷却介质的换热系数高、比热容大、冷却速度快，可有效降低电池的最高温度和提高温度分布的均匀性，同时液冷系统的结构较为紧凑。液体与电池的接触模式有两种：一种是直接接触，电池单体或者模块沉浸在液体（例如，电绝缘的硅油）中，让液体直接冷却电池；另一种是在电池间设置冷却通道或者冷板，让液体间接冷却电池。液冷技术的研究主要关注于液体冷却剂的选择、流道的优化、流速的优化以及热电耦合模型等[5-8]。

热管是依靠封闭管壳内工质相变来实现换热的高效换热元件。它一般由管壳、管芯及工质组成。热管具有高导热、等温、热流方向可逆、热流密度可变、恒温等优点，广泛应用于核电工程、太阳能集热、航天工程、电子设备冷却等领域。热管冷却系统的研究主要集中于评估冷却性能、优化冷端冷却、建立预测模型等[9-11]。热管技术在电池系统中的应用研究处于实验室阶段，并且比空冷和液冷更为复杂，成本较高，目前尚未用于电池储能系统。

相变冷却是利用相变材料（Phase Change Material，PCM）发生相变来吸热的一种冷却方式。相变材料的最大缺点是导热系数低、导热性能差。相应地，相变材料的储热和散热速度都很低，无法用于电池的高产热工况。大量研究工作围绕克服这一缺陷展开。目前采用的方法主要有两种：一种是将相变材料填充到泡沫金属或膨胀石墨中[12,13]；另一种方法是在相变材料中添加其他导热性能好的材料[14-16]。由于相变材料吸收的热量需要依靠液冷系统、风冷系统、空调系统等导出，因此，相变冷却技术一般会与其他热管理技术结合起来使用，起到均匀电池温度分布、降低接触热阻以及提高散热速度等作用。

根据热管理技术的特点，不同的热管理技术可以用于产热率和环境温度不同的应用场景。对于铅炭电池而言，利用对流换热降低电池温度的空冷方式，具有系统结构简单、易维护及成本低等优点，因此，空气冷却是目前铅炭电池储能系统中采用最广泛的热管理方式。

6.1.3 铅炭电池系统的热仿真案例

浙江南都电源动力股份有限公司的研发团队利用 CFD（Computational Fluid

Dynamics），对铅炭电池用于港口集装箱起重机能量回收工况下的电池发热、散热情况进行了仿真模拟[17]。

港口有大量轮胎式龙门吊（RTG）对集装箱进行起吊作业，目前大多数RTG在集装箱下降过程中采用制动电阻将势能转换为热量白白消耗掉。该项目中采用铅炭电池将集装箱下降时的能量进行回收，在起吊时再加以利用，节能效率达50%左右。该过程中电池需要进行快速频繁的大电流充放电，电池发热量较大。因此，需要对电池组进行热管理，以控制电池温升和电池间温度的均匀性。

项目团队在设计电池安装方式时，将电池水平卧放，每个电池柜安装48只单体2V、200Ah的铅炭电池，同时每4只电池的背部安装一台风扇进行散热，如图6-3所示。在该工况下电池的工作电流较大，最大产热量为37.5W/只（以焦耳热为主）。计算过程按表6-4中的不同发热量、风扇流量、风向等不同参数组合进行仿真计算。

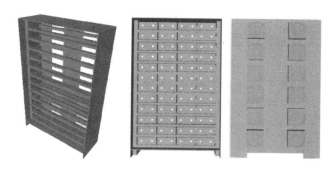

图6-3 电池、风扇在电池柜中的安装示意图（左图为电池柜效果图，中图为安装电池的电池柜效果图，右图为电池柜背面风扇示意图）

表6-4 仿真计算的输入参数表

参数组合	电池发热量/（W/只）	风扇流量/（m³/min）	风向
A	25	11	吹风后→前
B	25	5.5	
C	25	3.87	
D	12	11	
E	40	11	
F	25	11	抽风前→后
G	25	3.87	

通过软件计算模拟，可以得到电池柜上电池的温度分布情况，如图6-4为方

案 A 的温度分布。正面发热点主要集中在极柱部位，背面由于采用吹风方式，温度要更低一些。同时还可以得到电池柜不同部位电池的温度分布情况，如图 6-5 所示。

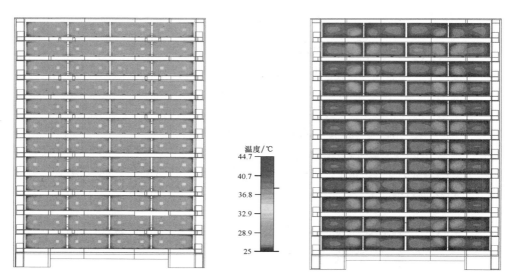

图 6-4　方案 A 条件下仿真计算的电池柜正反面温度分布情况（彩图见书后插页）

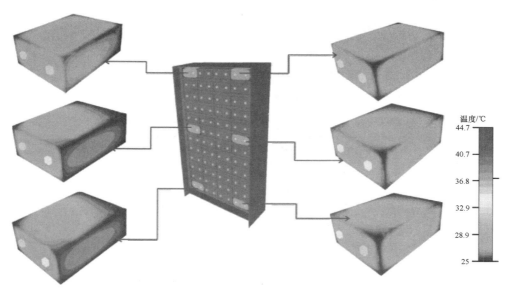

图 6-5　方案 A 条件下仿真计算的电池柜不同位置电池温度分布情况（彩图见书后插页）

对 7 种方案进行仿真计算后，汇总得到表 6-5。可以看到，电池柜中 48 只电池的温差可以控制在 3℃ 以内，电池表面的最高温度可以控制在 40℃ 以下。抽风的散热效果优于吹风，主要是抽风过程气体流动更加顺畅，同时也不会把风扇运行时自身的热量带到电池上。

表 6-5 热仿真结果汇总表

参数组合	电池表面温度/℃			
	平均	最高	最低	温差
A	30.9	32.1	30.1	3.0
B	34.3	36.1	33.3	2.8
C	37.2	39.2	35.9	3.3
D	27.9	29.7	27.5	2.2
E	34.5	36.4	33.2	3.2
F	31.4	31.9	30.8	1.1
G	36.9	39.0	35.1	3.9

通过上述热仿真计算，认为该电池柜的设计可以保证电池运行过程中的热量控制。因此项目组按此设计制作电池柜（见图 6-6）进行长期模拟循环测试，对港机工况下铅炭电池特性进行了分析测试。其中 2 个方案电池进行了 22 个大循环测试，1 个大循环模拟进行 14000 次集装箱起吊作业，整个过程中电池温度未超过 35℃。

图 6-6 港机电池模拟测试电池柜（左为电池柜正面，右为电池柜背面风扇）

总体而言，铅炭电池储能系统的特点是电池数目多、容量大、安全性要求极高。热管理设计的最大难点在于让一定空间内的大量电池工作在合适的温度区间内，且温度分布较为均匀。随着铅炭电池倍率的提升、系统能量密度的增加，电池产热量增大，相应地，对电池热管理系统的要求也越来越高。未来对铅炭储能系统的热管理研究应当重点关注以下几个方面：

1）产热特性研究。深入研究极化热、欧姆热、反应熵变热各部分对产热的量化影响规律，并建立适合铅炭电池的电化学-热耦合模型。

2）空冷系统优化。在空冷系统中，流场不均匀易造成电池组温度分布不均匀，可借鉴动力电池系统的研究成果，通过改进流道、改变流向以及增加新装置等方式来提高温度分布的均匀性。

3）新型热管理技术。研究高性价比、高安全的新型液态冷却介质和热管等冷却技术，对多种热管理技术的复合开展优化设计，获得热管理效果与经济性相平衡的最优方案。

6.2　电池管理技术

在铅炭储能电站中，铅炭储能电池往往由几十只甚至几百只以上的电池组串并联构成。由于每只电池之间的性能参数存在微小的差异，在使用过程中，体现在电池内阻、电压、容量等参数的不一致。这种差异会随着使用时间增加而使电池组的离散性明显增加，整体电池组的容量受限于电池组中性能最差的电池容量，最终导致电池组提前失效。因此，需要有专门的电池管理系统（Battery Management System，BMS）对电池进行统一监测并控制。电池管理系统最基础的功能是实现对储能电站各单体电池的电压、温度，以及各电池组的组电压、组电流及环境温度的实时在线监测，设定电压、电流、温度的超限报警及控制。除此之外，BMS 还能实现更多的管理功能，如选择不同的均衡方式来平衡单体电池一致性，采用合适的算法精确计算电池的剩余容量，评估每只电池及整组电池的健康状态等，通过这些功能的管理控制来保证储能电池更稳定可靠的运行和更长的使用寿命。

6.2.1　监控技术

铅炭储能电站电池管理系统通常采用标准化分层式设计，共分为三层结构，应用时方便扩展，系统架构如图 6-7 所示。

最底层的电池监测单元（Battery Monitor Unit，BMU）负责采集单体电池的电压、温度，处理后将数据上传给上一层的 BCU（Battery Cluster Unit），即电池串单元。BMU 可以作为一个标准化模块使用，维修时直接更换。1 个 BMU 管理多只电池，多个 BMU 对应 PCS 一路输出的串联电池组，由一个 BCU 统一管理。在 BCU 中检测整组的电池电压和电流，并可设置参数管理本组电池的电压均衡、

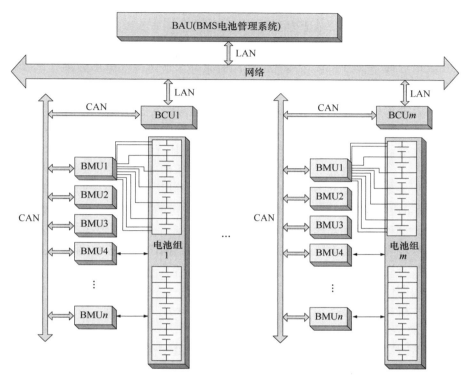

图 6-7　电池管理系统架构示意图

高低压报警和保护、温度报警和保护、电池组热管理控制，单体及整组电池的电压、电流、温度、绝缘、SoC、SoH 等参数的实时显示。在存储能量较大的储能电站应用中，上述系统也可作为标准系统进行扩容，多个 BCU 由一个总 BAU（Battery Array Unit）电池阵列单元进行综合管理。BAU 通常以工控机或服务器作为硬件，安装数据库和电池管理系统软件，可管理多组数的 BCU，存储历史数据，具有图形曲线对比显示与分析功能。

BMU 与 BCU 之间的通信采用 CAN（Controller Area Network）通信接口，其强大的错误检出能力确保了通信的安全可靠。BCU 与 BAU 之间的通信采用 RJ45 的网络接口，符合 ICP/IP，方便在局域网内的电池管理系统软件进行远程监控操作。

1. 电压采集技术

电池电压的实时监测，是电池管理系统的基础功能，电池电压状况与单体电池的安全性判断有关，也是 SoC、SoH 等计算功能得以实现的基础数据。电压采集的方案主要有专用硬件芯片检测、带有模数转换器的单片机检测、基于开关并共享 A/D 芯片的轮流采集等。

　　基于专用硬件芯片检测方案，可测量多达 12 个串联电池的电压并具有低于 1.2mV 的总测量误差，所有 12 节电池的电压可在 290ms 之内完成测量。智能化的单片机可以连接多个模数转换器，能同时采样多块电池的电压或采样串联电池组的总电压。由于模数转换器 A/D 转换的电压范围常常小于 5V，而多数串联起来使用的电池组电压范围已经远远超过 5V，或者单体电压超过 5V 的 6V 电池和 12V 电池，都需要分压电路分压。然而普通电阻的误差相对较大，使得测量结果误差偏大，准确度不够，因此必须选用精密电阻用来分压。根据电池的电压范围，为每一个分压回路选择不同的阻值。由于分压回路阻值不一致，会导致每个电池的电压采集准确度不一致，降低了采集的准确度，并且分压回路的电阻在不同程度上不断在消耗着动力电池的电量，会在一定程度上导致电池个体的不均衡，因此，这种方案在实践中还需改进。基于开关并共享 A/D 芯片的轮流采集方式是一种较为实用的电压监测方式。每个电池的两端分别连接两个开关，然后连接到模数转换器的模拟输入端，由单片机控制所有开关的闭合与关断，在一个电压采集周期内，使电池的电压值由模数转换器（ADC）得出数字信号，然后传送给单片机进行处理。在实际应用中，开关常采用光继电器。

　　2. 电流采集技术

　　铅炭电池电流采集分为基于串联电阻和基于霍尔传感器两种方案。

　　基于串联电阻的电流检测，一般模数转换芯片多半是针对电压信号的，电压常常作为最直接的被测量，然后除以相应的电阻值，可得出电流值。在串联电池组的主回路上串联一个分流器，如图 6-8 所示，分流器实际上就是一个阻值很小的电阻，要选用温漂小且准确度较高的小电阻，当电流流过分流器的时候，可以通过测量其两端的压降 U_r 来计算电流的大小，即 $I=U_r/r$。

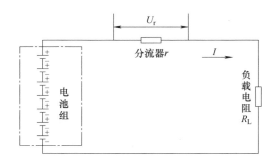

图 6-8　分流器检测电流的电路示意图

　　分流器阻值大小的选择主要依据储能电池组电流的工作范围。例如，储能的工作电流范围是 0~400A，若需要在分流器上产生最大值为 80mV 的压降，则分流器的阻值为 0.2mΩ。当然，80mV 的电压值相对太小，通常在 A/D 转换之前还需加上适当的放大电路。使用串联电阻方式采集电流存在热损耗问题和隔离问题。热损耗问题是指电流通过电阻会产生一定的热量，造成了热损耗。由于储能系统的工作电流比较大，产生的热损耗较大。隔离问题是指串联电阻法属于接触式测量，在电路设计时要考虑共地、隔离等问题。由于增加了隔离电路，使得电路复杂度增加。

基于霍尔传感器的电流监测，是利用霍尔效应来检测电流的一种电子元件，能测量交流、直流、脉冲等各种类型的电流，且主电路与信号电路完全物理隔离，提高了主电路工作的可靠性。霍尔传感器有 4 个引脚，分别是运算放大器的正负电源 $E+$ 和 $E-$，以及传感器的输出 V_{out}（输出端 V_{out} 的电压值记为 U_{out}）和信号地。当通有电流的导线从霍尔传感器的中心孔中穿过，电流的正负、大小直接在 U_{out} 中得到反映。导线所通过的电流 I 与输出电压 U_{out} 之间的关系如图 6-9 所示。

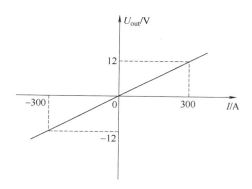

图 6-9　霍尔电流传感器输出电压与检测电流关系图

3. 温度采集技术

热敏电阻是最常用的采集温度的方式，其电阻值随着温度几乎呈线性变化，如果把它与另外一个已知阻值的电阻串联，就可以通过检测两个电阻之间的电压差来判断温度的大小。选择合适的负温度系数（NTC）热敏电阻，组成偏置电路。10kΩ、100kΩ 都是最常用的 NTC 传感器。除了温度传感器选择外，传感器布置的位置也非常重要。电池内部温度通常分布不均匀，温度传感器应布置在电池内部温度较高的位置，通常以线鼻子的方式接在电池的负极极柱上。环境温度的监测原理与电池温度的监测原理相同，如图 6-10 所示。

4. 数据采集的准确度指标

在模拟前端采集实时数据后，主控单片机 MCU 还对采集的数据进行筛选过滤和多次采集求平均值相结合的方法，保证采集数据的准确性和稳定性。

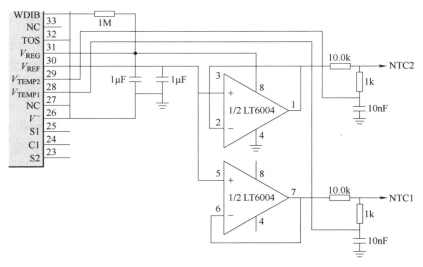

图 6-10　温度监测的示意图

铅炭储能系统的 BMS 监测准确度一般要求如下：

1）电流采样周期≤1s，测量分辨率 0.1A，准确度±1%（>1A 时）；

2）单体电压采样周期≤1s，各采样点时间允许误差≤100ms，测量分辨率 ±5mV，测量误差≤3%；

3）总电压采样周期≤1s，测量分辨率 0.1V，误差≤1%；

4）温度采样周期≤5s，分辨率 0.1℃，检测准确度±1℃。

6.2.2　均衡技术

由多只单体电池经过串联组成的电池组在使用前虽然经过科学筛选、匹配，在电池组的容量、内阻等特性方面达到了一致性的要求，但是在多次充放电后，电池组的不一致现象仍会存在，不可避免。这会造成自身容量大的单体电池处于浅充浅放的状态，反之则处于过充过放的状态。这些情况都会加速对电池自身的破坏，并且使其使用寿命受到不可忽视的影响，为此提出对电池组的充电过程进行均衡控制，即引入均衡电路。电池均衡电路主要分为被动均衡（能量耗散式）电路和主动均衡（非能量耗散式）电路两大类。

1. 被动均衡（能量耗散式）电路

在电池充电的过程中在线实时检测电池电压的变化，并根据此变化，利用控制芯片决定电路中是否引入分流电阻。图 6-11 为开关控制分流电阻的均衡充电电路原理图。在电池组充电期间，无论在哪一时间点，只要组内某一单体电池的当前电压等于控制器内设定的充电电压阈值上限，且最大压差超过差压设定阈

值，那么控制高电压的单体电池分流回路开关
闭合，使电路处于均衡状态，直至任意两节单
体电压差值不超过设定的阈值时，结束均衡。
这种均衡方式的特点是依据电阻均衡的方法将
组内各个单体电池有选择地实施均衡控制，可
以通过对充电过程中偏高的单体电池电压进行
分流来实现较好的均衡效果。该均衡电路的缺
点在于因均衡时间过程很长而导致分流产生热
量，如果不进行及时处理，会影响电池组的充
电效果，尤其是由较多单体电池组成的电池组
中，所产生的热量不容忽视。

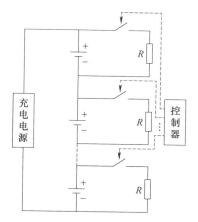

图 6-11　开关控制分流电阻的
均衡充电电路原理图

采用能量耗散型的被动均衡电路，控制简
单，硬件易实现，成本低，但效率较低，电阻
耗能发热。能量耗散型方式的均衡电流通常为
几十 mA 至上百 mA，适用于小电流和小功率输出，或做长时间备电的场合，不
适合储能系统经常大电流充放电的工况。

2. 主动均衡（非能量耗散式）电路

非能量耗散式的主动均衡使用一些储能元
件，如电感、电容等和一些开关元件，采取集
中式或是分散式的电路结构，使能量在较高荷
电状态的单体电池和较低的单体电池之间进行
转移，直至实现充电均衡。这种方法也被称为
无损均衡，耗能小，均衡电流大，能达到 2A
左右，可弥补耗散式均衡的不足，但控制难度
相对较大，电路结构复杂。

基于 buck-boost 的主动均衡电路如图 6-12
所示。这个电路中的电流是单向的，由电池两
端安装的二极管和开关管决定的。每个单体电
池均能与储能电感连接，且每个单体电池两端
都安装有两个二极管和两个开关管，但是电路
两端的支路仅安装有一个二极管和一个开关
管，这是为了避免电路中使用过多的开关
器件。

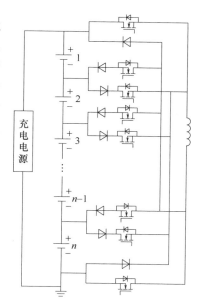

图 6-12　基于 buck-boost 的
主动均衡电路

主动均衡策略是通过检测电池组中每个单
体电池的工作电压，如果某个单体的工作电压过高，则此单体中多余的电量将被

转移到工作电压低的单体中，直至达到均衡状态。该主动均衡电路的优点是电路中的每一个开关既可以作为一个单体电池的放电回路，也可以作为另一个单体电池的充电回路。其原理与 buck-boost 电路相似，储存电能只利用了一个电感，因此体积不是很大，可以做成均衡电路集成芯片。

图 6-13 是均衡逻辑框图。进入均衡子程序后，先判断是否进入均衡状态，确定进入后，再判断是否开启了均衡的方式，如果未开启，先判断均衡的启动条件是否满足，在满足后开启均衡，如果均衡已经开启，则判断最高最低单体压差是否已经低于均衡开启压差，如果确定低于，则关闭均衡，否则进入计时器读取时间，判断累计的时间是否已经达到设定的计时时间，如果已经达到设置的时间，则关闭均衡，否则继续均衡累积。

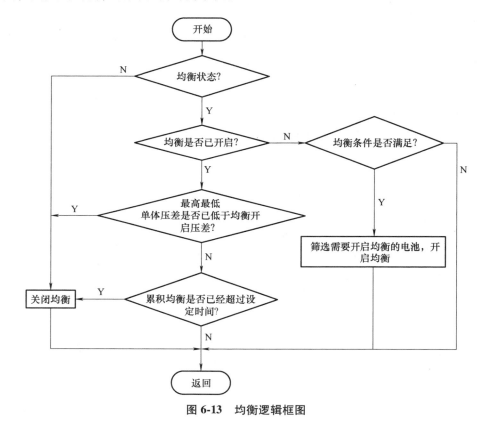

图 6-13　均衡逻辑框图

6.2.3　容量预测技术

在描述电池剩余容量状态时，通常采用电池荷电状态（State of Charge，SoC）来表示。在大多数的应用场合中，显示电池组剩余电量信息是十分必要的。用户可以通过电池组的剩余容量，明确电池组的工作状态，掌握其剩余工作时间，以便灵活管理可用电量并及时对其充电。常见的 SoC 估算方法有下面几种：

1. 开路电压法

当电池处于闲置状态，即无充放电电流的情况下，电池的开路电压在数值上等于电池两端电动势，再根据开路电压在一定条件下与 SoC 的比例关系的原理来计算电池的 SoC。这种方法称为开路电压法（Open-Circuit Voltage method，简称 OCV 法），它是测量 SoC 最简单的方法。

通常，当电池的剩余电量较多时，电池两端的电压较高，反之，电池两端的电压也随之降低。值得注意的是，在电池工作的整个电压范围内，其开路电压和 SoC 值呈非线性关系，且一般情况下已经忽略了电池老化程度对测量结果的影响。因此，通过开路电压法所测量得到的 SoC 值误差较大。并且由于开路电压法只能测试稳定状态（电池两端无负载，电解液浓度分布均匀）下电池的 SoC，也就是电池处于静止的情况下，而要达到这个静止状态，需要将电池静止 0.5 ~ 1.5h。但是电池在充放电时，由于电流的流动使得电压频繁变化，所以开路电压法无法检测电池工作时的 SoC，因此开路电压法一般只应用于其他算法的补充。

2. 安时积分法

安时积分法的原理是对电流进行实时积分，以计算电池充入或放出的电量，并以此来估算 SoC 的值，又叫电量积累法。安时积分法把电池作为一个封闭系统，在电量计算时，只需要计量进出的电池电能并对其进行累加，通过累积的充放电电量跟 100% 荷电状态的电量进行对比，来估算电池当前的电量。由于不必考虑其他因素的影响，该方法实现起来简单直接。当前状态 SoC 的计算公式如下：

$$\mathrm{SoC} = \mathrm{SoC}_0 - \frac{1}{C_N}\int_0^1 \eta I \mathrm{d}\tau \tag{6-1}$$

式中，SoC_0 为 100% 荷电状态；C_N 为电池标称容量；I 为电池电流；η 为充放电效率，不是常数。

安时积分法估计 SoC 简单可靠，但首先需要保证初始值正确，且电流测量准确的情况下，才能较精确地计算电池的 SoC。若电流测量不准，会增大 SoC 估计误差，且误差可随着时间累积。同时，要想进一步得到更精确的 SoC 值，还需加入电池的自放电、存放时间、温度等影响因素进行补偿。就安时积分法实现的复杂度和可靠性而言，它是目前实际应用中采用最多的一种估算方法，且常与其他方法结合使用。

3. 卡尔曼滤波法

卡尔曼滤波法是在安时积分法基础之上建立起来的，其中心思想是采用卡尔曼滤波最小方差估计最优化递推算法。即用系统的上一个状态变量估计值连同当前状态的观测值，并通过递推迭代的方式，推出当前系统的状态估计值，其使用的电池模型数学表达式包括状态方程和观测方程。

利用卡尔曼滤波法，可以将初始值不准确的 SoC 值不断向真实值靠近。与其他估计方法相比，卡尔曼滤波法尤其适合电流波动比较剧烈的应用场合（如储能的调峰调频等）。但卡尔曼滤波法在实际运用中需要进行大量的矩阵运算及数据处理，因此，在硬件电路上，需要运算性能强的微控制单元才能实现，这也使得电路变得比较复杂。

此外，还有一些其他的 SoC 的估计方法，如扩展卡尔曼滤波算法、无迹卡尔曼滤波算法、粒子滤波算法、神经网络模糊推理法等。目前，这些方法仍处于研究阶段，离实际应用还有一段距离。

6.2.4 电池健康状态评估技术

电池的老化状态也可以用电池健康状态（State of Health，SoH）表示。实时监控电池的 SoH，随时了解每只电池的健康状况，可以延长电池组使用寿命，保证电池组的整体充电与放电性能。电池的 SoH 还可以为电池组均衡技术研发提供基础数据，电池间均衡的标准有电压、内阻、容量等，SoH 能够准确反映出电池当前容量能力，因此 SoH 精确估算可为电池间的均衡控制策略的制定提供依据。通常 SoH 采用电池满充电后的最大可用容量进行评价，如下式所示，其中，C_{max} 为电池当前的最大容量，C_{fresh} 为电池初始最大放电容量。

$$SoH = C_{max} / C_{fresh} \times 100\% \qquad (6\text{-}2)$$

此外，电池内阻、循环次数等参数也可以用来作为 SoH 的表征参数。

目前，国内外对于电池 SoH 的研究主要分成两个大类：一类方法是从电池 SoH 的特征参数入手，根据测量得到的数据（端电压、电流、温度等）和电池老化特征参数的关系，进行 SoH 的估计，不需要对电池老化过程进行建模；另一类方法基于对电池老化特性和电化学反应特性的分析，建立数学模型，实现电池 SoH 的估计。

1. 不基于模型的 SoH 估算方法

直接测量法：一种离线的 SoH 估计方法，这种方法是在离线状态下，根据标准的老化特征参数的测量，如容量、欧姆内阻等，得到当前电池的特征参数值，进而根据 SoH 的计算公式得到当前电池的 SoH。这种方法计算结果较准确，适用于各种不同类型的电池，但是必须在离线情况下进行，不适用于 SoH 的在线实时估算。

基于数据的方法：不基于先验知识，仅仅通过数据处理进行 SoH 估计。这种方法不需提前了解电池的老化机理，不需要任何假设，而且没有任何物理和化学公式。一种基于时间序列的 SoH 估计方法是自回归滑动平均的方法，这种方法把电池老化水平的数据作为时间序列，推断下一时刻的老化情况。由于这种方法依赖电池的使用方法，因此只适用于制定电池测试标准，而且估计的准确性完全依赖于数据，需要能体现电池全部特性的数据。另外一种方法是依据韦伯定律，通过对电池寿命结束标准的研究来估计电池的 SoH。但是这种方法需要分别考虑所有的使用情况和环境，这样就降低了估计的准确性。神经网络和模糊逻辑等方法都可以在没有先验模型的前提下通过数据训练直接估计电池的 SoH。

2. 基于模型的 SoH 估算方法

根据 SoH 估计过程中使用模型的不同，估计方法大体可以分为以下 4 种类型：基于电化学模型的方法、基于等效电路模型的方法、基于特性模型的方法。

基于电化学模型的方法：对电池内部发生的电化学反应进行机理建模，即对充放电过程中电池内部特定的物理和化学反应进行建模，并在电化学模型的基础上对电池的 SoH 进行估算。建立电化学模型所依据的原理有密度泛函理论（Density Functional Theory，DFT）、分子动力学、多孔电极理论等。这种方法一方面可以把电池内部化学反应对电池特性的影响通过参数拟合转化为物理方程；另一方面，可以通过对原子/分子反应的计算和分析这些反应对电池的影响来辨别突发性的物理化学反应。基于电化学模型的方法最主要的挑战是把原子级别的反应和宏观模型联系起来，通过对纳米级反应的描述得到它们对电池容量和内阻变化的影响。

基于等效电路模型的方法：首先估计模型参数，这些可以是电池内部变量，也可以是 SoH 的表征参数，如额定容量、欧姆内阻等。然后基于等效电路模型，进行 SoH 的估计。例如，采用支持向量机（Support Vector Machine，SVM）的方法进行 SoH 的实时在线估计，采用实时估计等效电路模型中欧姆内阻或额定容量的方法来估计电池的 SoH。

基于特性模型的方法：通过使用特性模型，也就是在不同应激条件下的老化实验中得到的应激因素和老化表征参数（额定容量、欧姆内阻等）之间的简单关系，进行电池 SoH 的估计。这种方法需要量化电池老化的影响因素，描述电池老化过程中各种表征参数的变化趋势。根据电池所处状态的不同和老化机理的不同，电池的老化特性可以分为日历老化和循环老化两种。这种模型的主要缺点是没有考虑任何导致容量衰减和内阻增加的电池内部电化学反应的因素。另外，通过循环老化试验的结果计算得到的电池 SoH 也会存在一定的误差，这种误差在使用过程中是不能消除的。

参 考 文 献

［1］ 伯恩特. 免维护蓄电池［M］. 唐槿，译. 北京：中国科学技术出版社，2001.

［2］ 钟国彬，王羽平，王超，等. 大容量锂离子电池储能系统的热管理技术现状分析［J］. 储能科学与技术，2018（7）：203-210.

［3］ Fan L, Khodadadi J M, Pesaran A A. A parametric study on thermal management of an air-cooled lithium-ion battery module for plug-in hybrid electric vehicles［J］. Journal of Power Sources, 2013（238）：301-312.

［4］ Mahamud R, Park C. Reciprocating air flow for Li-ion battery thermal management to improve temperature uniformity［J］. Journal of Power Sources, 2011, 196（13）：5685-5696.

［5］ Karimi G, Dehghan A R. Thermal management analysis of a lithium-ion battery pack using flow network approach［J］. Int. J. Mech. Eng. Mechatron. , 2012, 1（1）：88-94.

［6］ Wei T, Somasundaram K, Birgersson E, et al. Numerical investigation of water cooling for a lithium-ion bipolar battery pack［J］. International Journal of Thermal Sciences, 2015（94）：259-269.

［7］ Huo Y, Rao Z, Liu X, et al. Investigation of power battery thermal management by using mini-channel cold plate［J］. Energy Conversion & Management, 2015（89）：387-395.

［8］ Panchal S, Dincer I, Agelin-Chaab M, et al. Experimental and theoretical investigation of temperature distributions in a prismatic lithium-ion battery［J］. International Journal of Thermal Sciences, 2016（99）：204-212.

［9］ Zhao R, Gu J, Liu J. An experimental study of heat pipe thermal management system with wet cooling method for lithium ion batteries［J］. Journal of Power Sources, 2015（273）：1089-1097.

［10］ Greco A, Cao D, Jiang X, et al. A theoretical and computational study of lithium-ion battery thermal management for electric vehicles using heat pipes［J］. Journal of Power Sources, 2014, 257（3）：344-355.

［11］ Ye Y, Shi Y, Saw L H, et al. Performance assessment and optimization of a heat pipe thermal management system for fast charging lithium ion battery packs［J］. International Journal of Heat and Mass Transfer, 2016（92）：893-903.

［12］ Li W Q, Qu Z G, He Y L, et al. Experimental study of a passive thermal management system for high-powered lithium ion batteries using porous metal foam saturated with phase change materials［J］. Journal of Power Sources, 2014, 255（6）：9-15.

［13］ Wang Z, Zhang Z, Jia L, et al. Paraffin and paraffin/aluminum foam composite phase change material heat storage experimental study based on thermal management of Li-ion battery［J］. Applied Thermal Engineering, 2015（78）：428-436.

［14］ Mills A, Alhallaj S. Simulation of passive thermal management system for lithium-ion battery packs［J］. Journal of Power Sources, 2005, 141（2）：307-315.

［15］ Goli P, Legedza S, Dhar A, et al. Graphene-enhanced hybrid phase change materials for thermal management of Li-ion batteries [J]. Journal of Power Sources, 2014, 248 (7): 37-43.

[16] Babapoor A, Azizi M, Karimi G. Thermal management of a Li-ion battery using carbon fiber-PCM composites [J]. Applied Thermal Engineering, 2015, 82 (2): 281-290.

[17] Giess H, Xiang J, Ding P. ALABC Project 1315-STD1, Development and Test of an Advanced VRLA Battery with Carbon-modified Negative Active Mass for Energy Recovery Applications in Port Cranes and Elevators. Second Semi-annual Progress Report. Proceedings of advanced lead-acid battery consortium [C]. Research Triangle Park, NC, USA, 2014.

第7章

铅炭电池储能系统的应用

能源和环境是当今世界所面临的两大问题。为了协调能源与环境之间的矛盾，风能、太阳能等新能源技术有了极大的发展。清洁能源能够提高能源效率，减少温室气体排放，促进经济的可持续发展。而大容量储能技术的应用将促进电网结构的优化，可以解决新能源发电的随机性、波动性问题，实现新能源的友好接入和协调控制。全球范围内 2040 年储能方案的装机容量预测的比较如图 7-1 所示。随着国家对环境保护力度的不断加强，我国可再生能源发电装机规模迅速扩大。据国家能源局统计数据，截至 2021 年 12 月底，全国可再生能源发电累计装机容量 10.6 亿 kW，占全部电力装机的 44.8%，其中水电装机 3.91 亿 kW，风电装机 3.28 亿 kW（占全部电力装机的 13.9%），太阳能发电装机 3.06 亿 kW，生物质发电装机 3798 万 kW。目前，中国风电并网装机容量已经连续 12 年稳居全球第一。可再生能源发电装机容量占比逐渐攀升，但新能源发电受风、光等自然资源因素变化影响，存在预测难、控制难、调度难的问题，大规模并网对电网电能质量和暂态稳定性存在影响。同时，我国能源结构正在逐步转型，需应对持续增容的风力发电、光伏发电对电力系统及电网稳定运行带来的挑战。飞速发展的储能技术为解决以上问题提供了可行性。储能技术可以在电力系统的发、输、配、用各环节发挥相应作用，增加电力输送环节的柔性特性，使电能具备时间和空间转移能力，对于保障电网安全、改善电能质量、提高可再生能源比例、提高能源利用效率具有重要意义。

储能是一种独特的电网资产，能够提供多种应用。随着电网向更智能、更可靠的方向发展，随着可再生能源发电量的增加，对储能的需求只会增加。在电网侧，储能系统（ESS）可以通过提供能源套利、频率调节和旋转储备等服务参与电力市场。在客户方面，ESS 可以提供广泛的应用，从现场备用电源、可再生能源存储到负载的转移解决方案以及商业/工业业务的调峰。随着 ESS 应用空间的快速增长，了解每个应用的特性和要求至关重要。因此，本章旨在概述储能分类及其应用。

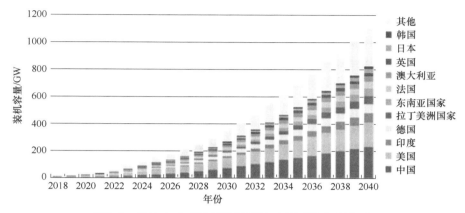

图 7-1 2040 年全球储能装机预测（彩图见书后插页）

7.1 储能技术概述

按照能量储存方式，储能可以分为物理储能、电化学储能、电磁储能三类，其中物理储能主要包括抽水蓄能、压缩空气储能、飞轮储能等；电化学储能主要包括铅酸电池、锂离子电池、钠硫电池、液流电池等；电磁储能主要包括超级电容器储能、超导储能，如图 7-2 所示。截至 2021 年底，中国已投运电力储能项目累计装机规模 46.1GW，占全球市场总规模的 22%，同比增长 30%。其中，抽水蓄能的累计装机规模最大，为 39.8GW，同比增长 25%，占比 86.3%；新型储能累计装机规模占比 12.5%。截至 2021 年底，中国新型储能累计装机规模达到 5729.7MW，较上年

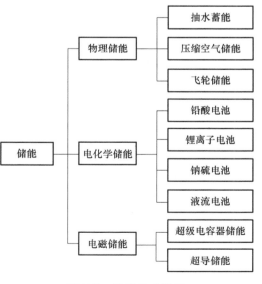

图 7-2 储能技术类型

增加 2446.2MW，同比增长 75%；新型储能中，锂离子电池市场累计装机规模占比 89.7%；铅蓄电池市场累计装机规模占比 5.9%；压缩空气储能市场累计装

机规模占比 3.2%。

以下介绍几种储能技术的基本原理与特点。

7.1.1 物理储能

1. 抽水蓄能

抽水蓄能是目前应用最广、技术最为成熟的大规模储能技术，具有储能容量大、功率大、成本低、效率高等优点。抽水蓄能系统的基本组成包括两处位于不同海拔的水库、水泵、水轮机以及输水系统等（见图7-3）。当电力需求低时，利用电能将下水库的水抽至上水库，将电能转化成势能存储；当电力需求高时，可释放上水库的水，使之返回下水库以推动水轮机发电，进而实现势能与电能之间的转换。由其储能的原理可知，抽水蓄能的储能容量主要正比于两水库之间的高度差和水库容量。由于水的蒸发或渗透损失相对较小，因此抽水蓄能的储能周期范围广，短至几小时，长可至几年。再考虑其他机械损失与输送损失，抽水蓄能系统的循环效率为70%~80%，而预期使用年限为40~60年，实际情况取决于各抽水蓄能电站的规模与设计情况。抽水蓄能的额定功率为100~3000MW，可用于调峰、调频、紧急事故备用、黑启动以及为系统提供备用容量等。

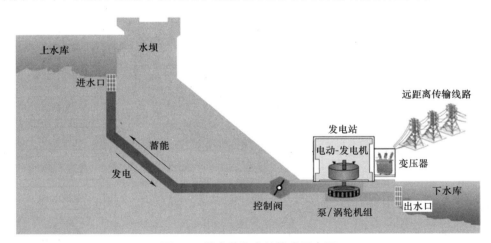

图 7-3　抽水蓄能电站构成示意图

抽水蓄能的储能容量大，需要寻找庞大的场地以修建水库，对地理条件有一定要求。限制抽水蓄能电站更广泛应用的重要制约因素是其建设地点要求苛刻、选址困难、依赖地势，受水资源的制约；建设周期长，工程投资较大。

有些抽水蓄能电站是混合式抽水蓄能电站，由于天然水源的汇入，厂房内除了设有抽水蓄能机组，还设置了常规发电机组，因此这类电站不仅能用于调峰填谷和承担系统事故备用等储能功能，还可常规发电。另外，有些学者认为，没有自然水源汇入的闭环系统相较有自然水源汇入的开环系统更为安全、稳定；反之，电站功能性与调度弹性可能相对较差。考虑前面提及当前抽水蓄能的缺点，即抽水蓄能往往对地形、环境的要求高，为了解决这一问题，有的抽水蓄能系统会直接以海洋或大型湖泊作为下水库，扩大了抽水蓄能的应用场景并降低了成本。此外，还衍生出了地下抽水蓄能技术，其特点在于将两水库设于地下，可利用废弃的矿井或采石场等洞穴，将其修建为地下水库。相较于传统的抽水蓄能系统，地下抽水蓄能对地形的依赖程度较小，可减少环境问题，但前期地质勘探较为费时，也考验土木工程与挖掘技术。地下抽水蓄能在原理与技术上是可行的，但目前此技术仍处于起步阶段，尚未规模化，主要是碍于高成本，且在传统抽水蓄能技术成熟的情况下对地下抽水蓄能的需求显得不迫切。尽管如此，当前储能需求日渐提高，未来地下抽水蓄能技术还是有机会蓬勃发展。

国网新能源吉林敦化抽水蓄能电站 1 号机组已于 2021 年 6 月 4 日正式投产发电，预计 2022 年实现全部投产，可为东北电网安全稳定运行和促进新能源消纳提供坚强保障。敦化电站可说是国内抽水蓄能技术的一个里程碑，是国内首次实现 700m 级超高水头、高转速、大容量抽水蓄能机组的完全自主研发、设计和制造，额定水头 655m，最高扬程达 712m，装机容量为 1400MW，其中包含 4 台单机容量 350MW 的可逆式水泵水轮机组，且在机组运行稳定性、电缆生产工艺、斜井施工技术上皆有所突破，还克服了施工过程中低温严寒所造成的问题。敦化抽水蓄能电站完工投产，可发挥调峰、填谷、调频、调相、事故备用及黑启动等储能应用，可提高并网电力系统的稳定性与安全性，并促进节能减排。

2. 压缩空气储能

压缩空气储能是一种基于燃气轮机发展而产生的储能技术，以压缩空气的方式储存能量，图 7-4 是压缩空气储能系统的基本结构。当电力富余时，利用电力驱动压缩机，将空气压缩并存储于腔室中；当需要电力时，释放腔室中的高压空气，以驱动发电机产生电能。目前，已有两座大规模压缩空气储能电站投入商业运行，分别位于美国和德国。其主要应用为调峰、备用电源、黑启动等，效率约为 85%，高于燃气轮机调峰机组，存储周期可达一年以上[11-13]。然而，传统的压缩空气储能系统在减压释能时需补充燃料燃烧，此时也会产生污染物。此外，大型压缩空气储能系统需寻找符合条件的地下洞穴用以存储高压空气，其相当依赖特殊地理条件，这些都是传统压缩空气储能系统面临的问题与挑战。

先进绝热压缩空气储能是近年来备受瞩目的压缩空气储能技术，目前皆为试验示范项目。有别于传统压缩空气储能系统，此系统摒弃了燃烧室即补燃环节，取而代之的是储热系统，可回收压缩空气释放的能量，并于空气进入涡轮机前给予能量。通过改进，可提升系统效率，同时减少化石燃料的使用，因此对环境更

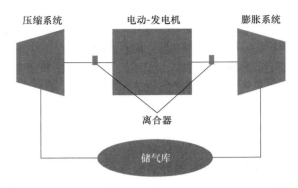

图 7-4　压缩空气储能系统基本结构

为友好。蓄热系统提高了运行的灵活性，亦使其具备热电联储与热电联产特性，因此更适合在智能电网和综合能源系统等场景发挥作用。我国也在江苏建设了首座先进绝热压缩空气储能电站——金坛盐穴压缩空气储能国家试验示范项目，一期工程发电装机 60MW，储能容量 300MW·h，项目远期规划 1000MW，其系统储能效率大约为 60%。

当前压缩空气储能的主要问题是储能效率较低（70%～80%）、能量密度较低，且与抽水蓄能类似，其选址条件要求高。另外，由于先进绝热压缩空气储能以储热系统替代燃烧室，发电受制于传热速率，因此系统响应速度可能更低。

3. 飞轮储能

飞轮储能装置是一个机电系统，可将电能转化为旋转动能进行存储，基本结构如图 7-5 所示，主要是由电机、轴承、电力电子组件、旋转体和外壳构成。储能时，电动机带动飞轮转动，电能转为飞轮的动能；释放能量时，同一电动机可充当发电机，将动能转为电能释出。飞轮系统的总能量取决于转子的尺寸和转动速度，额定功率取决于电动-发电机。此外，飞轮储能系统在真空中运行且磁轴承悬浮，尽可能地减少

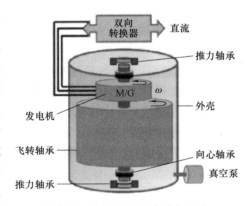

图 7-5　飞轮储能系统基本构造

摩擦阻力，以确保性能并延长系统寿命。飞轮储能的主要特点是寿命长，可循环充放电数十万次，寿命可超过 20 年，且响应速度快、效率高（90%～95%）、功率密度高、对环境较为友善等。正因为其具有响应快速、功率大的特点，飞轮储能常用于不间断电源和改善电能质量，在短时间尺度（数秒）内，稳定因电力

供需不平衡或电网故障所引起的电压及频率的波动。飞轮储能还可应用于混合动力汽车、航天器、航母发射等场景。然而相较于其他储能系统，目前飞轮储能存在储能容量小、持续放电时间短等问题，因此，较不适用于能量管理。

目前，飞轮储能的主要缺点在于由转子和轴承的摩擦阻力以及电机和转换器的电磁阻力所致能量损耗。若想储存更多能量，飞轮就需要有更高的转速（一般为 $10000 \sim 100000 rad/m$），但这同时会使飞轮产生更大的应力，对材料的要求更高，通常高转速时选用碳纤维复合材料取代适用于低转速的金属材料。其中，轴承是影响成本的关键，当转速提高时，摩擦损耗影响甚巨，为了降低摩擦耗损造成的负面影响，需选用更佳的轴承。在转子高速运行的条件下传统的机械球轴承已不适用，磁轴承（其中超导磁轴承尤佳）会是更好的选择。然而，若选用高强度材料的转子、性能更佳的轴承，会大幅增加储能系统的成本，这是当前影响飞轮储能普及的关键因素。未来若能提升飞轮转子、轴承或外壳等部件的制造工艺与技术，进而降低成本，则具多项优点的飞轮储能有机会胜过其他电化学储能技术，大幅提高其市场占有率。

7.1.2　电化学储能

电化学储能包含多种储能技术，例如，锂离子电池、铅酸电池、金属空气电池等二次电池储能以及液流电池等。不同的储能技术有其各自特点，其中，电池储能的优势体现在灵活性及可扩充性。以下简要介绍几种常见电化学储能的特点。

1. 锂离子电池

锂离子电池由正极、负极、隔膜和电解液组成，其原理示意如图 7-6 所示。锂离子电池材料体系丰富多样，其中适合用于电力储能的主要有磷酸铁锂、三元（镍钴锰酸锂）、钛酸锂等。此外，近年来还发展了一些高能量密度的新型锂离子电池体系。

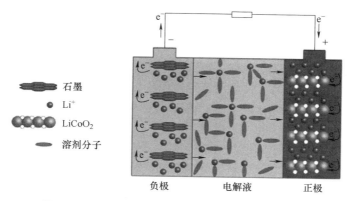

图 7-6　**锂离子电池原理示意图**（彩图见书后插页）

近来，锂离子电池的主要研究方向是发展安全、高效、成本低廉的正极材料代替 Li_xCoO_2 体系。20 世纪末，Padhi 等人研制了磷酸铁锂作为正极材料，降低了锂离子电池的原料成本，从而使锂离子电池可以大量生产。

目前，锂离子电池的负极材料大多使用石墨。石墨电极容量大、耐压高。然而，石墨电极快速充电时由枝晶引发的短路问题带来了巨大的安全隐患。因此，正在研制金属及其氧化物等高比能的石墨替代物[10]。

改进的锂离子电池应用广、能量密度高、充放电快，近年来其规模和技术发展迅速。在已建兆瓦级电化学储能项目中，锂离子电池项目占总装机容量的 65% 以上。张北风光储示范电站、深圳宝清储能电站等项目都使用锂离子电池储能。

2. 液流电池

液流电池是利用液态活性物质在离子交换膜进行氧化还原反应。液流电池原理图如图 7-7 所示。液流电池的特点是活性物质不在电池内，而是另外存储于罐中，电池仅是提供氧化还原反应的场所，因此储能容量不受电极体积的限制，可实现功率密度和能量密度的独立设计，使其具有丰富的应用场景。以全钒液流电池为例，在电池反应过程中，钒离子仅发生价态变化，而无相变，且电极材料本身不参与反应。电池寿命长（可超过 200000 次）、效率高（>80%）、安全性好、可模块化设计、功率密度高，在常温、常压条件下工作无潜在的爆炸或着火危险，安全性好等，适用于大中型储能场景。但液流电池具有能量效率低、能量密度低、运行环境温度窗口窄等缺点，而且相对于其他类型的储能系统，增加管道、泵、阀、换热器等辅助部件，使得全钒液流电池更为复杂，导致系统可靠性降低。目前，全钒液流电池主要应用于对储能系统占地要求不高的新能源电站，用于配合新能源实现跟踪计划发电、平滑输出等。

3. 铅酸电池

铅酸电池是一种以铅及其氧化物为电极、硫酸溶液为电解液的二次电池。铅酸电池发展至今已有 150 年以上的历史，是最早规模化使用的电池。铅酸电池的价格低廉 [150～600 美元/（kW·h）]，安全可靠性高，电能转换效率较高（70%～85%），现已成为运输、通信、电力等各个部门最成熟和最广泛使用的储能电池。但是，铅酸电池只有 800～1000 个周期的循环使用寿命，能量密度也只有 30～45 （W·h）/kg，提高了储能的实际使用价格。此外，铅酸电池适合使用的温度范围小，充电慢，不可深度放电，过充电易产生气体，并且铅对环境影响大。这些劣势阻碍了铅酸电池的大规模使用。

大量的研究投入到改进铅酸电池性能，其中铅炭电池技术最为成熟。铅炭电池以常规超级电容器炭电极材料部分或全部代替铅作为阳极，是铅酸电池和超级电容器的结合体。与传统的铅酸电池相比，铅炭电池的生产成本小幅增加，但充放电功率、循环使用次数、充电速度等关键指标都显著提高，可用于电动车、不

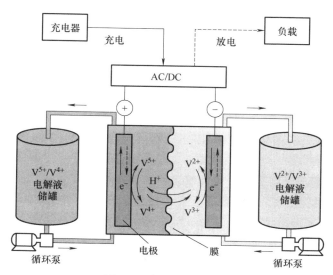

图 7-7　液流电池原理图

间断电源等。铅炭电池目前已步入商业化初期。

4. 钠硫电池

钠硫电池结构与工作原理图如图 7-8 所示。其温度范围为 $300\sim350℃$，主要由作为固体电解质和隔膜的 Beta-Al_2O_3 陶瓷管、钠负极、硫正极、集流体以及密封组件组成。钠硫电池理论能量密度高、充放电能效高、循环寿命长、原料成本低，电池运行温度保持在 $300\sim350℃$。如图 7-8 所示，中间的陶瓷隔膜为该电池的固体电解质，可传导钠离子，而电子则是流经外电路以构成电池回路。若陶瓷隔膜破碎导致钠和硫反应，释放出大量热量，容易造成事故，这也是制约钠硫电池发展的首要因素，因此较低温度或室温钠硫电池的研发是未来的一个研究方向。

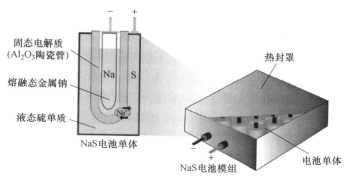

图 7-8　钠硫电池结构与工作原理图

7.1.3 电磁储能

1. 超导储能系统（SMES）

典型的超导储能系统（SMES）由 4 个部分组成，如图 7-9 所示，即超导储能线圈、功率调节系统、低温制冷系统和快速测量控制系统。其中，超导储能线圈和功率调节系统为 SMES 的核心关键部件。

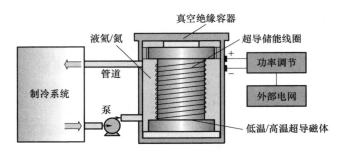

图 7-9 超导储能系统示意图

超导储能技术的原理是将一个超导体圆环置于磁场中，降温至圆环材料的临界温度以下，由于电磁感应，圆环中便有感应电流产生，只要温度保持在临界温度以下，电流便会持续下去。超导储能的优点主要有：①储能装置结构简单，没有旋转机械部件和动密封问题，因此设备寿命较长；②储能密度高，可做成较大功率的系统；③响应速度快（1~100ms），调节电压和频率快速且容易。但持续放电时间仅维持数秒且对环境温度要求严格，超导线材和制冷的能源需求的成本高，运行维护复杂。目前，超导储能主要用于解决电网瞬间断电和电压暂降等电能质量问题对用电设备的影响和提高电网暂态稳定性。

近年来，美国、德国及日本等国家开展大量关于超导磁储能的研究和应用，美国已有多台 100kW·h 等级的微型超导磁储能系统在配电网中实际应用，改善配电网电能质量。日本中部电力公司、关西电力公司以及国际超导研究中心也陆续开展了超导磁储能的研究与应用，其最大单机功率突破 20MW。国内在该领域的研究尚处于起步阶段，近年来先后开展了超导磁储能实验室样机开发及小容量的应用示范。相关研究单位主要有中科院电工所、清华大学、华中科技大学、中国电科院等。超导储能整体技术处于起步阶段，储能介质和器件等关键技术有待突破，离实用化还有较大差距，成本目前较高，为 6500~7000 元/kW。受高温超导材料性能、价格影响，当前超导储能距大规模实用化尚有距离，需要深入研究符合电力系统特征和超导储能运行模式的功率变换、状态监测、保护控制、模块化构成等关键技术，掌握与电网匹配运行的实用化技术，探索和研究关于超导储能技术的新原理和新装置。

2. 超级电容器储能

超级电容器是利用电磁场储能的，有双电层电容器和法拉第电容器两大类。它具有相对较高的能量密度，为传统电解电容器能量密度的数百倍。能量储存在充电极板之间。与传统的电容器相比，超级电容器包括显著扩大了表面积的电极、液体电解质和聚合物膜。

双电层电容器通过炭电极与电解液固液相界面上的电荷分离而产生双电层电容，在充/放电过程中发生的是电极/电解液界面的电荷吸、脱附过程。法拉第电容器采用金属氧化物或导电聚合物作为电极，在电极表面及体相浅层发生氧化还原反应而产生吸附电容。法拉第电容的产生机理与电池反应相似，在相同电极面积的情况下，其电容量是双电层电容的数倍，但瞬间大电流放电的功率特性及循环寿命不如双电层电容器。超级电容器在充放电过程中只有离子和电荷的传递，因此其容量几乎没有衰减，循环寿命可达万次以上，远远大于蓄电池的充放电循环寿命[13]。超级电容器具有高密度功率、高响应速度和高使用年限的优点，但其能量密度较低，产品一致性较差，难以规模化集成应用。超级电容器在短时电能质量调节与控制、分布式发电及微电网、变电站直流电源系统等高峰值功率、低容量的场合具备较好的应用前景。

近年来，上海交通大学、中国人民解放军防化研究院和电子科技大学等都开展了超级电容器的基础研究和器件研制工作。我国在浙江舟山、南麂岛的微网示范工程中分别采用了 200kW、1000kW 超级电容器作为其中一种储能方式，由于超级电容器能量密度低，所以其作用仅限于平抑风光波动。在成本价格方面，目前超级电容器系统成本为 400~500 元/kW，到 2030 年有望降至 300 元/kW 以下。超级电容器储能技术目前还处于前沿探索阶段，随着材料技术的进步，超级电容器在提高能量密度和降低成本方面，还有很大发展空间。

从经济性看，目前抽水蓄能经济性较好，其他储能技术成本较高。按同等连续充放电时间条件计算，抽水蓄能单位投资成本是电化学储能的 30%~50%（按可连续充放 4h 计算，铅炭电池功率成本为 4800~6000 元/kW；可连续充放 8h 的抽水蓄能造价为 3500~4500 元/kW；火电灵活性改造成本约为 500~2000 元/kW；气电单位造价为 2000~3000 元/kW），寿命是其 3~5 倍。电化学储能中，铅炭电池经济性最好，2010 年以来电池本体成本降低了 45%，但单位投资成本仍是火电灵活性改造费用的 2.4~12 倍、气电的 1.6~3 倍。

从技术特点看，不同储能技术特性各异，如表 7-1 所示。抽水蓄能寿命和持续充放电时间长，但响应速度相对较慢，对地理环境要求高；电化学储能响应速度快，但寿命短，且具有易燃易爆属性，随电池能量密度和功率密度提高，存在安全隐患。整体来看，低成本、长寿命、高安全、大容量、易回收是未来储能技术主要发展方向。

表 7-1 各类储能关键技术性能参数比较

储能技术	持续放电时间	响应速度	能量密度/(kW·h/m³)	循环次数或服务年限	能量转换效率	技术特点	应用场合
抽水蓄能	小时~天	min级	—	>50年	70%~80%	适于大规模储能，技术成熟。响应慢，不易选址	日负荷调节，频率控制和系统备用
压缩空气储能	小时~天	约1min级	—	30~40年	48%~65%	适于大规模储能，技术成熟。响应慢，不易选址	调峰、调频、系统备用、风电储备
飞轮储能	min级	<4ms	5~30	百万次	>95%	响应快，比功率高。寿命短，成本高，噪声大	调峰、调频，UPS和电能质量
超级电容器	1~30s	<10ms	1~15	>100000次	>90%	响应快，比功率高，寿命长。储能量低，成本高	可用于定制电力和FACTS
超导储能	s级	<10ms	—	>100000次	>95%	响应快，比功率高，成本高，维护困难	输配电稳定，抑制振荡，UPS和电能质量
铅酸电池	0.25~4h	<10ms	50~80	500~1200次	70%~85%	技术成熟，成本低，具有环保问题。比能量、比功率低，寿命短	电能质量，电站备用，黑启动及UPS/EPS
铅炭电池	2~12h	<10ms	50~90	2000~4000次	75%~85%	技术成熟，寿命较长，成本低，比能量，具有环保问题	电能质量，电站备用，黑启动及UPS/EPS
锂离子电池	0.5~8h	ms级	200~500	7000~10000次	85%~95%	比能量高，单体寿命长，成组寿命低，自放电率高，具有安全问题	电能质量，备用电源及UPS
全钒液流电池	1.5~10h	s级	16~33	10000~12000次	60%~75%	循环寿命长，适于成组，成本高，比能量密度低	备用电源UPS
钠硫电池	0.5~2h	s~min级	150~250	4000~4500次	70%~85%	比能量较高，成本高；运行安全问题有待改进	电能质量，调峰填谷，能量管理，可再生能源系统稳定，备用电源及EPS

7.2　储能技术在电力系统的应用

根据储能电站规模、所需持续时间和每年最小周期的范围，美国能源局（US Department of Energy）明确了储能在电力系统中的批发能源服务、电力辅助服务、输电基础设施服务、配电基础设施服务和消费侧能源管理，共 5 大类 18 项应用服务（见表 7-2），确定了发电、输电、配电和客户领域中一些最常见的储能应用，包括储能电站容量大小、技术性能要求。

表 7-2　储能在电力系统应用场景和技术要求

储能应用场景		储能电站容量大小	技术性能要求	
项目	应用类别		持续放电时间	最小循环次数/年
批发能源服务	电能时移套利	1~500MW	<1~12h	>250
	电源容量供应	1~500MW	2~6h	5~100
电力辅助服务	调频辅助服务	10~40MW	15min~1h	250~10000
	旋转备用	10~100MW	15min~1h	20~50
	非旋转备用			
	补充备用			
	电压支撑	1~10MVA	—	—
	黑启动	5~50MW	15min~1h	10~20
	负荷跟踪	1~100MW	15min~1h	变化范围较大
	可再生能源平滑			
	频率响应	>20MW	<1min	变化范围较大
输电基础设施服务	延缓升级	10~100MW	2~8h	10~50
	缓解拥堵	1~100MW	1~4h	50~100
配电基础设施服务	延缓升级	0.5~100MW	变化范围较大	变化范围较大
消费侧能源管理	电能质量	0.1~100MW	10s~15min	10~200
	供电可靠性	1kW~10MW	变化范围较大	变化范围较大
	峰谷套利	1kW~1MW	1~6h	50~250
	需量电费管理	50kW~10MW	1~4h	50~500

7.2.1　新能源发电对电网的影响

国家统计局发布中华人民共和国 2021 年国民经济和社会发展统计公报，数据显示，2021 年末全国发电装机容量 237692 万 kW，比上年末增长 7.9%。其中，火电装机容量 129678 万 kW，增长 4.1%；水电装机容量 39092 万 kW，增长 5.6%；核电装机容量 5326 万 kW，增长 6.8%；并网风电装机容量 32848 万 kW，增长 16.6%；并网太阳能发电装机容量 30656 万 kW，增长 20.9%。

据国家能源局统计，2021 年我国可再生能源发展取得诸多里程碑式的新成绩。首先，可再生能源装机规模稳步扩大。数据显示，截至 2021 年 12 月底，全国可再生能源发电累计装机容量 10.6 亿 kW，占全部电力装机的 44.8%。其中，水电装机 3.91 亿 kW、风电装机 3.28 亿 kW、太阳能发电装机 3.06 亿 kW、生物质发电装机 3798 万 kW。其次，可再生能源发电量实现稳步增长。2021 年，全国可再生能源发电量达 24853 亿 kW·h。其中，水电发电量 13401 亿 kW·h、风电发电量 6556 亿 kW·h、太阳能发电量 3259 亿 kW·h、生物质发电量 1637 亿 kW·h。

风力发电和光伏发电等分布式发电技术已成为最具开发潜力的新能源发电技术。风力发电是利用自然界风力将其转变为电能的发电形式，光伏发电则是直接将太阳能资源转化为电能。这两种供电方式清洁无污染，在保护自然环境和节约资源方面起着十分积极的作用。但是新能源发电具有间歇性、波动性等特点，大规模接入电网后需要进行协调配合，这要求电网侧不断提高适应性和安全稳定控制能力，降低新能源并网带来的安全稳定风险，并最终保证电网的安全稳定运行。

风力发电在迅猛发展的同时也遇到一些技术问题。风力发电经历了最初的恒速恒频技术，发展到现在主流的变速恒频技术，这一技术的重大变革使风力发电机不拘泥于固定同步转速附近运行，而是根据风速变化，运行在实现最大风能捕获控制所需的最优转速，这提高了风力发电的效率，达到了风能的最大利用。虽然变速恒频技术使得风力发电机组在性能上有了较大的改善，但也使风力发电输出功率随着风速变化的波动性、间歇性和随机性，呈现得更加明显。风力发电也具有一定的局限性：①不可控性。风力发电的动力为自然风，风速和风量都具有不可控性，并且风能很难大量的存储。因此其很难像常规能源发电一样，可以根据负荷要求来改变风机的输出特性。②不稳定性。风能的波动性和间歇性导致了风电机组输出功率的随机性。因此造成风力发电只能输出电量但是不能输出有效电量。在井喷式大规模风电并网发展的今天，大容量波动风电功率会使电网的功率供需严重失衡，电能质量明显下降，危及电网的稳定运行，带来恶劣的影响，所以风电输出功率的波动性、间歇性和随机性变得不容忽视。

太阳能光发电是指无需通过热过程直接将光能转变为电能的发电形式，包括光伏发电、光化学发电、光感应发电和光生物发电，目前最常用的为光伏发电。光伏发电是利用太阳能级半导体电子器件吸收太阳光辐射能，并将其转变成为电能的一种直接发电方式。目前世界上应用最广泛的太阳电池为单晶硅太阳电池、多晶硅太阳能电池、薄膜太阳电池等。太阳能光伏发电系统并网示意图如图 7-10 所示。通常光伏系统主要有以下几个元素组成：太阳电池方阵、控制器、直流电柜、逆变器、交流配电柜等。

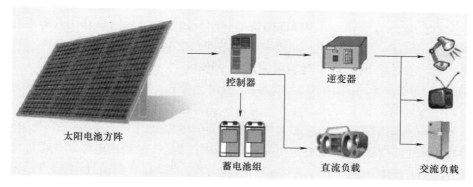

图 7-10　光伏发电系统并网示意图

风力发电和光伏发电具有波动性和间歇性，不确定性程度高，调节难度大。这样，风力发电和光伏发电占较大比重的电力系统就需要有较高的旋转备用。风力和光伏发电的接入导致系统潮流变化频繁，系统保护配置和电压调整比较困难，给系统的安全稳定运行带来了较大的挑战。同时，风电场和光伏发电场往往建在人烟稀少、偏僻的地区，处于供电网络的末端，承受冲击的能力较弱。随着风电场和光伏电站规模的不断扩大，其发电输出特性对电网的影响也愈加显著，已经成为制约风力发电和光伏发电发展的瓶颈。

新能源发电并网对电网电能质量产生的影响主要体现在：

1）对电网频率的影响。传统电力系统运行过程中出现频率异常的概率是很小的，根据相关并网光伏频率变化数据可以知道，即使光伏发电站容量较小时，也可以允许多台机组投切，而不会出现电网频率受限的情况。而在新能源发电站的发电容量占电网内总量比例逐渐增大时，由于新能源发电机出力的随机性，就可能导致整个电网系统频率出现波动，由此对用电用户或整个电力系统的正常运行产生不良的影响。根据相关实验数据建立风电功率波动对电力系统频率的评估模型后，可以得出 $0.02 \sim 10Hz$ 的功率波动对整个电网系统的影响最大。

2）新能源发电的间歇性和波动性对电能质量的影响。根据当今的实际情况来看，大部分的新能源发电都存在着间歇性和波动性缺陷。以风力发电为例，风能本身的不稳定和季节性特点，就使得变电站产生的电能也就会随之出现间歇性和波动性状态，进而使得新能源在发电并网过程中对电能的整体质量产生不良影响。对于这类新能源电能来说，其控制手段比较复杂而且难以实现，在控制过程中还会产生电能冲击直接导致电能频率紊乱，进而出现电力供应偏差或者电网闪变故障。

风电、光伏对电力系统渗透率不断提高，同时，出现了风电、光伏发电送出和消纳困难的问题。提升可再生能源利用率、降低弃风、弃光率已引起社会高度关注。近年来，为了解决可再生能源消纳问题，国家发展改革委和国家能源局等部门先后采取了一系列措施，取得了显著效果。2018 年，可再生能源消纳持续显著好转，去年全国平均水能利用率达到 95% 以上，风电利用率达到 93%，同比提高 5%，光伏利用率达到 97%，同比提高 2.8%。我国解决可再生能源消纳问题虽成效显著，但从弃风、弃光总量看，仍存在较大的基数。

储能技术是实现可再生能源大规模接入，能够提高电网运行控制的灵活性和可靠性，有利于系统的安全稳定可靠运行。电池储能技术利用电能和化学能之间的转换实现电能的存储和输出，不仅具有快速响应和双向调节的技术特点，还具有环境适应性强、小型分散配置且建设周期短的技术优点，颠覆了源网荷的传统概念，打破了电力发输配用各环节同时完成的固有属性，实际应用中，需要根据各种场景中的需求对储能技术进行分析，以找到最适合的储能技术。储能分别安装在发电侧、电网侧和用户侧时，发挥的功能及其对系统的影响各不相同，将带来不同的技术路线、商业模式和应关注的重点问题。这三大场景又都可以从电网的角度分成能量型需求和功率型需求。能量型需求一般需要较长的放电时间，而对响应时间要求不高。与之相比，功率型需求一般要求有快速响应能力，但是一般放电时间不长。储能典型应用场景如图 7-11 所示。

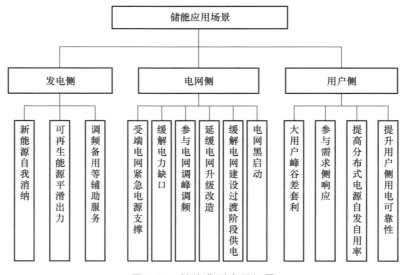

图 7-11 储能典型应用场景

7.2.2　储能在发电侧的应用

储能在发电侧的主要应用场景包括可再生能源并网、电力调峰、辅助动态运行、系统调频等方面。在当前政策框架下，发电侧储能电站的收益点主要为削峰填谷带来的增发收益以及跟踪发电计划避免考核所带来的损失等，在未来准许可再生能源+储能参与电力辅助服务市场，明确调峰补偿后，发电侧储能还可以获得参与电力辅助服务市场获取的收益和深度调峰收益。

1. 可再生能源并网

储能系统和可再生能源可以成为一个完整的系统，平滑风电和光伏出力的波动性，实现可调节、可调度的输出，跟踪发电计划以应对电网考核，提升波动性电源的一次调频、基础无功支撑能力，减少电力系统中备用机组容量，使风电、光伏等可再生能源对电网更加友好。

通过在风电、光伏电站配置储能的方式，基于电站出力预测和储能充放电调度，可以保障可再生能源电力的消纳。在负荷低时，储能系统可以储存暂时无法消纳的弃风弃光电量，之后转移至其他时段再进行并网。通过减少弃风弃光电量，储能系统可以提升风电、光伏项目的经济效益。光伏发电侧储能工作原理如图 7-12 所示。

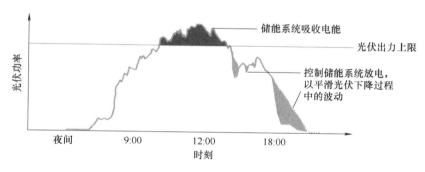

图 7-12　光伏发电侧储能工作原理

2. 电力调峰

在电力系统的实际运行过程中，电力负荷在一天内是不均匀的，用电负荷有高峰、低谷之分。一般而言，电力系统会在中午和晚上出现两次尖峰负荷，深夜则为用电最少的低谷负荷。为了维护电力系统的平衡，在用电高峰时，需要增加发电机组出力或限制负荷来满足需要；而在用电低谷时，需要减少发电机组出力，保持发电、输电和用电之间的平衡，使供电的频率质量在合格范围内。这种随时调节发电出力以适应用电负荷每天周期性变化的行为，称为调峰。

储能系统可作为电源输出功率或作为负荷吸收功率，实现用电负荷的削峰填谷，即在用电负荷低谷时发电厂对储能电池充电，在用电负荷高峰时将存储的电量释放，以帮助实现电力生产和电力消费之间的平衡。储能应用于电力调峰可以保障短时尖峰负荷供电，延缓新建机组的建设需求。

以江苏省为例，2019 年，江苏省最大负荷为 1.05 亿 kW，但超过 95% 最高负荷持续时间只有 55h，在全年运行市场中占比仅为 0.6%。满足此尖峰负荷供电所需的投资高达 420 亿元，但如果采用 500 万 kW/2h 的电池储能来保障尖峰负荷供电，所需投资约为 200 亿元，大幅节省投资额。

3. 辅助动态运行

动态运行是指为了实现负荷和发电之间的实时平衡，火电机组需要根据电网调度的要求调整输出，而不是恒定地工作在额定输出状态，具体包括起动、爬坡、非满发和关停 4 种运行状态。一般来说，火电机组都设计成满发时为经济运行状态，机组的热效率最高。而动态运行则会使机组的部分组件产生蠕变，造成这些设备受损，提高故障发生的可能性，降低机组可靠性，最终增加了设备的检修更换费用，降低整个机组的使用寿命。

辅助动态运行主要是以储能系统和传统火电机组联合运行的方式，按照调度的要求调整输出的大小，尽可能让火电机组工作在接近经济运行的状态下，提高火电机组的运行效率。储能和传统火电机组的联合运行可以避免动态运行对火电机组寿命的损害，减少火电机组设备维护和更换的费用，进而延缓或减少发电侧对于新建发电机组的需求。

4. 系统调频

电力系统频率是电能质量的主要指标之一。实际运行中，系统频率并不能时刻保持在基准状态，发电机功率和负荷功率的变化将引起电力系统频率的变化。频率变化会对发电及用电设备的安全高效运行及寿命产生影响，因此频率调节至关重要。调频主要有一次调频和二次调频两种方式：一次调频是系统频率偏离标准值时，利用发电机组调速器作用，按照系统固有的负荷频率特性，调节发电机组出力的方式；二次调频是指移动发电机组的频率特性曲线，即改变发电机组调速系统的运行点，增加或减少机组有功功率，从而调整系统的频率。

储能系统与发电机组联合参与电网二次调频是目前已商业化应用的储能运营模式。同火电机组相比，储能系统在充放电功率的控制方面具有显著的优势，其控制准确度、响应速度等指标均远远高于火电机组。当参与二次调频的火电机组受爬坡速率限制，不能精确跟踪调度调频指令时，储能可高速响应，从而从根本上改变火电机组的 AGC 能力，避免调节反向、调节偏差以及调节延迟等问题，获得更多的 AGC 补偿收益。

综上所述，储能系统应用于电网尤其是新能源发电侧，采取合适的出力控制策略，可在一定程度上解决大规模新能源并网消纳问题，以及在提高新能源和传统电源的发电能力和保证系统安全、经济运行等多方面起到极其重要的作用。

7.2.3　储能在电网侧的应用

1. 缓解电网阻塞

输电阻塞指的是对电力输送服务的要求大于输电网的实际物理输送能力。产生阻塞的根本原因是不同区域内发电和输电能力的不平衡。一般而言，短期阻塞的出现多由系统的突发事故或系统维护引起。长期的阻塞多是结构性的，主要由于某个区域内发电结构以及输电网的扩展规划不匹配所引起的。

阻塞时将无法输送的电能存储到储能设备中，等到线路负荷小于线路容量时，再向线路放电。在开放竞争性的电力市场环境中，如果将储能安装在高发电成本的一端，通过储能在低谷充电、高峰放电，可有效降低高峰时期对其他机组发电量的需求，降低阻塞情况。

2. 延缓输配电设备扩容升级

为了应对输配网阻塞带来的弃电等问题，最常见也最简单的做法是在现有输配电网的基础上扩容。然而，扩容或新建输配电网会面临成本高昂、建设时间长、使用时间不足，以及由于新建基础设施而带来的环境和社会影响等问题。因此，在很多时候，扩容或新建输配电设施并不是应对输配网阻塞的最佳解决方案。

建设储能可以成为升级或新建输配电设备的替代解决方案，即在负荷接近设备容量的输配电系统内，可以利用储能系统有效提高电网的输配电能力，从而延缓新建输配电设施，降低成本。相较于输配网扩容，储能建造时间更短，社会和环境影响更小，在储能成本大幅降低的前提下，这一解决方案的经济性也进一步加强。

以江苏镇江电网侧储能项目为例，镇江接入总规模达 101MW/202MW·h 的"大规模源网荷储友好互动系统"，大幅提升了镇江东部地区供电能力和电网灵活调节能力。这一系统可为电网运行提供调频、调峰等多种服务，提高镇江电网供电能力 10 万 kW，相当于每年减少调频燃煤 5300t，节省调峰相关投资 16 亿元。

7.2.4　储能在用户侧的应用

储能在用户侧的主要应用场景包括电力自发自用水平提升、峰谷价差套利、容量费用管理、提升电力可靠性和提高电能质量等方面。在当前政策框架下，用户侧储能电站的收益主要来自于峰谷价差带来的电费节省。在未来落实分布式可再生能源+储能参与电力辅助服务市场机制，补偿需求响应价值等政策进一步完善的情况下，用户侧储能电站的收益还可包括需求响应收益、延缓升级容量费用收益、参与电力辅助服务市场所获取的收益等部分。

1. 电力自发自用水平提升

以分布式光伏系统为例，如果不配置储能系统，家庭用户和工商业用户，将白天无法消纳的电力接入电网，并从电网采购电力，满足夜间的用电需求，这是目前家庭用户和工商业用户屋顶光伏普遍采用的方式。如在光伏系统的基础上配置储能，家庭和工商业用户可以提升电力自发自用水平，直至实现白天和夜间的电力需求都由自家光伏系统满足。

分布式能源+储能应用这一场景得以推广的主要经济驱动因素之一是提高电力自发自用水平可以延缓和降低电价上涨带来的风险，以及规避因电力供应短缺而带来的损失。例如对于安装光伏的家庭和工商业用户，考虑到光伏在白天发电，而用户一般在下午或夜间负荷较高，通过配置储能可以更好地利用自发电力，提高自发自用水平，降低用电成本。

2. 峰谷价差套利

2021 年 7 月，国家发展改革委发布了《关于进一步完善分时电价机制的通知》，要求各地将系统供需宽松、边际供电成本低的时段确定为低谷时段，充分考虑新能源发电出力波动以促进新能源消纳，考虑净负荷曲线变化特性，以引导用户调整负荷。根据公开资料统计，截至 2021 年底，已有 24 个省发布分时电价相关政策（8 个省处于征求意见阶段）。其中，所有省峰谷电价比例不低于 3，有 10 个省不低于 4，广东省峰谷电价比例甚至高达 4.47，尖峰电价在高峰电价的基础上上浮 25%，均为全国最高。峰谷电价的实施改善了电力供需状况，也扩大了储能在用户侧的峰谷价差套利空间。

在实施峰谷电价的电力市场中，工商业用户通过低电价时给储能系统充电，高电价时储能系统放电的方式，将高峰时间的用电量平移至低谷时段，实现峰谷电价差套利。

3. 容量费用管理

不同于居民用户的单一制电价，国内大部分地区的工商业用户均实施两部制电价，即工商业用户的电费包括基本电价与电度电价两个部分。其中，基本电价又称容量电价，按照电力用户的变压器容量（$kV \cdot A$）以及最大需量（kW）进行计算，为每个月固定的费用，电度电价则根据用户的实际用电量进行计算。

工商业用户可以利用储能系统在用户的用电低谷时储能，在用电高峰时放电，从而降低用户的尖峰功率以及最大需量，使工商业用户的实际用电功率曲线更加平滑，降低企业在高峰时的最大需量功率，起到降低容量电价的作用。

图 7-13 为降低容量电价模式示意图。

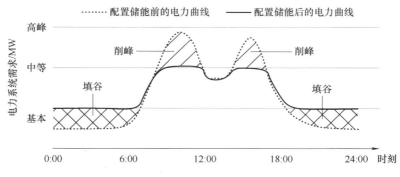

图 7-13　降低容量电价模式示意图

4. 提高电能质量

电信、精密电子、数据中心等的行业用户对电能质量要求较高。负荷端的储能能够在短期故障的情况下，保持电能质量，减少电压波动、频率波动、功率因数、谐波以及秒级到分钟级的负荷扰动等因素对电能质量的影响。通过储能提高电能质量获得的收益，主要与电能质量不合格事件的次数以及低质量的电力服务给用户造成的损失程度有关。同时，配备的储能系统的容量等指标也能影响该部分的收益。

7.2.5　不同场景对储能技术的要求

储能应用场景的多样性决定了储能技术的多元化发展。虽然上面提到在电源、电网和负荷侧储能的作用多种多样，但总体来说，根据不同时长的储能需求，储能的应用场景可以分为容量型（≥4h）、能量型（1～2h）、功率型（≤30min）和备用型（≥15min）4 类，如表 7-3 所示。目前，新能源侧配置储能系统通常以功率型或能量型为主，主要起到平滑功率波动的作用。随着新能源装机容量和发电比例的提升，对储能时长的要求越来越高，容量型储能的需求日益增长。2021 年 7 月国家发展和改革委员会和国家能源局颁布的《关于鼓励可再生能源发电企业自建或购买调峰能力增加并网规模的通知》，鼓励发电企业对于超过电网企业保障性并网以外的规模初期按照功率 15% 的挂钩比例（时长 4h以上）配建调峰能力。

国内各地政府主管部门陆续出台文件支持 4h 以上容量型储能的应用。例如，2022 年 3 月，内蒙古自治区能源局发布文件，要求新增负荷所配置的新能源项目配建储能比例不低于新能源配置规模的 15%（4h），存量自备负荷部分按需配置储能比例。新疆维吾尔自治区发展和改革委员会出台《服务推进自治区大型风电光伏基地建设操作指引（1.0 版)》，提出以储能规模确定新能源项目；建设不低于 4h 时长储能项目的企业，允许配建储能规模 4 倍的风电光伏发电项目。随着新能源装机规模的提升和长时储能技术的进步，4h 以上的新型长时储能技术将逐步进入商业化应用，满足电力系统长时储能的服务需求。

表 7-3　各类储能应用特点及发展阶段

类型	时长需求	应用场景	技术种类	发展阶段
容量型	≥4h	削峰填谷、离网储能	容量型储能技术种类较多，包括铅炭电池、液流电池、钠离子电池、压缩空气、储热蓄冷、氢储能等	进入商业推广阶段；液流电池、钠离子电池等已经进入示范应用阶段
能量型	1~2h	独立储能电站、电网侧储能	以磷酸铁锂电池为主	商业应用阶段
功率型	≤30min	辅助 AGC 调频、平滑间歇性	超导储能、飞轮储能、超级电容器和各类功率型电池	处于初级研发阶段
备用型	≥15min	数据中心和通信基站等备用	铅蓄电池、梯级利用电池	铅蓄电池进入商业应用，梯次利用处于示范应用阶段

7.3　铅炭电池在电力储能中的应用

7.3.1　光伏储能

2011 年美国新墨西哥州的公用事业公司（Public Service Company of New Mexico，PNM）建设了 1 个由 500kW/500kW·h 超级电池和 250kW/1000kW·h 高级铅酸电池与 500kW 的光伏电站配套的离网型分布式电源系统。这套电源系统通过先进的控制算法提供同步的电压平滑和削峰填谷服务，其中 500kW/500kW·h 系统由 2 个电池柜组成，每个电池柜含有 160 个超级电池，用于平滑光伏输出；250kW/1MW·h 系统由 6 个电池柜组成，每个电池柜含有 160 个高级铅酸电池，应用于太阳能能量削峰填谷，并且通过光储配合达到不少于 15% 的高峰负荷消减量。试验结果表明，对于 500kW 的光伏电站而言，当云遮住阳光的时候，其发电功率将以 136kW/s 的速率下降。当大规模可再生能源并网时，如此巨大的扰动是电网不能承受的。图 7-14 为超级电池技术能有效地控制和平滑光伏输出。图 7-15 为在光照充足的时候，用户消纳不了的光伏电力被储存在高级铅酸电池中，在 18:00 以后，没有光伏出力，但是用电负荷仍然维持在较高水平，这时缺电部分就由电池系统放电来维持用电负荷。由此可见，高级铅酸电池储能系统具有较好的能量移峰作用。

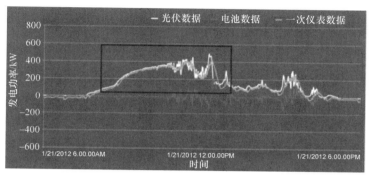

a) 平滑曲线图

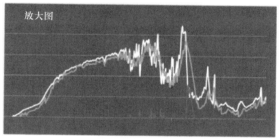

b) 局部放大图

图 7-14　超级电池对不稳定光伏输出的平滑曲线图和局部放大图（彩图见书后插页）

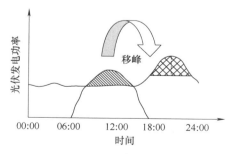

图 7-15　高级铅酸电池对光伏电力的移峰作用

223

7.3.2 风电储能

风能是清洁能源，且其蕴藏量是当前全球能源消费总量的数倍。尽管风能一定程度上能进行预测，但还是变化太快，快速爬坡率是风力发电的一个显著特点，这对于风电入网是一个挑战，也限制了风电的发展。风电入网的一个直接的解决方案就是限制风电输出的爬坡率，平滑风电输出曲线。澳大利亚 Hampton 风电场项目（见图 7-16）的目标是应用超级电池储能技术限制可再生能源输出的 5min 爬坡率，从而增加可再生能源入网的渗透率。美国东宾制造公司 2011 年为 Hampton 风电场设计建造了 1 套 1MW/0.5MW·h 超级电池储能系统（见图 7-17），设计寿命为 3 年，总投资为 650 万美元。当使用的储能容量为风电输出功率的 1/10 时，这套电池储能系统能限制风电场 5min 的爬坡率为风电原始输出的 1/10。也就是说，1MW 的风电装机只需要 0.1MW·h 的储存能量，如图 7-18 所示。从图可看出，通过储能充放电，变化剧烈的风电输出曲线变得平滑，这有利于减少不稳定的风电对电网的冲击作用。

图 7-16　澳大利亚新南威尔士州 Hampton 风电场

图 7-17　East Penn 电池模块和电池柜

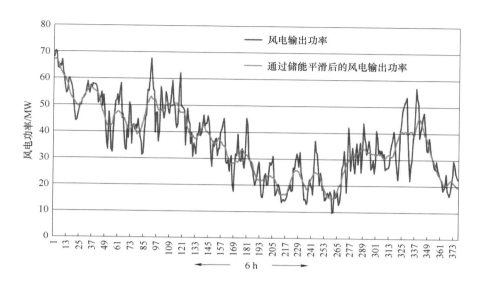

图 7-18　超级电池对风电场输出的平滑作用

7.3.3　电网调频储能

美国东宾制造公司 2011 年为 PJM 公司设计建造了 1 套电池储能系统，包括 3MW/3MW·h 超级电池、双向换流器、可编程控制器和电池监控系统。这套电池储能系统设计能提供 3MW 的调频服务，除此以外，这套系统还能为特定的高峰负荷提供 1 ~ 4h 的 1MW 电力需求侧能源管理服务。该套电池系统设计寿命为 5 年，总投资为 5087269 美元。这套系统由 1920 个超级电池单体组成的 4 个 480V/750kW 电池模块构成。图 7-19 为 PJM 公司某 2 天的输出功率变化曲线。从图 7-19 可看出，由于受到发电和用电功率的不稳定影响，电网输出功率波动频繁，电网频率因而不稳定。为了稳定电网频率，调频服务需要在 5min 以内及时对电网补充能量（频率降低时）或释放能量（频率升高时），这时起蓄水池作用的储能电池充放电频繁，电流大但持续时间短。超级电池特别适合这种应用场合，因为其适合在浅充浅放状态（10% ~ 15%DOD）下高倍率充放电循环。这套储能系统对 PJM 的输出功率信号做出快速响应，提供连续的调频服务。图 7-20 显示电池充放电曲线对来自 PJM 的调频信号做出快速精准的反应。与之对比，空气脉冲整形器由于响应速度慢，对每 MW 的调频服务只能提供 30% 的修正量。当这套系统被应用于需求侧能源管理服务时，所设计的荷电状态为 30% ~ 70%，即最大放电深度为 40% 的状态下连续运行，此时超级电池 DC/DC 转换效率可达 93%。

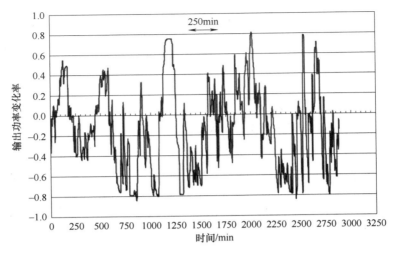

图 7-19　电池蓄能系统的输出功率变化曲线

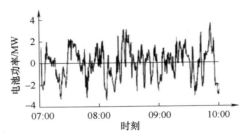

图 7-20　超级电池充放电响应曲线和 PJM 调频服务信号

　　南都电源 2017 年开始在海外部署储能项目，首批项目为德国一次 PCR 调频储能项目。该项目分三期开展，每期项目配置为 15MW/25MW·h，总计配置 45MW/75MW·h 的铅炭电池储能系统。三期项目均分布在德国莱比锡市郊，其中一期 Langenreichbach 项目所在地莱比锡的萨克森洲是一个传统的化石能源发电地区。近些年来又建设了大量的光伏和风电等可再生能源，部署电网调频储能系统将会为该地区的电网稳定运行做出贡献。一期 BES Langenreichbach、二期 Bennewitz 和三期 BES Groitzsch 项目分别于 2018 年 9 月份、2018 年 12 月、2019 年 10 月成功并网投运并参与调频竞价。

　　每期项目资格预审功率 15MW，电池总配置容量 25MW·h。为了确保项目能满足 15MW 资格预审功率以及保证每周能竞价成功，目前三期项目的竞价模式均为接入德国电网运营商 LEAG 虚拟电网内，LEAG 通过整合市场上众多储能电站，统一为电网提供调频服务支持，并确保接入该虚拟电网内的所有储能电站每周都能竞价成功，中标价为每周调频中标均价。图 7-21 为南都铅炭电池调频储能接入虚拟电网系统架构图。

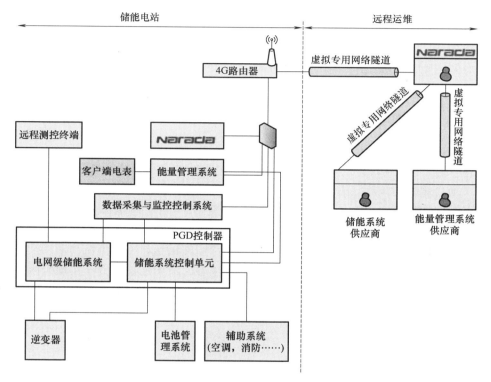

图 7-21　南都铅炭电池调频储能接入虚拟电网系统架构图

7.3.4　配网侧储能

南都电源 2017 年率先在江苏无锡新加坡工业园建设投运了全国第一个增量配网+储能项目，装机容量 20MW/160MW·h，主要为工业园区电力负荷提供削峰填谷服务，年度可用天数超过 340 天，项目投运后每年可为工业园区节约峰时电能 5500 万 kW·h，每天在用电高峰时段可给工业园区提供 20000kV·A 的负荷调剂能力。电站具备削峰填谷、需求响应、应急供电、改善电能质量 4 大功能。此外电站还具有以下示范意义：

1）通过削峰填谷的方式平衡园区高峰用电，为工业园区减少扩容方面的投资压力。

2）作为国内最大的商业化大规模储能电站项目，示范作用和意义巨大，自 2018 年投运至今，已接待来自全国及海外多个国家和地区政府机关、企业单位、电网公司、社会资本、科研机构的领导及专家来访交流，获得中央电视台等主流媒体的多次采访报道，引起了社会各界的广泛关注。

3）园区配网侧储能作为调峰灵活性资源参与电网电力需求侧响应，平衡大电网峰值负荷，消纳新能源出力负荷，提升电力系统能效利用率。

4）为工业园区提供应急备用电源支撑，在外部电网检修以及负荷切换的时段对园区企业进行供电，能够以 20000kW 的负荷持续供电 8h，减少了园区企业的损失，提高了工业园区的供电能力和可靠性。

7.3.5　用户侧储能

南都电源 2016 年以来在全国部署了多个用户侧储能项目。其中无锡南国红豆自备电厂+光储联合发电储能电站，为无锡南国红豆园区供电系统提供储能服务，项目规模为 4MW/32MW·h。江苏省首个多能互补的"源-网-荷-储-控"综合能源服务项目，由自备电厂+光伏发电+储能+市电等多种电源供应，园区多能互补协调优化调度平台。

电站储能功能有参与电费管理，参与光伏并网消纳与平滑负荷功率以及参与需求侧响应，实现经济效益增收。具有削峰填谷，节约电量电费，实现园区用户侧电费管理；平衡电网峰值负荷，改善电能质量，提升电力系统能效利用率；提供智慧节能用电与应急供电，保障企业生产及设备安全；参与实现电力需求侧响应等意义和优势。

其中，国网江苏"迎峰度夏"系列分布式储能项目规模约 500MW·h，由国网镇江供电公司组织，国网江苏能源、南都电源与镇江新区材料产业园 6 家重点企业签约。项目建在工商业用户园区内，旨在解决"迎峰度夏"用电压力，提升电网电能质量和综合服务水平。

北京蓝景丽家智慧能源储能项目是全国首个应用于用户侧大型商业综合体的商业化储能电站，项目规模是 1MW/5MW·h，该项目利用铅炭储能系统解决了家居商城新装充电桩的变压器和线路无法扩容改造的痛点，实现了家居商场电费管理、智慧储能服务及电力需求侧响应等功能。

7.3.6　风光储微网系统

由国家电力集团投资建设的东福山岛 300kW 风光储微网供电系统于 2011 年 5 月初开始试运行，全岛负荷基本上由新能源提供。整个微网系统由 210kW 风力发电机组、100kW 光伏电池组、200kW 柴油发电机、960kW 铅炭电池组和 300kW 储能变流器组成。铅炭电池由南都电源提供，蓄电池单体额定容量为 1000A·h，额定电压为 2.0V，每组由 240 支单体串联组成，共有 2 组蓄电池。蓄电池在标准使用条件下，25% DOD 下循环寿命为 5500 次，100%DOD 循环寿命 1000 次，在 25℃±5℃ 环境下，设计浮充寿命为 20 年，充电效率在 95% 以上，100% 放电后仍可继续接在负载上，4 周后再充电可恢复原容量。

东福山岛 300kW 微网系统运行时根据光伏、风机出力、蓄电池荷电状态（State of Charge，SoC）及用电负荷情况，以有效使用新能源及合理使用蓄电池为原则。一般情况下，系统负荷用电主要由光伏、风机及蓄电池提供，当光伏与风机出力小于用电负荷时，差额容量由蓄电池供给；当光伏与风机出力大于用电负荷时，多余能量对蓄电池充电。当蓄电池 SoC 值较高时，系统由风光储供电；当蓄电池 SoC 值较低时，系统由柴油发电机供电。该示范工程实现了风光柴储优化互补和可再生能源的最大化利用，减少了柴油发电机的运行时间，提高了岛上的供电可靠性，大大改善了居民的生活品质。

7.4　小结

储能是建设新型电力系统、推动能源绿色低碳转型的重要技术和基础装备，也是实现"双碳"目标的重要支撑。储能应用场景多样，能够与电力系统源、网、荷等各环节融合发展，在电源侧可与新能源、常规电源协同优化运行，在电网侧可提升电力安全保障水平和系统综合效率，在用户侧可灵活多样应用。

在电源侧，首先，储能系统与新能源相结合，建设友好型新能源电站：在新能源资源富集地区及其他新能源高渗透率地区，通过新能源与新型储能的合理配置，布局建设系统友好型新能源电站；其次，储能支撑高比例可再生能源基地外送：依托存量和新增跨省跨区输电通道，配合沙漠、戈壁、荒漠等地区大型风电光伏基地，以及大规模海上风电基地开发，通过"风光水火储一体化"多能互补模式，促进大规模新能源跨省份外送消纳；再次，储能系统提升常规电源调节能力：通过煤电合理配置新型储能，提升运行特性和整体效益。

在电网侧，储能可以提高电网安全稳定运行水平：在关键电网节点合理布局新型储能，作为提升系统抵御突发事件和故障后恢复能力的重要措施；储能可以增强电网薄弱区域供电保障能力：在供电能力不足的偏远地区合理布局新型储能，提高供电保障能力；储能能够延缓和替代输变电设施投资：在输电走廊资源和变电站站址资源紧张的地区建设电网侧新型储能，延缓或替代输变电设施升级改造，降低电网基础设施综合建设成本；储能还可以提升系统应急保障能力：围绕重要电力用户建设一批移动式或固定式新型储能作为应急备用电源，提高系统应急供电保障水平。

在用户侧，一是储能参与分布式供能系统：依托分布式新能源、微电网、增量配网等配置新型储能，支撑分布式供能系统建设；二是储能可以提供定制化用能服务：针对用电量大且对供电可靠性、电能质量要求高的电力用户配置新型储能，支撑高品质用电；三是储能能够提升用户灵活调节能力：通过用户侧储能，以及充换电设施、智慧用电设施等，提升用户灵活调节能力和智能高效用电水平。

参 考 文 献

［1］ 陈海生，李泓，马文涛，等. 2021年中国储能技术研究进展［J］. 储能科学与技术，2022，11（3）：1052-1076.

［2］ 张宝锋，童博，冯仰敏，等. 电化学储能在新能源发电侧的应用分析［J］. 热力发电，2020，49（8）：13-18.

［3］ 元博，张运洲，鲁刚，等. 电力系统中储能发展前景及应用关键问题研究［J］. 中国电力，2019，52（3）：1-8.

［4］ 李辰. 电化学储能技术分析［J］. 电子元器件与信息技术，2019，24（6）：74-78.

［5］ 李佳琦. 储能技术发展综述［J］. 电子测试，2015（18）：48-52.

［6］ 饶宇飞，司学振，谷青发，等. 储能技术发展趋势及技术现状分析术［J］. 电器与能效管理技术，2020（10）：7-15.

［7］ Luo Xing, Wang Jihong, Mark Dooner, et al. Overview of current development in electrical energy storage technologies and the application potential in power system operation ［J］. Applied Energy，2015（137）：511-536.

［8］ Abraham Alem Kebede, Theodoros Kalogiannis, Joeri Van Mierlo, et al. A comprehensive review of stationary energy storage devices for large scale renewable energy sources grid integration ［J］. Renewable and Sustainable Energy Reviews，2022（159）：1-19.

［9］ 梅简，张杰，刘双宇，等. 电池储能技术发展现状［J］. 浙江电力，2020，39（3）：75-81.

［10］ 任丽彬，许寒，宗军，等. 大规模储能技术及应用的研究进展［J］. 电源技术，2018，42（1）：139-142.

［11］ 舒印彪，张智刚，郭剑波，等. 新能源消纳关键因素分析及解决措施研究［J］. 中国电机工程学报，2017，37（1）：1-9.

［12］ 罗京. 储能技术在电力系统中的应用［J］. 化工管理，2018（29）：177.

［13］ 宁阳天，李相俊，董德华，等. 储能系统平抑风光发电出力波动的研究方法综述［J］. 供用电，2017，34（4）：2-11.

［14］ 李亚楠，王倩，宋文峰，等. 混合储能系统平滑风电出力的变分模态分解——模糊控制策略［J］. 电力系统保护与控制，2019，47（7）：58-65.

［15］ 杨婷婷，李相俊，齐磊，等. 基于机会约束规划的储能系统跟踪光伏发电计划出力控制方法［J］. 电力建设，2016，37（8）：115-121.

［16］ 谢志佳，李建林，程伟，等. 基于混合储能系统的风电跟踪目标出力优化控制［J］. 电源学报，2018，16（4）：28-34.

［17］ 刘冰，张静，李岱昕，等. 储能在发电侧调峰调频服务中的应用现状和前景分析［J］.

储能科学与技术，2016，5（6）：909-914.

[18]　张晓晨. 储能在电力系统调频调峰中的应用 [D]. 北京：北京交通大学，2018.

[19]　李建林，杨水丽，高凯. 大规模储能系统辅助常规机组调频技术分析 [J]. 电力建设，2015，36（5）：105-110.

[20]　邱应军. 储能电池及其在电力系统中的应用 [M]. 北京：中国电力出版社，2018.

[21]　孙冰莹，杨水丽，刘宗歧，等. 国内外兆瓦级储能调频示范应用现状分析与启示 [J]. 电力系统自动化，2017，4 1（11）：8-16.

[22]　李欣然，黄际元，陈远扬，等. 大规模储能电源参与电网调频研究综述 [J]. 电力系统保护与控制，2016，44（7）：145-153.

[23]　于昌海，吴继平，杨海晶，等. 规模化储能系统参与电网调频的控制策略研究 [J]. 电力工程技术，2019，38（4）：68-73.

[24]　黄博文. 储能应用领域与场景综述 [J]. 大众用电，2020，35（10）：19-20.

[25]　廖强强. 铅炭电池的性能及其在电力储能中的应用 [J]. 电力建设，2014，35（11）：117-121.

[26]　徐谦，孙轶恺，刘亮东，等. 储能电站功能及典型应用场景分析 [J]. 浙江电力，2019，38（5）：3-9.

[27]　John Wood. Integrating Renewables into the Grid：Applying UltraBattery® Technology in MW Scale Energy Storage Solutions for Continuous Variability Management [J]. 电力系统及其自动化学报，2017，29（11）：92-98.

[28]　徐向梅. 推动新型储能绿色低碳转型发展 [N]. 经济日报，2022-11-28（011）.

第8章

铅炭电池未来发展趋势

8

160余年前，当普兰特首次发明铅酸蓄电池时，可能未曾预料到这类电池的后续影响和使用范围如此之巨。虽然铅酸蓄电池的能量利用率只有理论容量的30%~40%（相比较而言，锂离子电池的能量利用率则可高达理论容量的90%），但是其成本低廉，使用安全，且电池回收率高达99%[1]，这些优势使得铅酸蓄电池在目前甚至未来很长一段时间内，都具有强劲的市场占有率。铅炭电池在保持传统铅酸蓄电池优势的基础上，减轻了电池自身质量，提高了大电流充放电能力，进一步增加了能量密度。作为铅酸蓄电池的更新产品，铅炭电池的开发无疑有助于铅酸蓄电池向新兴领域的进军。目前，虽然一些轻量电池，如锂离子电池垄断了部分市场，但是由于铅酸蓄电池自身特性，如价格低廉、优异的大倍率放电能力以及低温使用性能等，使得一些特定应用领域尚无法被替代。

8.1 铅炭电池未来发展

我们在前几章内容中已经详细论述了铅炭电池的优势、炭材料的作用以及铅炭电池的应用领域。可以看到，铅炭电池在具备优势的同时，也存在一些不足。这些不足，有一些受制于当前技术发展现状，也有一些则受限于铅炭电池自身结构。我们对近几年来国内外铅炭电池关键材料和关键技术进行了文献调研，通过提炼、归类，对铅炭电池未来研究和发展方向提出以下一些看法。

8.1.1 新型炭材料的开发

由于炭材料本身具有较低的析氢过电位，尤其在酸性溶液中，因此大量炭材料的加入降低了铅炭电池整体的析氢过电位，导致电池失水。此外，气体的产生增加了电池内部压力，加速了电池性能的衰减。缓解电池析氢问题的一个重要途径在于开发新型炭材料。如本书第2章所述，对于铅炭电池而言，活性炭材料的作用非常关键。开发合适的高性能活性炭材料，是发展铅炭电池的重要目标。

在活性炭的研制与开发上，出于活性炭与铅负极电位匹配、析氢过电位以及质量匹配等多重因素的考虑，更多的研究者们将目光投向了铅炭复合材料，如2014 年中南大学蒋良兴团队提出的纳米铅掺杂活性炭材料[2]，2015 年华南师大陈红雨团队提出的炭吸附铅复合材料[3]，2018 年华中科大夏宝玉团队提出的 N 掺杂石墨烯包裹氧化铅复合材料[4]，2020 年韩国全南大学 Ho-Young Jung 课题组提出的铅纳米颗粒浸渍炭复合材料[5]，2021 年广西大学沈培康课题组提出的立体定向石墨烯纳米铅复合材料[6] 等。上述报道的铅炭复合材料，均能够改善负极板硫酸盐化现象，大幅提升铅酸电池循环性能，尤其是电池在部分荷电大倍率放电条件下的循环寿命。此外，相比纯炭材料，铅炭复合材料一方面规避了炭材料所面临的析氢过电位低的问题，减少电池失水问题；另一方面，也可以改善炭材料与铅成分之间的质量匹配，提高铅炭电池中炭材料的负载量。

然而，虽然铅炭复合材料颇具优势，但也并非完美选择，由于铅炭复合材料中铅含量通常有限，故而对整体材料的改善作用也相对受限。新型炭材料的开发与研制工作对于铅炭电池整体研究而言，还是非常重要且迫在眉睫的一环。

8.1.2　电解液添加剂优化

同铅酸蓄电池一样，铅炭电池的电解液也是以水系硫酸为主。合理优化铅酸电池电解液成分可以影响活性材料的反应过程，改善电池性能[7]。此外，铅炭电池的开发初衷在于提升电池大电流充放电性能，而最近的一些研究显示，在大电流充放电过程中，电解液中极易产生微小不溶气泡，这些小气泡难以有效分散，覆盖在电极表面，增加电池整体电阻，见式（8-1）[8]。

$$R_t = R_{anode} + R_{cathode} + R_{electrolyte} + R_{bubble} \quad\quad （8-1）$$

式中，R_t 是指电池总电阻；R_{anode}、$R_{cathode}$、$R_{electrolyte}$ 以及 R_{bubble} 分别是指负极、正极、电解液以及气泡所带来的电阻。

气泡的覆盖不仅降低了电极表面的活性反应面积，同时，气泡的产生也降低了电解液的离子传导性，从而增加了电解液电阻。虽然目前关于电解液气泡的产生及其对铅炭电池的影响研究尚少，但可以合理推断，电解液中气泡的产生直接影响铅炭电池的大电流放电能力（见图 8-1）。

Nahidi Saeed 等人[9] 在电解液中添加不同的表面活性剂，如十二烷基硫酸钠（SDS）、Triton X100 等，观察气泡产生与电池容量之间的影响关系，发现电池容量大小与气泡产生之间存在直接关联：即控制电解液中气泡产生情况，能够有效提升电池容量。基于此，我们认为，通过在电解液中加入适当添加剂的方法，改善电解液的黏度，影响气泡产生情况，从而提升铅炭电池的大电流充放电性能，也是提升铅炭电池性能的重要方向。

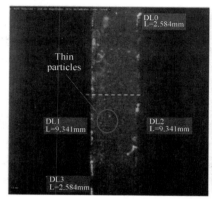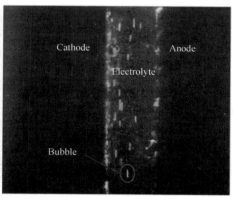

图 8-1 气泡在模拟铅酸蓄电池中的产生与观测[9]（彩图见书后插页）

8.1.3 电池轻量化

同锂离子电池等新兴能源体系相比，铅炭电池的能量密度依然相对较低，电池低能量密度的关键原因在于其自身质量较大。其中，在铅酸/铅炭电池的结构中，铅板栅占据了整个电池接近 50% 的质量。铅板栅的主要作用在于充当集流体、构建活性物质之间的电化学连接，以及保持电池结构完整性。相比其承担的作用而言，50% 的质量可谓非常浪费。因此，降低板栅质量或者优化电极结构、制备轻量化电极，是提高铅炭电池质量/体积能量密度的重要一步。目前，在铅酸电池轻量化上的研究，主要集中在以下 3 个方面。这些轻量化的前期工作同样可以延续到铅炭电池的研究中。

1. 泡沫板栅

降低铅板栅质量的一个可行途径是采用泡沫铅替换铅板栅，一般采用的策略为首先构建轻质泡沫基体，如泡沫镍，之后在其上电镀一层铅。图 8-2 展示了在泡沫铜基底上镀铅后的微观形貌图以及化成后的泡沫铅负极，采用该泡沫铅负极的铅酸电池表现出比传统铅酸电池更为优异的循环性能[10]。

泡沫炭是一种具有三维网络结构、大比表面、高耐腐蚀性和高导电性的轻质材料，是备受青睐的一种轻质板栅备选基体材料。Jang[11] 等分别使用石墨化炭泡沫和非石墨化炭泡沫作为铅酸蓄电池的集流体，认为在正电压区间，硫酸根和亚硫酸根会在石墨层间脱嵌，因此石墨化炭泡沫不适合用作铅酸电池正极集流体。而 Chen[12] 等人指出，由于严重的析氧反应，非石墨化的炭泡沫也不能单独用作正极集流体。但在泡沫炭表面均匀电沉积一层铅能够一定程度上解决上述问题[13]，将泡沫炭在不同铅溶液中进行电镀，在炭表面形成致密铅沉积的板栅结构（见图 8-3），以满足铅酸电池使用。

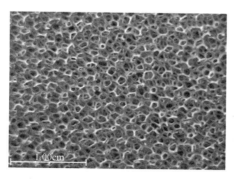

图 8-2　在泡沫铜基底上镀铅（左）以及化成后的泡沫铅（右）

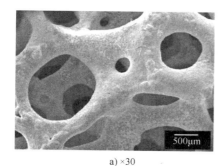

a)×30　　　　　　　　　　　　　　　　b)×1000

图 8-3　在泡沫炭上电沉积铅

2. 轻元素/铅复合板栅

采用轻元素部分替代铅元素，也是降低板栅质量的一种有效途径。由于铅酸电池电解液的强酸性，并考虑到铅膏与集流体之间的结合能力，一些轻元素难以单独作为板栅，如 Cu、Al、Ti、C 等，因此也同样需要在其表面镀上铅层。铅/轻元素复合板栅在制备过程中通常需要考虑以下几个问题：①虽然电沉积法是实现镀铅的一种有效手段，但由于一些金属表面会产生氧化物层，氧化物层增加电镀困难，典型代表如金属 Al；②此外，所选用的轻元素最好与 Pb 元素能够形成 Pb/轻元素中间层，以实现板栅结构元素的平稳过渡；③选用的轻元素要价廉，尽量减少增加铅酸电池的成本。相对而言，Cu、Ti 等元素相对价格高昂，因此应用价值相对较低。

为了克服 Al 表面电镀铅层难的问题，中南大学团队开发了一种熔盐镀的方法，在 Al 板栅上均匀镀铅[14]。电化学数据显示，得到的新型 Al/Pb 板栅非常稳定，能够实现 475 次充放电，基本满足铅酸电池的需求。此外，也有研究者们在一些有机聚合物如聚苯胺表面电沉积一层铅金属，也构建了 6V-3.5A·h 的蓄电池[15]，该蓄电池比能量大约为 50Wh/kg，并且能够经受大电流多次充放电。此外，在网格状玻璃纤维表面包覆一层铅/铅锡合金，形成轻质板栅，也构建了性能优异的铅酸蓄电池[16]，如图 8-4 所示。

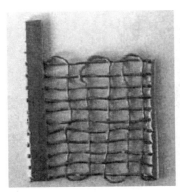

图 8-4　包覆有铅合金的网格玻璃纤维（左）以及涂膏后的铅/网格玻璃纤维极板（右）[16]

除了在轻质基底上电镀铅之外，将一些轻质材料直接作为板栅使用或者在其上电镀其他氧化物，也同样受到了研究者们的关注。相比石墨而言，网状玻璃炭（RVC）较脆，而且电导率低，但其良好的化学惰性却使得该材料有望适应铅酸电池恶劣的工作环境。有报道[17]直接采用 RVC 为板栅材料，在 RVC 上接入铅线作为电极，构筑 2V-2A·h 小电池，测试结果显示，该小电池循环性能要优于传统铅酸电池。同样，以丙烯腈为基底，采用一种快速热活化化学反应过程（RTACPR）在其上构筑一层氧化锌薄膜[18]，该轻质板栅质量只有传统铅板栅质量的 25%，其装配的蓄电池可以轻松实现超过 50Wh/kg 的质量能量密度。

3. 其他轻量化电极

直接构筑铅酸蓄电池轻量化极板，代替传统的板栅和铅膏，也是实现电池轻量化的有效途径。如 Hossain 等人在 Ni 基底上电镀 PbO_2，将得到的 Ni/PbO_2 作为铅酸蓄电池正极，并探究了 NaF 和 SDS 添加剂对电镀效果的影响[19]。而另外一项报道则采用石墨毡作为基底，使其吸附甲酸铅和醋酸铅，干燥之后采用不同程序烧结，得到石墨毡/氧化铅复合铅酸蓄电池极板[20]。图 8-5 显示了石墨毡/氧化铅复合电极在不同状态下的形貌。

8.1.4　双极性电池

在传统铅酸/铅炭电池结构中，通过化学反应产生电子，电子从活性物质传递到电流集流体（板栅）上，后经由外电路传递到其他电池单体。在传递过程

| a) 石墨毡 | b) 浸渍铅溶液后的石墨毡 | c) 浸渍铅溶液后300℃烧结12h后的电极 | d) 浸渍铅溶液后350℃烧结1h后的电极 | e) 浸渍铅溶液后325℃烧结2h后的电极 |

图 8-5　石墨毡/氧化铅复合电极在不同状态下的形貌[20]（彩图见书后插页）

中，由于电池中存在多种连接器件，电子传导路径很长，电路中存在欧姆功率降，导致电池功率密度较低。此外，传统电池体积较大，相应降低了电池的体积能量密度。相比较而言，双极性电池简化了电池结构，如图 8-6 所示[21]，缩短了电子传输路径，此外，同传统单极性电池相比，双极性电池装配紧凑，功率密度大，体积能量密度显著上升。

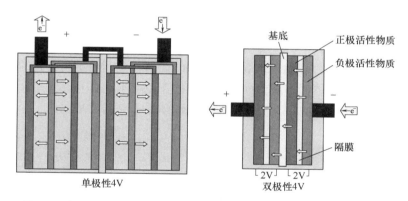

图 8-6　电子在传统铅酸电池（左）和双极性电池（右）中的传导[21]

对于双极性电池而言，基底的选择非常重要。基底充当电池单体之间的连接桥梁以及活性物质的机械支撑。在电池工作过程中，基底材料需要能够耐受铅酸蓄电池苛刻的工作环境，也要避免电解液在相邻电池单体之间的渗透。因此，适合的基底需具备高导电性、耐受硫酸侵蚀、在电池工作电压窗口下稳定且具有较高的析氢/析氧过电位等特点。此外，出于电池能量密度的考量，基底材料最好较为轻便，且具有高机械强度。

为了满足上述诸多考虑，网状玻璃炭 RVC、Pb-PANI 包覆石墨、金属/合金、聚合物以及陶瓷氧化物等导电性高且具有化学惰性的材料均受到了关注。大体上，双极性基底材料可以分为金属和合金类、炭基、陶瓷基以及混合基底 4 大类[22]，4 类材料具有不同优点，也相应伴随一些缺点。如金属基底虽然具有较高电导率、机械稳定性高、与铅金属之间接触力优异的优势，但其质量较高，且在酸性环境中易生成腐蚀层。炭-聚合物复合物材料虽然质量较低，具有化学惰性，但是导电性差，且与活性铅膏之间的粘结力不佳，耐腐蚀性弱。如何融合上述材料优点，规避缺陷，构造满足铅炭电池使用环境的基底材料，是开发双极性铅炭电池的重要环节。

8.1.5 构建铅炭电池/其他能源混合体系

构建铅炭电池/其他能源混合体系，均衡不同电源组分之间的功率分配，以此保障储能体系性能，也是未来铅炭电池发展的一个重要方向。由于未来应用对能源需求多样化，单一能源输出已经难以满足需求，结合不同电源自身特点，构建混合电源系统，也是满足未来应用需求的重要途径。如燃料电池/铅酸电池/超级电容器混合系统[23]，铅酸电池/锂离子电池/超级电容器混合体系[24]等。混合电源系统能够充分利用不同电池的独特性质，例如，铅酸电池/锂离子电池/超级电容器混合系统可以利用铅酸电池的低廉价格，锂离子电池的轻便特性，外加超级电容器的快充快放特性，形成兼具价格优势、轻便以及适合大电流快速充放电的电源体系。图 8-7 是 Farjah 等人[24] 提出的适用于电动汽车的混合电源系统，通过电池管理系统的合理设计，混合电源系统能够充分利用不同电池的特性，在满足电动汽车需求的同时，降低使用成本。由于铅炭电池自身已经集合了铅酸电池和超级电容器的特性，因此在搭建混合电源体系上更具优势。

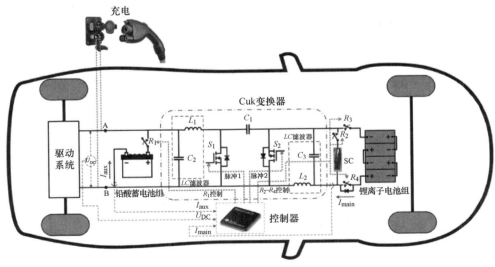

图 8-7　铅酸电池/锂离子电池混合电源系统[24]（彩图见书后插页）

综上，铅炭电池作为传统铅酸电池的更新产品，其合理开发增加了铅酸电池种类，拓展了传统铅酸电池的应用领域。但就目前来看，铅炭电池的性能距离理论目标尚且存在不小的差距，且品种类目较为单一，深度的产品开发是迫切需要的。值得注意的是，虽然表面上来看，同传统铅酸蓄电池一样，铅炭电池是一种相对简单的能量存储装置，但实质上，该种能源存储装置充放电过程所涉及电化学反应细节却相当复杂。这种复杂性不仅体现在活性材料在充放电过程中复杂的物质演化上（形貌、结构），也体现在种类繁多的添加剂对电池过程的影响上，此外，电池本身结构的设计和优化对电池整体性质的影响也研究甚微。由于目前对上述过程尚缺乏针对性的研究，因此从机理角度去定向设计、提升电池性能还存在极大挑战。

8.2　铅炭电池商业市场应用前景

同传统铅酸电池相比，铅炭电池的成本降低、大电流充放电性能提升，且循环寿命提升，这些特质使其能够适用于铅酸电池的大部分应用领域。而在未来，随着铅炭电池产品类型的增多，其应用领域也必然会拓宽。目前，适用铅炭电池的主要领域可分为以下几类。

8.2.1　汽车起动电池（SLI）

汽车中通常配备有照明、起动、点火（SLI）电池，其作用在于为汽车中的起动电动机提供动力。汽车起动时，瞬间电流很大，因此对 SLI 电池的大电流性能以及安全性要求都比较高。此外，考虑寒冷地区汽车使用，汽车电池必须具备较好的低温性能。综合上述考量，目前汽车起动电池尚以铅酸电池为主。据美国大观研究公司提供数据显示，2019 年铅酸蓄电池市场为 589.5 亿美元，其中 SLI 电池占据市场一半以上。随着铅炭电池技术的发展，铅炭电池会逐渐在汽车起动电池领域分得一杯羹。

8.2.2　起停电池

车辆在临时停车过程中，自动起停技术会关闭发动机，减少车辆空转，不仅省油，而且可以减少废气排放。发动机起停技术自 20 世纪 70 年代由日本丰田提出，目前，很多新购车型中均内置有该技术。每一次起停过程，发动机均需要重复点火和起动，由于起停过程发生频率非常高，因此对起停电池的循环寿命要求较高。目前，起停电池的主要类型是传统铅酸电池，但就当前使用效果而言，传统铅酸电池作为起停电池的使用寿命并不理想。相比之下，铅炭电池在高倍率部分荷电状态（HRPSoC）下，具有更加优异的长循环性能，因此更适合作为起停电池使用。

8.2.3　储能电站

铅炭电池作为离网/并网系统的储能电池具有非常显著的优势：成本低廉、使用寿命长，且回收率高。目前，随着独立电站系统的增多，对于小型储能系统的需求也越来越多。有研究指出，在泰国安装一个 140W 独立光伏电站，如果采用锂离子电池作为储能电源，其投资成本为 39903 泰铢，而铅酸电池的投资成本则仅为 17010 泰铢[25]。由于铅炭电池的成本下降，必然会进一步降低投资成本。

参 考 文 献

［1］ Lopes P，Stamenkovic V. Past，Present，and future of lead-acid batteries ［J］. Science，2020（369）：923-924.

［2］ Hong B，Jiang L，Xue H，et al. Characterization of nano-lead-doped active carbon and its application in lead-acid battery ［J］. Journal of Power Sources，2014（270）：332-341.

［3］ Tong P，Zhao R，Zhang R，et al. Characterization of lead（Ⅱ）-containing activated carbon and its excellent performance of extending lead-acid battery cycle life for high-rate partial-state-of-charge operation ［J］. Journal of Power Sources，2015（286）：91-102.

［4］ Yang H，Qi K，Gong L，et al. Lead oxide enveloped in N-doped graphene oxide composites for enhanced high-rate partial-state-of-charge performance of lead acid battery ［J］. ACS Sustainable Chemistry & Engineering，2018（6）：11408-11413.

［5］ Thangarasu S，Palanisamy G，Roh S，et al. Nanocondinement and interfacial effect of Pb nanoparticles into nanoporous carbon as a longer-lifespan negative electrode material for hybrid lead-carbon battery ［J］. ACS Sustainable Chemistry & Engineering，2020（8）：8868-8879.

［6］ Zhang Y，Ali A，Li J，et al. Stereotaxically constructed graphene/nano lead composite for enhanced cycling performance of lead-acid batteries ［J］. Journal of Energy Storage，2021（35）：102192.

［7］ Wu Z，Liu Y，Deng C，et al. The critical role of boric acid as electrolyte additive on the electrochemical performance of lead-acid battery ［J］. Journal of Energy Storage，2020（27）：101076.

［8］ Wang M，Wan Z，Gong X，et al. The intensification technologies to water electrolysis for hydrogen production-a review ［J］. Renewable Sustainable Energy Review，2014（29）：573.

［9］ Nahidi S，Gavzan I，Saedodin S，et al. Influence of surfactant additives on the electrolyte flow velocity and insoluble gas bubbles behavior within a lead-acid battery ［J］. Journal of The Electrochemical Society，2020（167）：120524.

［10］ Tabaatabaai S，Rahmanifar M，Mousavi S，et al. Lead-acid batteries with foam grids ［J］. Journal of Power Sources，2006（158）：879-884.

［11］ Jang Y, Dudney N, Tiegs T, et al. Evaluation of the electrochemical stability of graphite foams as current collectors for lead acid batteries ［J］. Journal of Power Sources, 2006 (161): 1392-1399.

［12］ Chen Y, Chen B, Shi X, et al. Preparation and electrochemical properties of pitch-based carbon foam as current collectors for lead acid batteries ［J］. Electrochimica Acta, 2008 (53): 2245-2249.

［13］ Ma L, Nie Z, Xi X, et al. The study of carbon-based lead foam as positive current collector of lead acid battery, Journal of Porous Materials ［J］. 2013 (20): 557-562.

［14］ Hong B, Jiang L, Hao K, et al. Al/Pb lightweight grids prepared by molten salt electroless plating for application in lead-acid batteries ［J］. Journal of Power Sources, 2014 (256): 294-300.

［15］ Hariprakash B, Mane A, Martha S, et al. A low-cost, high energy-density lead/acid battery ［J］. Electrochemical and Solid-state letters, 2004 (7): A66-A69.

［16］ Martha S, Hariprakash B, Gaffoor S, et al. A low-cost lead-acid battery with high specific-energy ［J］. Journal of Chemical Sciences, 2006 (118): 93-98.

［17］ Czerwinski A, Obrebowski S, Rogulski Z. New high-energy lead-acid battery with reticulated vitreous carbon as a carrier and current collector ［J］. Journal of Power Sources, 2012 (198): 378-382.

［18］ Wang J, Guo Z, Zhong S, et al. Lead-coated glass fiber mesh grids for lead-acid batteries ［J］. Journal of Applied Electrochemistry, 2003 (33): 1057-1061.

［19］ Hossain M, Islam M, Hossain M, et al. Effects of additives on the morphology and stability of PbO_2 films electrodeposited on nickel substrate for light weight lead-acid battery application ［J］. Journal of Energy Storage, 2020 (27): 101108.

［20］ Ilginis A, Griskonis E. Modification of Graphite felt with lead formate and acetate-an approach for preparation of lightweight electrodes for a lead-acid battery ［J］. Processes, 2020 (8): 1248.

［21］ Garche J, Dyer C. Encyclopedia of electrochemical power sources ［M］. Elsevier, 2009.

［22］ Pradhan S, Chakraborty B. Substrate materials and novel designs for bipolar lead-acid batteries: A review ［J］. Journal of Energy Storage, 2020 (32): 101764.

［23］ Li Q, Chen W, Li Y, et al. Energy management strategy for fuel cell/battery/ultracapacitor hybrid vehicle based on fuzzy logic ［J］. Electrical Power and Energy Systems, 2012 (43): 514-525.

［24］ Farjah A, Ghanbari T, Seifi A. Contribution management of lead-acid battery, Li-ion battery, and supercapacitor to handle different functions in EVs ［J］. International Transactions on Electrical Energy Systems, 2021, 31: e12155.

［25］ Anuphappharadorn S, Sukchai S, Sirisamphanwong C, et al. Comparison the economic analysis of the battery between lithium-ion and lead-acid in PV stand-alone application ［J］. Energy Procedia, 2014 (56): 352-358.

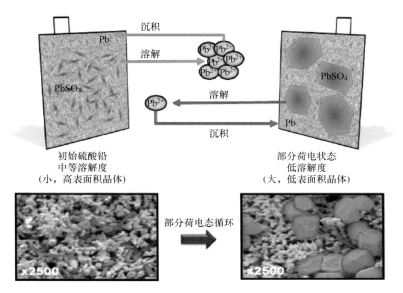

图 1-16 HRPSoC 工况下负极板栅的硫酸盐化示意图

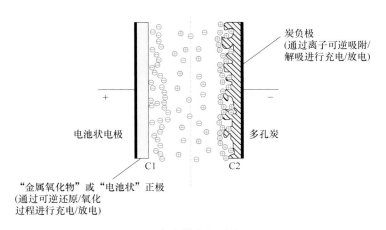

图 2-30 电容性炭材料作用机理

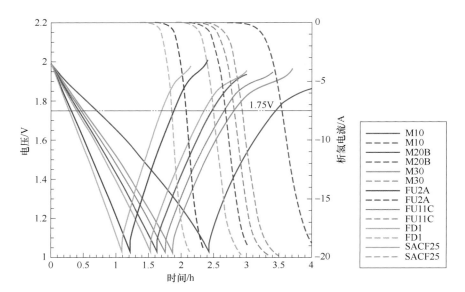

图 3-3　7 种不同活性炭电极在充放电过程中的电压与析氢电流

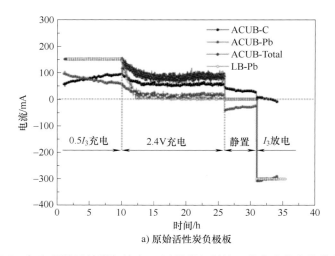

a) 原始活性炭负极板

图 3-7　加入原始活性炭与掺杂 N 活性炭极板的两种电池的电流分布图

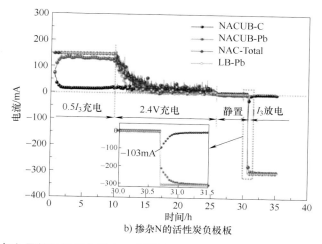

b) 掺杂N的活性炭负极板

图 3-7 加入原始活性炭与掺杂 N 活性炭极板的两种电池的电流分布图 （续）

图 4-3 铅炭负极板断面的金相样品 （左） 和显微照片 （右）

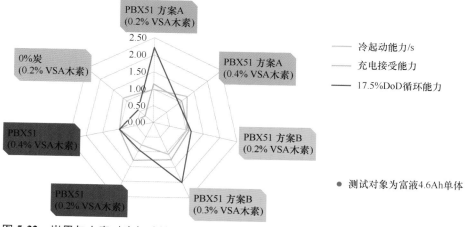

图 5-22 炭黑与木素对冷起动性能、动态充电接受能力和 17.5%DoD 循环寿命的影响[6]

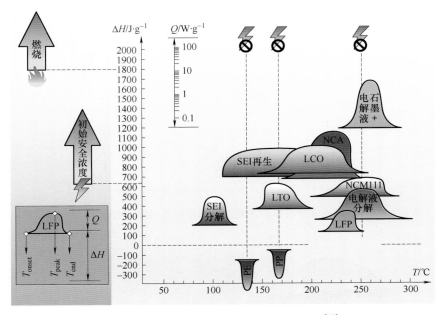

图 5-37   不同类型锂离子电池的热稳定性[22]

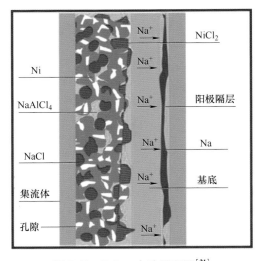

图 5-40   Zebra 电池原理图[21]

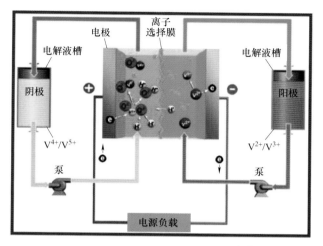

图 5-41　全钒液流电池的原理图[21]

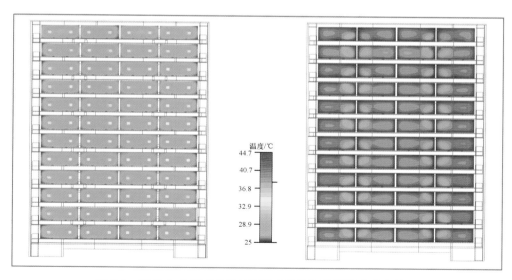

图 6-4　方案 A 条件下仿真计算的电池柜正反面温度分布情况

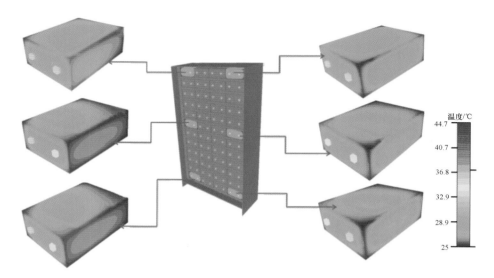

图 6-5　方案 A 条件下仿真计算的电池柜不同位置电池温度分布情况

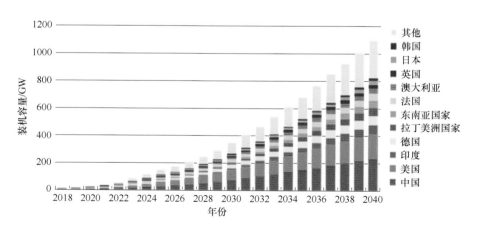

图 7-1　2040 年全球储能装机预测

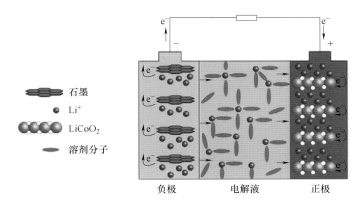

石墨

Li+

LiCoO₂

溶剂分子

e⁻

负极　　　　　电解液　　　　　正极

图 7-6　锂离子电池原理示意图

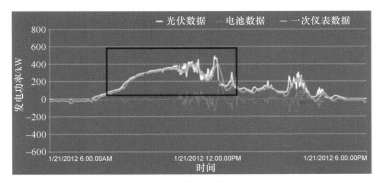

a) 平滑曲线图

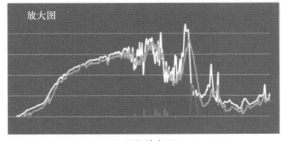

b) 局部放大图

图 7-14　超级电池对不稳定光伏输出的平滑曲线图和局部放大图

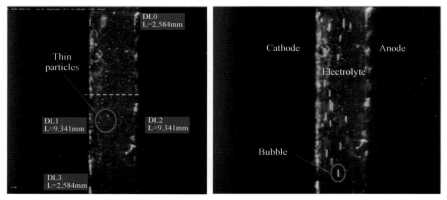

图 8-1 气泡在模拟铅酸蓄电池中的产生与观测[9]

a) 石墨毡
b) 浸渍铅溶液后的石墨毡
c) 浸渍铅溶液后300℃烧结12h后的电极
d) 浸渍铅溶液后350℃烧结1h后的电极
e) 浸渍铅溶液后325℃烧结2h后的电极

图 8-5 石墨毡/氧化铅复合电极在不同状态下的形貌[20]

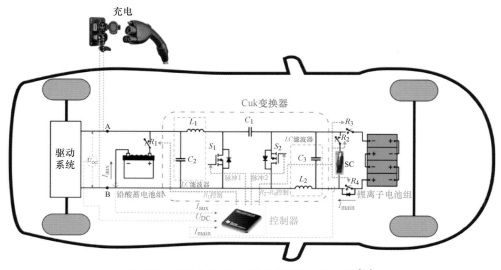

图 8-7 铅酸电池/锂离子电池混合电源系统[24]